高等院校信息技术应用型系列教材

Python基础及应用

刘保顺 史俊霞 编著

清华大学出版社
北京

内 容 简 介

本书介绍了 Python 的环境构建、模块导入、元组、列表、字典、集合、正则表达式等基础知识；讲解了 Python 在科学计算、绘图、数据处理和分析、图形用户界面、数据库、网络爬虫、计算机视觉、网页编程等方面的编程技术。

科学计算涵盖了矩阵运算、相关分析、最小二乘法、曲线拟合、线性规划等；绘图包括了 matplotlib 快速绘图和面向对象绘图两种编程技术；数据处理和分析介绍了应用 Pandas 的 DataFrame 读写 CSV、Excel、JSON、数据库并进行相关数据分析；图形用户界面以 Qt 和 tkinter 框架为例，介绍了编写图形用户界面时控件的使用、事件和信号的处理方法；数据库介绍了 Python 连接 MySQL、SQL Server、SQLite 等不同类型的数据库管理系统，以 SQLite 为例说明了 Python 操作数据库的过程；网络爬虫讲解了爬虫的步骤、爬虫库 requests、beautiful soup、lxml 及 XPath 的语法；计算机视觉介绍了 OpenCV 在图像读取、保存、颜色空间变换、图像平滑、边缘检测、特征点检测、仿射变换、图像匹配等方面的编程知识；网页编程基于 Flask 框架，讲解了网页编程中路由、模板、提交表单、文件上传、Echarts 绘制成本构成图、在网页上显示 matplotlib 绘制的图形等编程知识。

本书适合理工科的大学生及对 Python 感兴趣的技术人员阅读。

本书封面贴有清华大学出版社防伪标签，无标签者不得销售。
版权所有，侵权必究。举报: 010-62782989, beiqinquan@tup.tsinghua.edu.cn。

图书在版编目(CIP)数据

Python 基础及应用/刘保顺，史俊霞编著. —北京: 清华大学出版社，2021.12
高等院校信息技术应用型系列教材
ISBN 978-7-302-59142-9

Ⅰ.①P… Ⅱ.①刘…②史… Ⅲ.①软件工具－程序设计－高等学校－教材 Ⅳ.①TP311.561

中国版本图书馆 CIP 数据核字(2021)第 182824 号

责任编辑: 王剑乔
封面设计: 傅瑞学
责任校对: 袁　芳
责任印制: 朱雨萌

出版发行: 清华大学出版社
　　网　　址: http://www.tup.com.cn, http://www.wqbook.com
　　地　　址: 北京清华大学学研大厦 A 座　　　邮　编: 100084
　　社 总 机: 010-62770175　　　　　　　　　　邮　购: 010-62786544
　　投稿与读者服务: 010-62776969, c-service@tup.tsinghua.edu.cn
　　质量反馈: 010-62772015, zhiliang@tup.tsinghua.edu.cn
　　课件下载: http://www.tup.com.cn, 010-83470410

印　装　者: 三河市少明印务有限公司
经　　销: 全国新华书店
开　　本: 185mm×260mm　　印　张: 20.25　　字　数: 487 千字
版　　次: 2022 年 1 月第 1 版　　　　　　　　印　次: 2022 年 1 月第 1 次印刷
定　　价: 59.00 元

产品编号: 092008-01

前 言

在 GitHub 的 2018、2019 年度报告中，Python 是 GitHub 上排名第一的编程语言。Python 号称"脱水语言"，基于它可以开发出许多开源库供人们免费使用。Python 主要用于：①科学计算，其科学计算的能力完全可以取代商业化软件 Matlab；②数据分析和绘图，Python 的 pandas 库提供了强大的数据分析和处理功能，matplotlib 库可以方便地绘制各种图形；③网络爬虫，利用爬虫库（如 requests 等），可以非常方便地从网络上爬取到自己所需要的信息；④人工智能，Python 有许多优秀的机器学习库，如 Scikit learn（简称 Sklearn）、tensorflow 等，借助这些库可以完成机器分类、回归、降维等；⑤图像处理和分析，可以完成各种图像的处理、分析和识别等，除 pillow 库外，较有名的计算机视觉库是 OpenCV；⑥三维建模 mayavi；⑦网站建设，利用 Flask、Django 等框架建立网站。

Python 与 C++、Java 等相比，具有以下编程优势。

（1）完成同样的任务，代码量 C++：Java：Python＝1000：100：10。

（2）应用范围广。从数据分析、科学计算、网站建设、网络爬虫、图像识别到人工智能，应用范围广泛。

（3）学习 AI 的有效工具。如 Sklearn 库中提供了机器学习的各种算法，利用 Python 通过简单的调用就可以实现各种 AI 算法。

本书第 1 章介绍了软件安装、模块导入，介绍了元组、列表、字典、集合等的使用，编程采用的是面向过程的方法。第 2 章介绍了 Python 面向对象编程的方法。第 1 章和第 2 章的知识点贯穿于后面各章节。第 3～10 章介绍了 Python 在绘图、科学计算、数据分析、GUI、数据库、网络爬虫、Web 框架 Flask 等的应用相关模块。虽然第 3～10 章单独成章，但各章之间有着紧密的联系。例如，绘图时难免涉及科学计算，如利用最小二乘法建立回归方程，利用数据库中的数据绘制图形，绘制的图形可以出现在 tkinter/PyQt5 的窗口中，也可以在网页中显示；网络爬虫结果保存时涉及数据库；各章中涉及人机交互时可能需要 GUI 或网页编程等。

本着"学以致用"的原则，结合编著者教学和科研案例，本书由浅入深地介绍了 Python 各种基础知识及应用技能。基于最小二乘法的回归分析、岩石地球化学的数据分析、Flask 框架下利用 Echarts 绘制成本构成图等示例，都来自编著者的日常科研工作。相信读者阅读本书后一定能快速上手，将 Python 融入自己的学习和工作中，体验到 Python 编程的快乐。

本书已列入北京科技大学校级规划教材，教材的编写和出版得到了北京科技大学教材建设经费的资助，在此深表感谢！

编著者

2021 年 8 月

目 录

第 1 章　基础知识 ··· 001
　1.1　软件的安装 ·· 001
　1.2　管理 Python 相关的扩展库 ·· 001
　1.3　使用 IDLE ··· 003
　1.4　模块 ·· 005
　　1.4.1　将整个模块导入 ·· 005
　　1.4.2　从某个模块中导入某个函数 ··· 006
　　1.4.3　使用软件包管理模块 ·· 006
　1.5　数据类型和变量 ·· 006
　　1.5.1　数据类型 ··· 006
　　1.5.2　变量 ··· 008
　　1.5.3　运算符 ·· 010
　1.6　元组、列表、字典、集合 ·· 011
　　1.6.1　元组 ··· 011
　　1.6.2　列表 ··· 012
　　1.6.3　切片 ··· 014
　　1.6.4　字典 ··· 016
　　1.6.5　集合 ··· 020
　　1.6.6　推导式 ·· 022
　　1.6.7　序列解包 ··· 025
　1.7　基本语句 ··· 026
　　1.7.1　分支语句 ··· 026
　　1.7.2　循环语句 ··· 028
　1.8　函数 ·· 030
　　1.8.1　字符串函数 ·· 030
　　1.8.2　数学函数 ··· 032
　　1.8.3　lambda ·· 033
　　1.8.4　map()函数 ·· 033
　　1.8.5　filter()函数 ··· 034
　　1.8.6　zip()函数 ··· 034
　　1.8.7　enumerate()函数 ·· 035

	1.8.8 日期时间函数	035
	1.8.9 自定义函数	039
1.9	变量作用域	042
1.10	闭包与外部作用域	043
1.11	正则表达式	044
	1.11.1 正则表达式匹配模式	045
	1.11.2 不区分大小写的匹配	047
	1.11.3 字符串替换	047
	1.11.4 match、search 和 findall 的区别	048
	1.11.5 正则表达式常用符号	049
1.12	读写文件	050
	1.12.1 文件与文件路径	050
	1.12.2 读写文本文件	053
	1.12.3 读写二进制文件	054
	1.12.4 使用 with 语句	055
	1.12.5 Python 读写内存中数据	055
1.13	错误和异常	056
	1.13.1 try...except 格式	058
	1.13.2 try...except...else 格式	058
	1.13.3 finally 子句	058
练习题		059

第 2 章 面向对象编程 061

2.1	类和对象	061
	2.1.1 类的定义	061
	2.1.2 对象的生成和使用	062
	2.1.3 类属性与对象属性	062
	2.1.4 定义外部属性	063
	2.1.5 类的方法	064
2.2	类的继承	068
2.3	类的重载	071
	2.3.1 方法重载	071
	2.3.2 运算符重载	071
2.4	类的多态	073
练习题		074

第 3 章 绘图 075

| 3.1 | Python 绘图模块的安装 | 075 |
| 3.2 | 使用 pyplot 模块快速绘图 | 075 |

    3.2.1　绘制简单的直线图 ·· 075
    3.2.2　快捷绘图方式下创建多图和多子图 ·························· 077
    3.2.3　matplotlib.pyplot 常用的绘图函数 ··························· 078
  3.3　面向对象方式绘图 ·· 085
    3.3.1　图和子图的建立 ·· 086
    3.3.2　图中要素 ·· 088
    3.3.3　patches 模块 ·· 097
    3.3.4　属性获取和设置 ·· 097
    3.3.5　响应鼠标与键盘事件 ·· 098
    3.3.6　widget 模块 ·· 100
  练习题 ··· 103

第 4 章　科学计算 ··· 105
  4.1　科学计算包 ·· 105
  4.2　ndarray 的创建 ·· 106
  4.3　数组元素的访问 ·· 109
  4.4　数据统计和相关分析 ·· 110
    4.4.1　数据统计 ·· 110
    4.4.2　相关分析 ·· 112
  4.5　数据读取 ·· 114
  4.6　矩阵运算与线性代数函数库 linalg ·· 115
  4.7　优化模块 ·· 122
    4.7.1　数据拟合 ·· 122
    4.7.2　方程求根 ·· 125
  4.8　岩石地球化学数据的相关分析 ·· 126
  练习题 ··· 128

第 5 章　Pandas 数据处理和分析 ··· 129
  5.1　Pandas 基础知识 ·· 129
    5.1.1　一维数据结构 Series 对象 ··· 129
    5.1.2　二维数据结构 DataFrame 对象 ································· 131
  5.2　浏览数据和操作数据 ·· 132
    5.2.1　浏览数据 ·· 132
    5.2.2　操作数据 ·· 136
    5.2.3　数据转换 ·· 140
  5.3　Pandas 读写数据 ·· 140
    5.3.1　读写 Excel ·· 140
    5.3.2　读取 CSV 文件 ··· 142
    5.3.3　读写 JSON ··· 143

   5.3.4 从数据库中读写数据 …… 143
 5.4 Pandas 在岩石地球化学数据分析中的应用 …… 145
 练习题 …… 146

第 6 章 图形用户界面 …… 149

 6.1 使用 tkinter …… 149
   6.1.1 创建窗口 …… 149
   6.1.2 窗口上增加部件 …… 151
   6.1.3 部件绑定事件 …… 152
   6.1.4 部件的常用布局 …… 154
   6.1.5 部件的使用方法 …… 156
   6.1.6 tkinter 的消息框 …… 165
   6.1.7 tkinter 的进阶库 ttk …… 166
   6.1.8 tkinter 面向对象编程 …… 171
 6.2 使用 PyQt5 …… 172
   6.2.1 创建窗口 …… 173
   6.2.2 窗口上增加部件 …… 174
   6.2.3 事件与信号的处理 …… 175
   6.2.4 PyQt5 面向对象编程 …… 175
   6.2.5 PyQt5 布局 …… 177
   6.2.6 使用 Qt Designer …… 186
 6.3 GUI 上使用 matplotlib …… 193
   6.3.1 tkinter 窗口上应用 matplotlib …… 193
   6.3.2 PyQt5 窗口上应用 matplotlib …… 194
 练习题 …… 195

第 7 章 数据库 …… 197

 7.1 连接数据库 …… 197
 7.2 连接对象 …… 199
 7.3 查询记录 …… 201
   7.3.1 使用游标获取数据 …… 201
   7.3.2 查询语句 …… 202
   7.3.3 查询结果返回的形式 …… 205
   7.3.4 使用 Pandas 获取和分析数据 …… 205
 7.4 建立数据表 …… 206
 7.5 插入记录 …… 206
 7.6 其他 SQL …… 207
 7.7 GUI 与数据库 …… 207
 7.8 利用 ORM 模型访问数据库 …… 209

7.9　编程中注入 SQL 攻击的问题 212
练习题 215

第 8 章　网络爬虫 217

8.1　爬虫需要安装的库文件 217
8.2　爬虫步骤 218
8.3　webbrowser 221
8.4　用 requests 模块从 Web 上下载文件 221
8.5　解析库的使用 222
　　8.5.1　beautiful soup 解析库 223
　　8.5.2　lxml 库及 XPath 语法 226
　　8.5.3　爬取图片示例 230
8.6　异步加载下网页的爬取 232
　　8.6.1　识别异步加载的网页 232
　　8.6.2　利用逆向工程识别 Ajax 加载网页的 URL 232
8.7　用 Selenium 模块控制浏览器 234
　　8.7.1　Chrome 浏览器下环境的配置 234
　　8.7.2　在页面中寻找元素 235
　　8.7.3　单击页面中链接 236
练习题 237

第 9 章　计算机视觉库 OpenCV 240

9.1　图像数字化 240
　　9.1.1　颜色空间（colorspace） 241
　　9.1.2　图像类型 241
　　9.1.3　图像频率 241
　　9.1.4　OpenCV 视觉库 242
9.2　读取、显示、保存图像 242
9.3　颜色空间变换 243
9.4　图像基本操作 245
9.5　绘制直方图 254
　　9.5.1　cv2.calcHist 函数绘制直方图 254
　　9.5.2　使用掩膜制作指定范围内的直方图 255
9.6　图像阈值 256
9.7　图像平滑 260
　　9.7.1　二维离散卷积 261
　　9.7.2　滤波 262
9.8　图像边缘检测 267
　　9.8.1　Sobel 算子 267

    9.8.2 Laplacian 算子 ………………………………………………………… 268
    9.8.3 Canny 边界检测 ……………………………………………………… 269
  9.9 模板匹配 …………………………………………………………………… 270
  9.10 图像特征点检测 …………………………………………………………… 272
    9.10.1 Harris 角点检测 ……………………………………………………… 273
    9.10.2 SIFT 算法提取和检测特征 …………………………………………… 273
    9.10.3 SURF 算法提取和检测特征 ………………………………………… 275
  9.11 图像匹配 …………………………………………………………………… 275
  9.12 仿射变换 …………………………………………………………………… 277
  9.13 图像匹配在光学显微镜中的应用 ………………………………………… 280
    9.13.1 目标定位 ……………………………………………………………… 281
    9.13.2 光学显微镜旋转前后图像的对准 …………………………………… 281
  练习题 ……………………………………………………………………………… 283

第 10 章　Python Web 框架 …………………………………………………………… 287

  10.1 Flask 入门 ………………………………………………………………… 288
  10.2 路由 ………………………………………………………………………… 289
  10.3 静态文件 …………………………………………………………………… 290
  10.4 Flask 的模板 ……………………………………………………………… 293
  10.5 Flask 提交表单 …………………………………………………………… 295
    10.5.1 post() 方法提交表单 ………………………………………………… 295
    10.5.2 get() 方法提交表单 ………………………………………………… 297
  10.6 Flask Cookies ……………………………………………………………… 298
  10.7 Flask Session ……………………………………………………………… 300
  10.8 Flask 重定向 ……………………………………………………………… 301
  10.9 Flask 文件上传 …………………………………………………………… 302
  10.10 应用 Echarts 绘制烧结厂成本构成图 ………………………………… 303
    10.10.1 Echarts 基本用法 …………………………………………………… 303
    10.10.2 jQuery 基本用法 …………………………………………………… 304
    10.10.3 成本数据库 ………………………………………………………… 306
  10.11 网页中显示 matplotlib 绘制的图像 …………………………………… 309
  练习题 ……………………………………………………………………………… 310

参考文献 …………………………………………………………………………………… 312

第 1 章

基 础 知 识

目前虽然专门从事软件开发的人员很多，教学、科研、商务中的许多业务，可以委托这些专业人员去完成，但有时受限于客观条件，需要我们自己处理和分析学习和工作中的数据。使用本行业专业化的软件虽然能够满足要求，但这些软件庞大而昂贵；用大众化软件如 Excel 却又不能满足要求，此时非软件开发人员就需要小露一手，自己编写程序。

C++、Java 等编程语言虽然功能强大，但对于非软件专业的人士，编写代码的工作量很大，在较短的时间内上手有一定的困难。Matlab 虽然在科学计算、数据分析、通信、机器学习、图像处理等方面提供了简单易用的工具包，但软件价格昂贵。Python 是由 Guido van Rossum 在 1989 年年底出于某种娱乐目的而开发的，其语言基础是 ABC。ABC 语言功能强大，专门为非专业程序员而设计，因而 Python 上手容易，学习成本低。

1.1 软件的安装

登录网站 https://www.Python.org，根据个人计算机操作系统选择下载并安装 Python。Python 有 2.X 和 3.X 版本，考虑到 2.X 版本将来不再更新，建议安装 3.X 版本。安装成功后，Python 自带一个集成开发环境 IDLE。要注意，低于 Python 3.7 的版本不能直接识别中文命名的文件和文件夹。除 Python 的 IDLE 外，还可以安装其他编程器，如 Anaconda、Pycharm 等。Anaconda 是一个包含 180 多个科学包及其依赖项的发行版本，下载的网址 https://www.anaconda.com/download/。Anaconda 自带有 conda、NumPy、SciPy、ipython notebook 等。Pycharm 软件下载的网址 https://www.jetbrains.com/pycharm/，安装完成后，如果计算机上安装了不同版本的 Python，需要为 Pycharm 配置 Python 版本及库文件。方法是单击 Pycharm，选择 File→Settings→Project Interpreter 菜单命令，设置指定版本的 Python。

Pycharm 是 Python 最专业的编程软件，但运行时计算机耗费的资源较大。本书仅以 Windows 下 Python 自带的 IDLE(Integrated Development and Learning Environment，集成开发与学习环境)为例，介绍 Python。

1.2 管理 Python 相关的扩展库

要安装 Python 的库文件，需要以管理员的身份在 Windows 的命令提示符窗口中执行 pip 命令。pip 命令在 Python 软件安装的文件夹中，如 D:\Python\Python3.7.1\Scripts。另外，更新 pip 命令时需要使用 Python.exe，该命令在 Python 安装的文件夹中，命令窗口中每次运行这些命令时都需要转到相应的文件夹下，比较麻烦。简单的方法是在 Windows 中设置环境变量。下面以 Python 安装在 D:\Python\Python3.7.1 为例，说明环境变量的设置。

在 Windows 桌面右击"此电脑"，依次选择"属性"→"高级系统设置"→"环境变量"，查看在 administrator 的用户变量下有无 Path 变量，如果没有就单击"新建"按钮；否则单击"编辑"按钮。"新建"时在"变量名"中输入 Path、"变量值"中输入 D:\Python\Python3.7.1\Scripts；D:\Python\Python3.7.1\。编辑 Path 变量时，在已经存在的变量值后增加 D:\Python\Python3.7.1\Scripts；D:\Python\Python3.7.1\，变量值间用半角分号(；)分隔。

在 Windows 的搜索框中，输入 cmd，出现命令提示符，右击，选择"以管理员身份运行"，进入"命令提示符"窗口。输入命令 pip list，将列出已经安装的库。如果有新版本的 pip 命令，执行时会出现 WARNING：You are using pip version 19.3.1; however, version 20.0.2 is available.You should consider upgrading via the 'Python -m pip install --upgrade pip' command 的提示，要求输入：Python -m pip install --upgrade pip 完成更新。

(1) 联网情况下。在 Windows 命令提示符下执行 pip，可以完成 Python 扩展库的安装、升级、卸载等。下面以 NumPy 为例说明。

安装 NumPy：

```
pip install numpy
```

升级 NumPy：

```
pip install --upgrade numpy
```

卸载 NumPy：

```
pip uninstall numpy
```

在某些情况下，必须安装指定的版本才能保证各模块间相互协调，如 aircv.1.4.6 须安装 OpenCV 3.4.2.16 才能使用，可用 pip install opencv-python==3.4.2.16 指定 OpenCV 的版本。

由于 OpenCV 3.x 将 SIFT 等算法整合到 xfeatures2d 集合，而 xfeatures2d 在 opencv-contrib 中，故在 OpenCV 中要使用 SIFT 等算法，必须用 pip install opencv-contrib-Python 安装 OpenCV。

(2) 在联网的情况下，先从网站 https://www.lfd.uci.edu/~gohlke/Pythonlibs/ 上将需要安装库的 wdl 下载到当地某个文件夹。图 1-1 是下载 OpenCV 的界面，根据自己 Windows 系统，选择下载的文件。下载的链接中 amd64 表示 64 位，win 表示 Windows 系统，4.2.0 表示版本号。

以下载 opencv_Python4.2.0cp38cp38win_amd64.whl 到 c:\Python_wdl 文件夹为例，安装时需要在 Windows 的"命令提示符"窗口中执行：

```
pip install c:\Python_wdl\opencv_Python4.2.0cp38cp38win_amd64.whl
```

有时从第三方网站库上下载的安装文件中有 setup.py，安装过程如下。
① 解压下载的文件。

opencv_python-4.2.0-cp38-cp38-win_amd64.whl
opencv_python-4.2.0-cp38-cp38-win32.whl
opencv_python-4.2.0-cp37-cp37m-win_amd64.whl
opencv_python-4.2.0-cp37-cp37m-win32.whl
opencv_python-4.2.0-cp36-cp36m-win_amd64.whl
opencv_python-4.2.0-cp36-cp36m-win32.whl
opencv_python-4.1.2-cp38-cp38-win_amd64.whl
opencv_python-4.1.2-cp38-cp38-win32.whl
opencv_python-4.1.2-cp37-cp37m-win_amd64.whl
opencv_python-4.1.2-cp37-cp37m-win32.whl
opencv_python-4.1.2-cp36-cp36m-win_amd64.whl
opencv_python-4.1.2-cp36-cp36m-win32.whl
opencv_python-4.1.2-cp35-cp35m-win_amd64.whl

图 1-1　下载 OpenCV 不同版本库

② 在 Windows 的"命令提示符"窗口中，通过 cd 命令进入有 setup.py 的文件夹。
③ 执行 Python setup.py build 命令。
④ 执行 Python setup.py install 命令。
　　某些情况下如网络不稳定，在线通过 pip install 安装库文件时会出现 request time out 提示，表示安装不成功，可以通过在线下载安装文件，然后以离线方式安装下载的库文件，一般都能安装成功。

1.3　使用 IDLE

　　安装 Python 后 IDLE 会自动安装，非商业开发 IDLE 即可满足要求。该环境下的交互方式，可直接测试一些程序片段，在图 1-2 中，">>>"是 IDLE 的命令提示符，由系统自动提供。

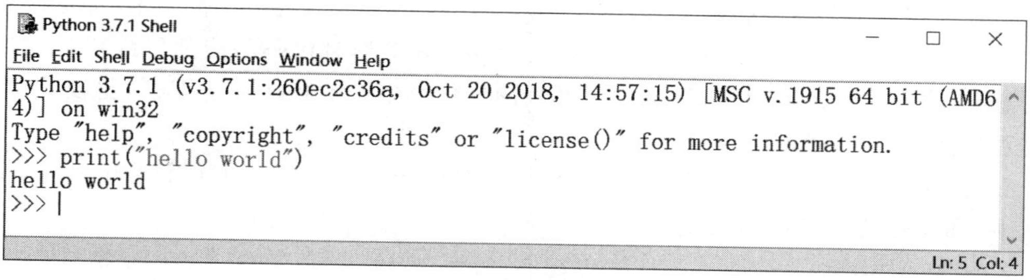

```
Python 3.7.1 Shell
File Edit Shell Debug Options Window Help
Python 3.7.1 (v3.7.1:260ec2c36a, Oct 20 2018, 14:57:15) [MSC v.1915 64 bit (AMD6
4)] on win32
Type "help", "copyright", "credits" or "license()" for more information.
>>> print("hello world")
hello world
>>>
```

图 1-2　交互式输入代码

　　判断某个库（如 NumPy）是否安装成功，可在图 1-2 中输入 import numpy as np 命令，如果安装不成功或者该库没有安装，IDLE 会出现运行错误的提示。
　　图 1-2 中选择 File→New File 菜单命令，按图 1-3 所示编辑 Python 代码，将文件保存为 hello.py，执行 Run→Run Module 菜单命令，运行结果如图 1-4 所示。
　　每个 Python 的脚本在运行时都有一个 __name__（name 左右是两条下画线）属性。如

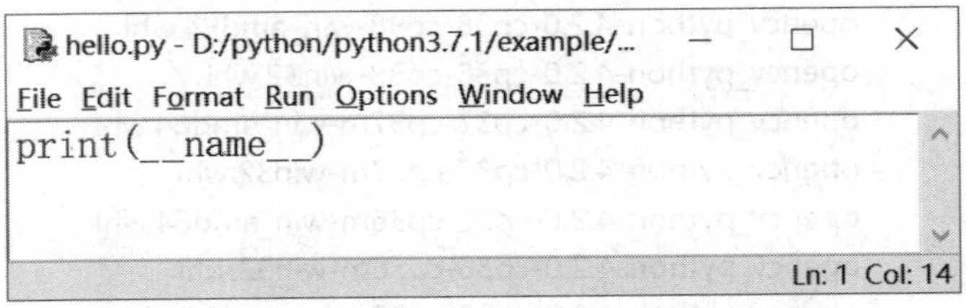

Python 基础及应用

图 1-3 在 IDLE 中编写 Python 程序代码

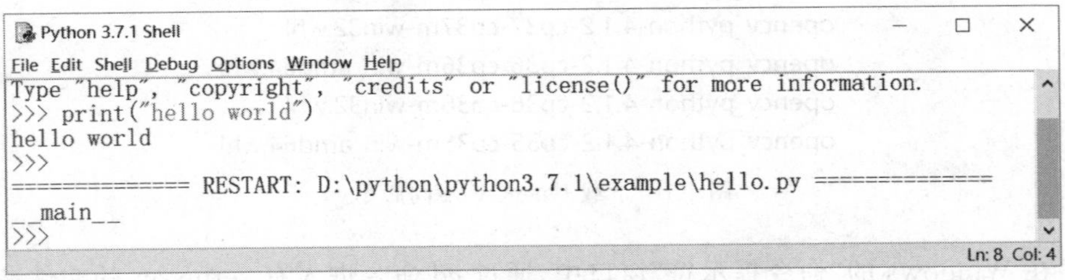

图 1-4 运行脚本输出 __name__ 属性

果脚本直接独立地运行，__name__ 的属性返回值为 __main__；如果脚本是作为模块被导入，则其属性被设置为模块名。交互环境中输入 import hello 命令，导入 hello.py 模块，输入结果是 hello。利用 __name__ 属性的这一特性，可控制 Python 程序的运行方式，如果希望 hello.py 程序只能以模块导入的方式运行，可以将其代码更改为：

```
if __name__=="__main__":
    print("本程序只能以模块导入的方式运行")
else:
    print(__name__)
```

代码中 if...else...是判断语句。注意其语句后面必须有冒号(:)。Python 语句块是按照空格识别的，IDLE 默认的空格是 4 个，输入 if __name__=="__main__":后回车，下一条语句自动缩进 4 个空格后输入下一条语句。如果 if 下有多条语句，缩进的空格必须相同，除非里面又嵌套了别的判断、循环等语句块。Python 编程时代码不能随意缩格，空格有特殊的意义，这点与 C、C#、Java 等语言大不相同！代码中==是比较运算符，比较其左右内容是否相同，不同于赋值运算符=。

有时 Python 程序在命令行中运行，运行时有可能输入参数，此时需要用到 sys.argv。将以下代码输入后保存为 argv.py。

```
import sys
if __name__=='__main__':
    print("输入的参数有{}个,它们是: {}".format(len(sys.argv),sys.argv))
else:
    print("不能以模块方式运行")
```

代码中 format()函数是字符串格式化输出的函数，{}是点位符，分别用 format()中指定的数据填入到对应的点位符中，len()用于测试字符串、列表、元组等的长度。

在 Windows 的 command 命令行中，将当前文件夹转到 argv.py 所在的文件夹，然后按

图 1-5 所示分别运行以下 3 条命令，观察输出的结果。

```
Python argv.py
Python argv.py "x"
Python argv.py "x" "y"
```

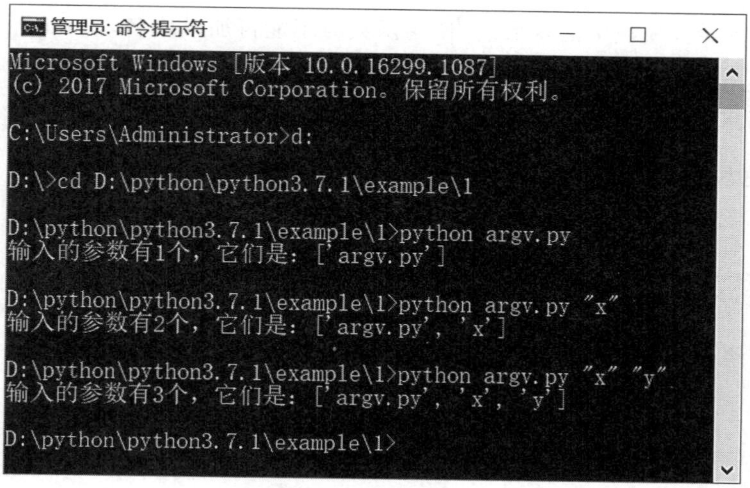

图 1-5 sys.argv 应用示例

图 1-5 中，sys.argv 指的是命令窗口中 Python 命令后的参数列表，如命令窗口中运行：python argv.py "x"，其中 sys.argv 是指['argv.py', 'x']，要想得到'x'，可以取 sys.argv[1:]（:是切片）。

1.4 模 块

每个.py 文件本身就是一个模块，要使用该文件中的功能，只需要在文件中导入该.py 文件就可以了。

1.4.1 将整个模块导入

格式：

import 模块名 [as 别名]

导入后需要在要使用的对象前加上前缀，即以"模块名.对象名"的方式访问，如：

```
>>>import math
>>>math.sin(0.5)
```

有时导入的模块名太长书写不方便，可以使用 as 简化，如：

```
>>>import numpy as np
>>>a=np.array((1,2,3,4,5))
```

1.4.2 从某个模块中导入某个函数

格式：

from 模块名 import 对象名 [as 别名]

此种方式下导入模块中的函数后，使用函数时不能再加模块名，如 math.sin(30)：

```
>>>from math import sin
>>>sin(0.5)
```

从某个模块中导入多个函数的格式为 from module_name import func1, func2, func3, 如：

```
>>>from math import sin,cos
>>>sin(30)+cos(30)
```

将某个模块中的全部函数导入的格式为 from module_name import *，如开一个 GUI 窗口：

```
>>>from tkinter import *
>>>win=Tk()
>>>win.mainloop()
```

1.4.3 使用软件包管理模块

当软件较大时，一般由多人编写，如果甲和乙两人编写的文件都命名为 hello.py，需要将两个 hello.py 放在不同的文件夹中。即使设置了搜索路径，使用 import hello 也只能找到一个 hello.py，解决方法是建立两个文件夹（如 a 和 b），将两个 hello.py 分别放在两个文件夹中，并且 a 和 b 每个文件夹中再放置一个 __init__.py 文件（init 前后各两条下画线），表明该文件夹是一个软件包，暂时可先保持 __init__.py 中的内容为空。假设当前所在位置与文件夹 a 和 b 平行，则：

```
>>>from a import hello  # 导入 a 文件夹下的 hello.py
>>>from b import hello  # 导入 b 文件夹下的 hello.py
```

在 Python 中，用 # 表示注释。导入 hello.py 也可以写成：

import a.hello 和 import b.hello

1.5 数据类型和变量

1.5.1 数据类型

Python 的数据类型有数值、字符串、元组、列表、字典、集合等。

1. 数值类型

数值类型包括 int、float、bool、complex（复数），如 10、3.5、False、2+3j，分别表示整型、

浮点型、布尔型、复数型。布尔型取值为 True 或 False。表示复数的格式是 a+bj,其中 a 是实部,b 是虚部,虚部后面必须有后缀 j 或 J。

```
>>>x=2+3j
>>>print("x的实部是{},虚部是{},共轭复数是{}".format(x.real,x.imag,x.conjugate()))
```

直接写一个整数值如 10,默认是十进制整数。若要表示一个二进制数字,则在数字前置 0b 或 0B;若要表示一个八进制整数,则在数字前置 0o 或 0O,之后接上数字 1~7;若要表示一个十六进制整数,则以 0x 或 0X 开头,后接 1~9 及 A~F,如 0b10、0XF、0o13。

2. 字符类型

字符类型需要将字符用单引号或者双引号括起来,如:

```
>>>"hello world"# 输出'hello world','hello world'与'hello world'相同
```

编程时常常需要将字符串按照一定的格式显示或输出,如要求 10/3 只保留两位小数,输出字符串长度为 6:

```
>>>x=10/3
>>>'%6.2f'%x   #输出'  3.33'
```

对字符串 x 格式化,语法格式为:

'%[-][+][0][m][.n]格式字符'%x

格式中第 1 个%表示格式开始;第 2 个%是格式运算符;-表示左对齐;+表示正数时加上+号;0 表示空白用 0 补齐;m 指定最小宽度;.n 是保留的小数点位数。格式化的控制符号见表 1-1。

表 1-1 常用的格式化的控制符号

控制符号	说　　明	控制符号	说　　明
%%	输出字符%	%b	二进制整数
%d	十进制整数	%o	八进制整数
%f,%F	十进制浮点数	%x,%X	十六进制整数
%e,%E	底为 e 或 E 的指数	%g	指数 e 或浮点数
%s	字符串,以 str()显示	%G	指数 E 或浮点数
%r	字符串,以 repr()显示	%c	单个字符

下面是格式化输出的示例:

```
>>>a=10
>>>b=3
>>>'%-5d除以%-5d是:%8.3f'%(a,b,a/b)      #输出'10    除以 3     是:    3.333'
```

如果输出的格式较复杂,上面的方式可读性较差,为此可以使用 format()函数:

```
>>>'{}除以{}是:{}'.format(a,b,a/b)        #输出'10除以 3 是:3.3333333333333335'
```

{}是占位符,{n}中没有指定 n 时,用 format()中给定参数先后顺序填入占位符;如果指定了 n,则按照 format()中参数(顺序为 0,1,2,…,n)填入占位符。在占位符中,可以使用上面字符串格式化的格式,如:

```
>>>'{0:d}除以{1:d}是:{2:.3f}'.format(a,b,a/b)    #输出'10 除以 3 是:3.333'
>>>'{1:d}除以{0:d}是:{2:.3f}'.format(b,a,a/b)    #输出'10 除以 3 是:3.333'
>>>"{0:}的二进制数为: {0:b}".format(80)           #输出'80 的二进制数为: 1010000'
>>>"{0:}的二进制数为: {0:#b}".format(80)          #输出'80 的二进制数为: 0b1010000'
```

字符串中 0、1、2 表示参数的顺序,输出时与 format()中的参数相对应。参数的顺序可以用指定名称的方式,如下面的 a、b、c,这种情况下需要在 format()中为这些参数赋值:

```
>>>'{a:d}除以{b:d}是:{c:.3f}'.format(a=10,b=3,c=a/b)    #输出'10 除以 3 是:3.333'
```

使用 format()时如果要指定对齐方式,可以使用"<"(表示左对齐)和">"(表示右对齐),默认是右对齐,如果数据位数不足,指定宽度时要补上指定的字符,可以使用"^"指定:

```
>>'{0:*^5d}除以{1:!^6d}是:{2:6.3f}'.format(a,b,a/b)    # 输出'*10**除以!! 3!!!
                                                      #是: 3.333'
```

3. 转义字符

有些字符,如回车换行符等不方便放在字符串中,就需要以转义字符的形式输入这些字符。转义字符由一个\开头,后面接着需要添加的字符,如双引号转义字符是\"。下面是\'转义字符的效果:

```
>>>speak="同学问:\"如何才能学好 Python? \""
>>>speak #输出'同学问:"如何才能学好 Python?"'
```

不使用转义字符,不能在双引号中再加上双引号。常用的转义字符见表 1-2。

表 1-2 转义字符

转义字符	说明	转义字符	说明
\n	换行	\t	制表位
\'	单引号	\\	反斜杠
\"	双引号		

可以在字符串的开始处加上 r,使其成为原始字符串,此时会忽略字符串中所有的转义字符。比较下面两个输出的字符串:

```
>>>print("say hello to Peter\'s mother")     #输出 say hello to Peter's mother
>>>print(r"say hello to Peter\'s mother")    #输出 say hello to Peter\'s mother
```

以 r 开始的字符串,将字符串中的转义字符直接以原样输出,这在正则表达式中经常会用到。

1.5.2 变量

Python 中变量不用预先声明,变量区分大小写,每个变量使用前必须被赋值。

```
>>>a=1                  #给一个变量赋值
>>>x=y=z=1              #同时给多个变量赋相同的值
>>>a,b=1,"hello"        #同时为两个变量赋不同的值
>>>a, b, c, d=10, 2.5, True, 1+2j
                        #a,b,c,d 的数据类型分别为 int,float,bool,complex
>>>c="hello" * 3
>>>d="hello"+" world"
>>>a="I lovePython"
>>>print(a[0])          #输出 I
>>>print(a[0:6])        #切片操作,从 0 个字符截取到第 6 个字符(不包括第 6 个),输出: I love
>>>len(a[0:6])          #测字符串长度,输出: 6
```

Python 属于动态类型的程序设计语言,变量本身没有数据类型的信息,变量始终是个引用到该值的名称,赋值运算只是改变了变量引用的对象。

```
>>>x=10
>>>y=x
>>>print(id(10),id(x),id(y))  #输出 140732857234544 140732857234544 140732857234544
```

上述语句中对象 10 赋给 x,又将 x 引用的对象赋值给 y,利用 id()获取引用对象的地址,可见 x、y 引用的都是对象 10 的地址。

```
>>>x=10
>>>y=20
>>>print(id(x),id(y))   #输出 140732857234544 140732857234864
```

将 y 引用到另一个对象 20 后,可以看到 x、y 引用的地址就不一样了。

```
>>>x=x+10
>>>id(x)                #输出 140732857234864
```

x 原来引用到对象 10 的地址,通过执行 x=x+10 后,创建了新的对象,x 引用到对象 20 的地址。

```
>>>x=[10,20,30]
>>>y=x
>>>x[0]=40
>>>y                    #输出[40, 20, 30]
```

y=x 赋值语句使 y 引用的地址与 x 相同,x[0]=40 修改了 x 引用地址上存放的数据,故输出的 y 值也会发生改变。当变量不再需要时,可以使用 del 删除。

```
>>>z=10
>>>del z
```

程序中有时要判断变量赋值后的数据类型,可以使用 Python 内部函数 isinstance()。

```
>>>n=input("输入 n:")
```

输入 n:5

```
>>>isinstance(n,int)    #输出 False
>>>isinstance(n,str)    #输出 True
```

isinstance(x,type)中 x 是要判断的变量,type 是数据类型,如 str、int、float、tuple、list、dict、set 分别是字符串、整型、浮点型、元组、列表、字典、集合。也可以使用 type()函数判断数据类型。

```
>>>x=10
>>>type(x)==int            #输出 True
```

虽然 isinstance 和 type 都可以判断数据类型,但在判断继承关系时,二者存在差异：类 B 继承于类 A,但 type 却判定 B()不是类型 A。

```
class A:
    pass
class B(A):
    pass
print(isinstance(A(), A))    #返回 True
print(type(A())==A)          #返回 True
print(isinstance(B(), A))    #返回 True
print(type(B())==A)          #返回 False
```

1.5.3 运算符

1. 赋值运算符

使用"="为某个变量赋值,Python 支持连续赋值,如：

```
>>>a="北京"
>>>b=c=d=100
>>>a,b=1,5
```

2. 比较运算符

比较运算符用于比较两个值的大小,比较的结果是 True 或 False。比较运算符包括>、>=、<、<=、==、!=、is(判断两个变量所引用的对象是否相同)、is not(判断两个变量所引用的对象是否不相同)。

```
>>>x=[10,20,30]
>>>y=[10,20,30]
>>>x==y                    #输出 True
>>>x is y                  #输出 False
>>>id(x)                   #输出 2136931039112
>>>id(y)                   #输出 2136930785032
```

通过 id(x)和 id(y)的值可以看出 x 和 y 指向的地址不同,故 x 和 y 是两个不同的变量,x is y 返回 False。下面代码中,10 与 z 指向的地址相同,故 z is 10,返回 True。

```
>>>id(10)                  #输出 140732857234544
>>>z=10
>>>z is 10                 #输出 True
```

x==y 时,逐一比对 x、y 两个列表中的元素是否相同,如果全部相同则返回 True;否则返回 False。

3. 算术运算符

用于执行基本的数学运算，包括＋(加)、－(减)、*(乘)、/(除)、//(整除)、%(求余)、**(乘方)。算术运算时要注意浮点运算。

```
>>>0.2+0.2+0.2              #输出 0.6000000000000001
>>>0.1+0.1+0.1              #输出 0.30000000000000004
>>>0.1+0.1+0.1==0.3         #输出 False
```

从上面的运算结果可以看出：0.1+0.1+0.1 不等于 0.3。计算机中数据以 0 和 1 存储，浮点数并不能准确地表示十进制，即便是最简单的数学运算，也会带来不可控制的后果，精度要求高的情况下，使用 Decimal()函数就不会出现任何小的误差。

```
>>>from decimal import Decimal
>>>Decimal('0.2')+Decimal('0.2')+Decimal('0.2')==Decimal('0.6')   #输出 True
>>>print(Decimal('0.2')+Decimal('0.2')+Decimal('0.2'))            #输出 0.6
>>>a=Decimal('4.2')
>>>b=Decimal('3.6')
>>>print(a+b)                                                      #输出 7.8
```

4. 逻辑运算符

逻辑运算符包括 and(与)、or(或)、not(非)。

5. 三目运算符

三目运算符的格式如下：

```
True_statement if expression else False_statement
```

如果 expression 为 True，则结果为 True_statement；否则为 False_statement。三目运算符相当于 if 语句的简写。如果 income＜8000，taxRate=0；否则 taxRate=0.05，则：

```
>>>income=15000
>>>taxRate=0 if income<8000 else 0.05
```

三目运算符支持多重嵌套，如果 income＜8000，taxRate=0，否则如果 income=8000～15000，taxRate=0.05，否则 taxRate=0.1，则用三目运算符：

```
>>>taxRate=0 if income<8000 else (0.05 if income<15000 else 0.1)
```

1.6 元组、列表、字典、集合

1.6.1 元组

元组是一种将顺序型的元素放在()中的对象。元组不可变，元组中的元素由逗号分隔，其支持：①in、not in、is；②比较、串联、切片和索引；③min()、max()、sum()、len()、zip()、enumerate()等。

```
>>>a=(1,2,3,'x')            #创建元组
>>>type(a)                  #测试 a 的数据类型是 tuple(元组),输出：<class 'tuple'>
>>>type(a) is tuple         #判断 a 是否是元组,输出：True
```

```
>>>isinstance(a,tuple)      #判断 a 是否是元组,输出:True
>>>'x' in a                 #判断'x'是否在元组 a 中,如果在,则输出 True;否则输出 False
>>>b=5,6,7,'y'
>>>type(b)                  #输出<class 'tuple'>
>>>c=(5)
>>>type(c)                  #输出<class 'int'>
>>>c=(5,)                   #对比 c=(5)可知,元组中只有一个元素时,只有在元素后面加逗号
                             才是元组
>>>type(c)                  #输出<class 'tuple'>
```

元组虽然不可变,但如果元组中的某元素是一个可变的对象,如元组 c 中的第 2 个元素是列表,而列表却是可变的。

```
>>>c=(5,6,["中国","日本","美国"])
>>>c[2].append("新加坡")    #为元组的第 2 个元素增加一个元素
>>>print(c)                 #输出(5, 6, ['中国', '日本', '美国', '新加坡'])
>>>d=(1,3,5,7,10)
>>>print("max is:{},min is:{}".format(max(d),min(d)))
                            #求最大值和最小值,输出 max is:10,min is:1
>>>a=(3,5,6,7,8,3)
>>>a.count(3)               #统计 3 在 a 中出现的次数,输出 2
>>>a=(3,5,6,7,8,3,6)
>>>a.index(6)               #指定 6 在元组 a 中第 1 次出现的位置,输出 2
>>>a.index(6,3)             #从第 3 个位置(元素为 7)开始,直到最后元素 6 出现的位置是 6
```

1.6.2 列表

列表是 Python 内置的可变序列,是包含若干元素的有序连续内存空间。列表的元素放在[]中,元素间用逗号分隔。

```
>>>x=[0,1,2,3,4,5,6]        #创建列表
>>>print(x[0], x[1], x[-1]) #输出 0, 1, 6。序号从 0 开始,-1 表示尾元素
```

列表下标开始值是 0,最大值是 len(x),常用用法如下:

```
>>>animal=['dog','cat','sheep','chicken']
>>>for i in range(len(animal)):
print('列表中第'+str(i+1)+'个动物是: '+animal[i])
列表中第 1 个动物是: dog
列表中第 2 个动物是: cat
列表中第 3 个动物是: sheep
列表中第 4 个动物是: chicken
```

range([start,]end[,step]):生成从 start 开始到 end(不包括 end)且步长为 step 的一个整数列表。start 默认值为 0,step 默认值为 1,如 range(5)相当于 range(0,5,1)。

```
>>>list(range(5))           #输出[0, 1, 2, 3, 4]
#列表串联
>>>a=[1, 2, 3]
>>>b=[4,5,6]
>>>print(a+b)               #输出[1, 2, 3, 4, 5, 6]
```

```
#列表最大值最小值
>>>a=[1,2,3]
>>>print(max(a),min(a))
#列表追加
>>>a=[5,6,7,8,9]
>>>a.append(10)                    #a=[5, 6, 7, 8, 9, 10]
#列表插入
>>>a=[5,6,7,8,9]
>>>a.insert(1,-5)                  #a=[5, -5, 6, 7, 8, 9]
#列表删除
>>>a=[5,6,7,8,9,6]
>>>a.remove(6)                     #移除列表中第1次出现的值,a=[5, 7, 8, 9, 6]
>>>a=[5,6,7,8,9,6]
>>>del a[2]                        #删除列表中第2个位置的元素,a=[5, 6, 8, 9, 6]
>>>a=[5,6,7,8,9,6]
>>>del a[2:4]                      #删除第2到4(不包括4)个位置的元素,a=[5, 6, 9, 6]
>>>a.clear()                       #删除列表中全部元素 a=[]
#列表扩展
>>>a=[5,6,7,8,9]
>>>id(a)                           #输出 50700040
>>>a.extend([10,11,12])
>>>a                               #输出[5, 6, 7, 8, 9, 10, 11, 12]
>>>id(a)                           #输出 50700040
#可以用列表的pop()方法实现栈(先进后出),从队尾删除元素
>>>stack=[]
>>>stack.append(1)                 #stack=[1]
>>>stack.append(2)                 #stack=[1,2]
>>>stack.append(3)                 #stack=[1,2,3]
>>>stack.pop()                     #弹出 3, stack=[1,2]
>>>stack.pop()                     #弹出 2, stack=[1]
>>>stack.pop()                     #弹出 1, stack=[]
#可以用列表的pop(0)实现队列(先进先出),从队首删除元素
>>>queue=[]
>>>queue.append(1)                 #queue=[1]
>>>queue.append(2)                 #queue=[1,2]
>>>queue.append(3)                 #queue=[1,2,3]
>>>queue.pop(0)                    #弹出 1,queue=[2,3]
>>>queue.pop(0)                    #弹出 2,queue=[3]
>>>queue.pop(0)                    #弹出 3,queue=[]
>>>queue.pop(0)
Traceback (most recent call last):
  File "<pyshell                   #132>", line 1, in <module>
    queue.pop(0)
IndexError: pop from empty list
#用in判断一个值是否在列表中存在
>>>animal=['dog','cat','sheep','chicken']
>>>'dog' in animal                 #输出 True
>>>'cow' in animal                 #输出 False
>>>'cow' not in animal             #输出 True
#列表排序与反转
>>>a=range(1,10)
```

```
>>>c=list(a)                          #c=[1, 2, 3, 4, 5, 6, 7, 8, 9]
>>>from random import *
>>>shuffle(c)                         #将列表中的元素顺序打乱
>>>c                                  #输出[6, 5, 3, 8, 7, 1, 2, 9, 4]
>>>c.sort()
>>>c                                  #输出[1, 2, 3, 4, 5, 6, 7, 8, 9]
>>>c.reverse()
>>>c                                  #输出[9, 8, 7, 6, 5, 4, 3, 2, 1]
```

(1) random 模块中有一个 shuffle() 函数,用于将列表中的元素顺序打乱。

(2) 使用 c.sort() 按正序排序,c.reverse() 按逆序排序。c.sort(reverse=True) 等同于 c.reverse()。

(3) 使用 sort() 和 reverse() 是对列表当场排序,不能写成 d=c.sort() 或者 d=c.reverse()。

(4) 不能对既有数字又有字符串的列表排序,如:

```
>>>d=[2,5,'dog','rat']
>>>d.sort()
Traceback (most recent call last):
  File "<pyshell#156>", line 1, in <module>
    d.sort()
TypeError: '<' not supported between instances of 'str' and 'int'
```

(5) 对字符串排序时,使用 ASCII 字符排序,而不是实际的字典顺序,故大写字母是排在小写字母的前面:

```
>>>a=['a','Z','A','z']
>>>a.sort()
>>>a                                  #输出['A', 'Z', 'a', 'z']
```

如果要按照普通的字典顺序来排序,需要在 sort() 中设置 key=str.lower,如:

```
>>>a=['a','Z','A','z']
>>>a.sort(key=str.lower)              #a 的值为['a', 'A', 'Z', 'z']
```

1.6.3 切片

切片是 Python 重要的操作之一,可对元组、列表、字符串、range 等进行切片。切片使用由两个冒号分隔的 3 个数字完成,第 1 个数字表示开始位置,第 2 个数字表示终止位置(不包括该位置),第 3 个数字表示步长(默认为 1)。元素位置可以用正数,也可以用负数:

```
animals=("狗","猫","猪","羊","牛","马","驴")
```

元组中"狗"、"猫"、"猪"、"羊"、"牛"、"马"、"驴"所在的位置用正数表示,分别是 0、1、2、3、4、5、6,如果用负数表示分别是 -7、-6、-5、-4、-3、-2、-1。切片时如果步长是正数,表示切片方向从左向右;如果步长是负数,表示切片方向从右向左。

```
>>>animals=("狗","猫","猪","羊","牛","马","驴")
>>>animals[2:5:1]                     #输出('猪', '羊', '牛')
```

从第 2 个位置开始,取到第 5 个位置(不包括 5),步长是 1。元素位置如果采用负数计数,则等价于 animals[-5:-2:1]。

```
>>>animals[2:]              #输出('猪','羊','牛','马','驴')
>>>animals[:3:2]            #步长为正数,省略起始位置时,起始位置取 0,输出('狗','猪')
>>>animals[:3:-2]           #步长为负数,省略起始位置,起始位置取列表长度或者-1,输出
                             ('驴','牛')
>>>animals[6:3:-2]          #等同于 animals[-1:3:-2],animals[:3:-2],输出('驴','牛')
>>>animals[::-1]            #输出('驴','马','牛','羊','猪','猫','狗')
>>>animals[2:]              #从第 2 个位置开始直到最后,等同于 animals[2::],输出('猪',
                             '羊','牛','马','驴')
>>>alist=[0,1,2,3,4,5,6,7,8,9]
>>>print(alist[1:5:2])      #输出[1, 3]
print(alist[:4:-1])         #结果[9,8,7,6,5]。当步长为负数时,表示从右向左。省略起始位
                             置,表示起始位置为-1 或者取列表的长度
print(alist[6:4:-1])        #[6,5]
print(alist[-1:4:-1])       #[9, 8, 7, 6, 5]
print(alist[:-3:-1])        #[9, 8],从-1 或者 9 开始从右向左,到元素 7(不包括 7)
print(alist[:-3:1])         #[0, 1, 2, 3, 4, 5, 6],从位置 0 开始从左向右到元素 7(不包括 7)
alist[3:6]=[5,4,3]          #赋值(注意保证个数相同)
print(alist)                #[0, 1, 2, 5, 4, 3, 6, 7, 8, 9]
#取前一部分
>>>alist=[0,1,2,3,4,5,6,7,8,9]
>>>alist[:5]                #[0, 1, 2, 3, 4]
#取后一部分
>>>alist[-5:]               #输出[5, 6, 7, 8, 9]
#取偶数位置元素
>>>alist[::2]               #输出[0, 2, 4, 6, 8]
#取奇数位置元素
>>>alist[1::2]              #输出[1, 3, 5, 7, 9]
#复制,等价于 list.copy(),更加面向对象的写法
>>>blist=alist[:]
>>>blist                    #输出[0, 1, 2, 3, 4, 5, 6, 7, 8, 9]
#返回一个逆序列表,推荐 reversed(list)写法,更直观易懂
>>>alist[::-1] 输出[9, 8, 7, 6, 5, 4, 3, 2, 1, 0]
#在某个位置插入多个元素
>>>alist[3:3]=['a','b','c']         #切片中开始位置等于终止位置,插入元素
>>>alist                    #输出[0, 1, 2, 'a', 'b', 'c', 3, 4, 5, 6, 7, 8, 9]
#在开始位置之前插入多个元素
>>>alist=[0, 1, 2, 3, 4, 5, 6, 7, 8, 9]
>>>alist[:0]=['a','b','c']
>>>alist                    #输出['a', 'b', 'c', 0, 1, 2, 3, 4, 5, 6, 7, 8, 9]
#替换多个元素
>>>alist=[0, 1, 2, 3, 4, 5, 6, 7, 8, 9]
>>>alist[0:3]=['a','b','c']
>>>alist                    #输出['a', 'b', 'c', 3, 4, 5, 6, 7, 8, 9]
#删除切片
>>>alist=[0, 1, 2, 3, 4, 5, 6, 7, 8, 9]
>>>del alist[3:6]
>>>alist                    #输出[0, 1, 2, 6, 7, 8, 9]
```

从以上切片中可以看出，切片的位置都用正数或者负数表示的情况下，如果步长是正数，切片终止的位置要大于切片开始的位置；如果步长是负数，则切片终止的位置要小于切片开始的位置；否则有可能切片的结果为空，如下面的列表 aa 和 bb 都为空。

```
>>>aa=animals[-3:-5:1]
>>>bb=animals[-5:-3:-1]
```

如果切片的开始位置和终止位置异号，可将其转换为同号，这样更加容易理解。

1.6.4 字典

字典是包含在{}内的"键:值"对元素组成的可变序列，键和值间以冒号分隔，相邻元素间以逗号分隔，字典中的键不允许重复。字典基本格式如下：

```
{"键 1":"值 1", "键 2":"值 2"}
>>>mycat={'size':'fat','color':'gray','age':5}
>>>mycat['color']#'gray'
>>>mycat[1]
Traceback (most recent call last):
  File "<pyshell#73>", line 1, in <module>
    mycat[1]
KeyError: 1
```

从上面的语句中可以看出，字典的键是不排序的，字典不能切片。字典的值可以是单个元素，也可以是列表、元组或者字典，如：

```
>>>dictCity={ "Cities":{"City": [ {"Name": "Beijing", " Street": "Xueyuan Road", "Postcode": "100083" },{"Name": "Shanghai","Street": "Baoshan Road", "Postcode": "200071" }]}}
```

使用 dictCity ["Cities"]["City"][0]列出第 1 个城市的信息。下面列出所有城市的信息。

```
>>>for i in range(len(dictCity["Cities"]["City"])):
        print(dictCity["Cities"]["City"][i])
{'Name': 'Beijing', ' Street': 'Xueyuan Road', 'Postcode': '100083'}
{'Name': 'Shanghai', 'Street': 'Baoshan Road', 'Postcode': '200071'}
```

1. 字典的创建与删除

```
>>>A={}                  #建立空字典 A
>>>B=dict()              #通过内置函数 dict()建立空字典 B
>>>keys=["a","b","c"]
>>>values=[1,2,3]
>>>A=dict(zip(keys,values))
#A={'a': 1, 'b': 2, 'c': 3}, zip()函数的用法见 1.8.6 小节
```

2. keys()、values()、items()方法

字典的这 3 个方法，分别返回字典的键、值和键-值对，返回值的类型分别是 dict_keys、dict_values、dict_items，可用于 for 循环中，但不能被修改。

```
>>>mycat={'size':'fat','color':'gray','age':5}
>>>for k in mycat.keys():
        print(k,end=" ")              #输出 size color age
>>>for v in mycat.values():
        print(v,end=" ")              #输出 fat gray 5
>>>for i in mycat.items():
        print(i,end=" ")              #输出 ('size', 'fat') ('color', 'gray') ('age', 5)
```

3. 检查字典中是否存在某键或值

使用字典时，如果键不存在就会出现问题，故在使用字典前要判断键是否存在于字典中：

```
>>>mycat={'size':'fat','color':'gray','age':5}
>>>'size' in mycat.keys()             #输出 True
>>>'weight' in mycat.keys()           #输出 False
>>>5 in mycat.values()                #输出 True
>>>'weight' not in mycat.keys()       #输出 True
```

4. get()方法

访问键值前使用字典的 get() 方法可避免每次检查的麻烦。D.get(k[,v])从字典 D 获得键值 k 的值，如果 D 中不存在键 k，则返回 v：

```
>>>mycat={'size':'fat','color':'gray','age':5}
>>>'my cat is '+str(mycat.get('age',2))+' ages,it has '+str(mycat.get('weight',
3))+' pounds'                         #输出：'mycat is 5 ages, it has 3 pound'
>>>C={'英语': 80, '高数': 70, '物理': 45, '化学': 98}
>>>"我的语文成绩："+str(C.get('语文',0))+"分"      #输出：'我的语文成绩：0分'
>>>"我的物理成绩："+str(C.get('物理',0))+"分"      #输出：'我的物理成绩：45分'
```

5. setdefault()方法

字典的 setdefault() 方法提供了类似 get() 的功能，用法如下：

```
>>>mycat={'size':'fat','color':'gray','age':5}
>>>mycat.setdefault('weight',3)                      #输出 3
>>>mycat    #输出：{'size': 'fat', 'color': 'gray', 'age': 5, 'weight': 3}
>>>mycat.setdefault('weight',5)
>>>mycat    #输出：{'size': 'fat', 'color': 'gray', 'age': 5, 'weight': 3}
```

6. 字典元素的添加和修改

当为字典指定"键"的元素赋值时，如果该键存在，则修改该键的值；若该键不存在，则将该键-值对添加于字典中。

```
>>>mycat={'size':'fat','color':'gray','age':5}
>>>mycat["age"]=6
>>>mycat    #输出：{'size': 'fat', 'color': 'gray', 'age': 6}
>>>mycat["favorite"]="fish"
>>>mycat    #输出：{'size': 'fat', 'color': 'gray', 'age': 6, 'favorite': 'fish'}
```

也可使用 update 更新键-值对，如：

```
>>>mycat={'size':'fat','color':'gray','age':5}
>>>mycat.update({"age":6})
```

```
>>>mycat                #输出：{'size': 'fat', 'color': 'gray', 'age': 6}
>>>mycat.update({"favorite":"fish"})
>>>mycat                #输出：{'size': 'fat', 'color': 'gray', 'age': 6, 'favorite': 'fish'}
```

7. 字典键-值对的删除

popitem()返回并删除字典中最后一对键-值，如果字典已为空，调用该方法会出现错误：

```
>>>C={'英语': 80, '高数': 70, '物理': 45, '化学': 98}
>>>k,v=C.popitem()      #删除C中'化学': 98键:值对,返回k='化学',v=98
>>>k,v                  #输出：('化学', 98)
>>>C                    #输出：{'英语': 80, '高数': 70, '物理': 45}
```

pop(key[,default])方法：根据键从字典中删除指定的键和值，返回删除键的值。如果要删除的键不存在，指定default时返回default；否则出现错误。

```
>>>C={'英语': 80, '高数': 70, '物理': 45, '化学': 98}
>>>C.pop("英语")
>>>C.pop("英语",100)
>>>C.pop("英语")
Traceback (most recent call last):
  File "<pyshell#24>", line 1, in <module>
    C.pop("英语")
KeyError: '英语'
```

清空字典时可以使用clear()，也可以使用全局变量del()。

```
>>>mycat={'size':'fat','color':'gray','age':5,'favorite': 'fish'}
>>>del mycat["favorite"]
>>>mycat                #输出：{'size': 'fat', 'color': 'gray', 'age': 5}
```

例1-1 为字典C={'英语': 80, '高数': 70, '物理': 45}中不及格的成绩加5分。

```
#1-1.py
GG={}
C={'英语': 80, '高数': 70, '物理': 45}
for k,v in C.items():
    if v>60:
        GG[k]=v
    else:
        GG[k]=v+5
print(GG)
```

如果要对字典C中的成绩求和，可以 total=sum(C.values())，如果要将C中大于等于60的成绩求和，可以使用后面介绍的字典推导式：sum([t for t in C.values() if t>=60])。

例1-2 以字典的形式统计出sentence变量中各单词出现的次数。

```
#1-2.py
sentence=" A boy named Peter pick up a book a very interesting book "
word_dict={}
for word in sentence.split():
    if word not in word_dict:
        word_dict[word]=1              #添加键值
```

```
    else:
        word_dict[word]+=1
print(word_dict)
```

程序中使用 word not in word_dict 判断某键值是否在字典中存在,如果不存在直接读取该键时,Python 会抛出错误。代码也可以更改为:

```
sentence="A boy named Peter pick up a book a very interesting book"
word_dict={}
for word in sentence.split():
    word_dict.setdefault(word,0)
    word_dict[word]+=1
print(word_dict)
```

例 1-3 建立以下矿物字典,编写程序,查询出"铜"的颜色和硬度。

```
#1-3.py
dictMinerals={"name":("铜","金","黄铁矿"),"color":("铜红色","金黄色","浅铜黄色"),"hard":("2.5-3","2.5","6-6.5")}
p=dictMinerals.get("name").index('铜')
print("铜的颜色:{},硬度: {}".format(dictMinerals.get("color")[p],dictMinerals.get("hard")[p]))
#输出结果为:"铜的颜色:铜红色,硬度: 2.5-3"
```

也可以使用 pandas 编写程序:

```
>>>import pandas as pd
>>>dictMinerals={"name":("铜","金","黄铁矿"),"color":("铜红色","金黄色","浅铜黄色"),"hard":("2.5-3","2.5","6-6.5")}
>>>data_padas=pd.DataFrame(dictMinerals)
>>>data_padas[data_padas.name=="铜"]
```

例 1-4 将字典 dict1 中所有 key 是小写字母的 value 统一赋值为'error'。

```
#1-4.py
dict1={"a":"java","B":"Delphi","C":"javascript","d":"Python"}
dict2={key:value if key.isupper() else "error" for key,value in dict1.items()}
print(dict2)    #输出{'a': 'error', 'B': 'Delphi', 'C': 'javascript', 'd': 'error'}
```

8. 字典与 JSON

字典的数据格式与 JSON(JavaScript Object Note)相似。JSON 格式的字符串和 JSON 格式的对象即字典,可以通过 json 库转换,该库内嵌于 Python。json 库要求 JSON 格式的字符串必须写在单引号中,键和值使用双引号;否则 json 库解析字符串时会出现错误。

```
>>>import json
>>>jsonString='{"persons":[{"name":"zhang","gender":"M"},{"name":"wang","gender":"F"}]}'
#字符串转字典
>>>jsonObj=json.loads(jsonString)
>>>jsonObj["persons"][0]["name"]         #输出'zhang'
#字典转字符串
>>>jsonObj={"persons":[{"name":"zhang","gender":"M"},{"name":"wang",
```

```
"gender":"F"}]}
>>>jsonString=json.dumps(jsonObj)
>>>print(jsonString)
{"persons": [{"name": "zhang", "gender": "M"}, {"name": "wang", "gender": "F"}]}
```

1.6.5 集合

集合(set)是 Python 中一种重要的数据类型,表示一组各不相同元素的无序集合,其主要应用于重复元素消除及关系测试等。集合在 Python 内部通过哈希表实现,输出时所显示的顺序具有随机性,且与运行环境相关。集合是无序的,故不能对集合切片。

1. 集合的创建与删除

```
>>>cc=set()         #建立一个空集合
>>>a={3,9,7,7}
>>>a                #输出{9, 3, 7}
>>>a.add(5)         #a 的值为{9, 3, 5, 7}
```

使用集合的 add()方法增加元素。也可以使用 set()函数将列表、元组等其他可迭代对象转换为集合,如果这些可迭代对象中有重复的元素,转换成集合后只保留重复元素中的一个。

```
>>>aa=['黄铁矿','黄铜矿','方铅矿','闪锌矿','磁黄铁矿','黄铁矿','磁铁矿']
>>>bb=set(aa)
>>>bb               #输出{'闪锌矿','磁黄铁矿','黄铜矿','黄铁矿','磁铁矿','方铅矿'}
```

可以看出,列表 aa 中重复的元素"黄铁矿"转变成集合 bb 后不再重复了。可以再将集合 bb 转换为列表:

```
>>>list(bb)         #输出['闪锌矿','磁黄铁矿','黄铜矿','黄铁矿','磁铁矿','方铅矿']
```

可以将字符串转变成集合,原来重复的字符在转变后的结果中不再重复,如:

```
>>>a=set("abcfgagh")
>>>a                #输出{'a', 'b', 'f', 'h', 'g', 'c'}
```

如果将该字符串转变成列表或者元组,不能消除重复的字符:

```
>>>a=list("abcfgagh")    #a 的值为['a', 'b', 'c', 'f', 'g', 'a', 'g', 'h']
```

可以使用 del 命令删除整个集合,pop 方法随机弹出并删除其中一个元素,使用 remove() 可删除指定元素,clear()清空集合。

2. 集合操作

集合间可以进行交、差、并等操作,如:

```
>>>a=set('abracadabra')  #a 为{'r', 'b', 'a', 'd', 'c'}
>>>b=set('alacazam')     #b 为{'z', 'l', 'a', 'm', 'c'}
>>>print(a-b)            #a 和 b 的差集,即存在于 a 中但不存在于 b 中的集合,等同于 a.
                          difference(b),结果为{'b', 'd', 'r'}
>>>print(a | b)          #a 和 b 的并集,等同于 a.union(b),输出:{'z', 'r', 'l',
                          'b', 'a', 'd', 'm', 'c'}
>>>print(a & b)          #a 和 b 的交集,等同于 a.intersection(b),结果为{'c', 'a'}
>>>print(a ^ b)          #a 和 b 中不同时存在的元素,等同于 a.symmetric_difference
```

```
>>>x={1,2,3}
>>>y={1,2,3,4}
>>>x.issubset(y)              #x 是 y 的子集,结果为 True
>>>y.issuperset(x)            #y 是 x 的父集,结果为 True
>>>x.isdisjoint(y)            #x 与 y 的交集是否为空,结果为 False
```
(b),输出{'m', 'z', 'r', 'l', 'b', 'd'}

例 1-5 产生 10 个不重复的随机整数。

```
#1-5.py
import random
count=int(input("输入产生的随机数的个数:"))
s=set()
mark=True
while mark==True:
    num=random.randint(1,5000)
    s.add(num)
    if len(s)==count:
        mark=False
print(s)
```

例 1-6 已知:

```
#1-6.py
students={names:("张三","李四","王五"),courses:(("英语","数学","化学","计算机","生物"),("数学","英语","地理","计算机","生物"),("英语","数学","化学","历史","生物"))}
```

(1) 列出 3 个学生都学过的课程。
(2) 列出"张三""李四"不重复的课程。
(3) 列出"张三"学过而"李四"没有学过的课程。
(4) 列出"李四"学过而"张三"没有学过的课程。
(5) 列出"张三"和"李四"都学过但"王五"没有学过的课程。

```
students={"name":("张三","李四","王五"),"course":(("英语","数学","化学","计算机","生物"),("数学","英语","地理","计算机","生物"),("英语","数学","化学","历史","生物"))}
setA=set(students["course"][0])
setB=set(students["course"][1])
setC=set(students["course"][2])
print("3 个同学都学过的课程:{}".format(setA&setB&setC))
print("张三和李四学过的不重复的课程:{}".format(setB^setA))
print("张三学过而李四没有学过的课程:{}".format(setA-setB))
print("李四学过而张三没有学过的课程:{}".format(setB-setA))
print("张三和李四都学过但王五没有学过的课程:{}".format(setA&setB-setC))
#输出结果为"3 个同学都学过的课程:{'数学','英语','生物'}
张三和李四学过的不重复的课程:{'化学','地理'}
张三学过而李四没有学过的课程:{'化学'}
李四学过而张三没有学过的课程:{'地理'}
张三和李四都学过但王五没有学过的课程:{'计算机'}"
```

1.6.6 推导式

推导是由一个序列创建另一个序列的操作。

1. 列表推导式

基本格式：

[表达式 for 变量 in 列表]或[表达式 for 变量 in 列表 if 条件]

例如，生成一个由 A 中小于 0 的数的平方构成的列表：

```
>>>A=(2,3,4,-5,-6,-7)
>>>B=[pow(x,2) for x in A if x<0]
```

（1）输入是元组 A，输出是列表 B：[25，36，49]。
（2）变量 x 表示列表中的每个元素。
（3）pow(x,2)是输出表达式，pow()幂函数，第 1 个参数是底数，第 2 个参数是指数。
（4）if x<0 是一个条件表达式。

如果不使用推导式，虽然下面的代码也可实现，但不如推导式简练：

```
A=(2,3,4,-5,-6,-7)
B=[]
for x in A:
    if x<0:
        B.append(x*x)
print(B)
```

下面的代码列出 lis 中姓名字符长度大于 6 并且将姓名的首字母大写：

```
>>>lis=['ruizhang','mingli','zouwang']
>>>[name.title() for name in lis if len(name)>6]    #输出：['Ruizhang', 'Zouwang']
```

下面是实现矩阵转置的代码：

```
>>>transposed=[]
>>>vec=[[1, 2, 3], [4, 5, 6], [7, 8, 9]]
>>>for i in range(3):
    transposed.append([row[i] for row in vec])
>>>transposed          #输出：[[1, 4, 7], [2, 5, 8], [3, 6, 9]]
```

如果通过推导式完成转置，以下代码要比上面的代码简练得多：

```
>>>[[row[i] for row in vec] for i in range(3)]    #输出：[[1, 4, 7], [2, 5, 8], [3, 6, 9]]
```

当然矩阵转置也可以利用 NumPy 直接完成：

```
>>>import numpy as np
>>>aa=np.array(vec)
>>>aa.transpose()
```

2. 列表推导式嵌套

```
d_list=[(x, y) for x in range(5) for y in range(4)]
print(d_list)
```

上面的代码中，x 是遍历 range(5) 迭代变量（计数器），因此该 x 可迭代 5 次；y 是遍历 range(4) 的计数器，因此该 y 可迭代 4 次。因此，该 (x,y) 表达式共迭代 20 次。上面的 for 表达式相当于以下嵌套循环：

```
d_list=[]
for x in range(5):
    for y in range(4):
        d_list.append((x, y))
```

（1）实现嵌套列表的平铺。

```
>>>vec=[[1,2,3,4],[5,6,7,8],[9,10,11,12]]
>>>data=[num for elem in vec for num in elem]
>>>data          #输出结果：[1, 2, 3, 4, 5, 6, 7, 8, 9, 10, 11, 12]，相当于：
>>>vec=[[1,2,3,4],[5,6,7,8],[9,10,11,12]]
>>>data=[]
>>>for elem in vec:
    for num in elem:
        data.append(num)
```

也可以写为：

```
>>>data=[]
>>>for i in range(4):
    for j in range(4):
        data.append(vec[i][j])
```

（2）过滤不符合条件的元素。

```
>>>import os
#os.listdir('.')返回当前目录下的文件和目录列表
>>>aa=[filename for filename in os.listdir('.') if filename.endswith('.py')]
>>>print(aa)              #输出['fitting.py', 'list1.py', 'Turple1.py']
>>>example1=[[1,2,3],[4,5,6],[7,8,9],[10]]
>>>example2=[j**2 for i in example1 for j in i if j%2==0]
                          #example2 值为[4, 16, 36, 64, 100]
>>>lis01=['food','good','hello','book','what']
>>>a=[i for i in lis01 if i.count('o')==2]
                  #列出 lis01 中有两个 o 的单词，a 为['food', 'good', 'book']
>>>lis02=[['food','good','hello','book','what'],['cool','think','you','we','how']]
>>>b=[i for j in lis02 for i in j if i.count('o')==2]
                  #列出 lis02 中有两个 o 的单词，并且将其平铺
```

3. 元组的推导式

格式：

(表达式 for 迭代变量 in 可迭代对象 [if 条件表达式])

可以看出，元组推导式的格式与列表推导式基本相同。

```
>>>tuple1=(x**2 for x in range(10))
```

```
>>>print(tuple1)        #输出: <generator object <genexpr> at 0x0000000003061BA0>
```

从运行结果看出,元组推导式生成的结果并不是一个元组,而是一个生成器对象,这一点和列表推导式不同。如果想要使用元组推导式获得新元组或新元组中的元素,有以下几种方法。

(1) 使用 tuple() 函数,可以直接将生成器对象转换成元组。

```
>>>print(tuple(tuple1))
(0, 1, 4, 9, 16, 25, 36, 49, 64, 81)
>>>tuple (tuple1)       #输出[],要注意 tuple()转换为生成器对象后,生成器对象就会被清空
```

(2) 直接使用 for 循环遍历生成器对象,可以获得各个元素。

```
>>>tuple1=(x**2 for x in range(10))
>>>for i in tuple1:
    print(i,end=' ')    #输出 0 1 4 9 16 25 36 49 64 81
```

(3) 使用 __next__() 方法遍历生成器对象,以获得生成器的各个元素。

```
>>>tuple1=(x**2 for x in range(10))
>>>print(tuple1.__next__())         #输出 0
>>>next(tuple1)                     #输出 1
```

元组推导式属于生成器推导式,其访问速度快、占用内存少。使用生成器对象时,可以根据需要将其转化为列表或者元组,也可以使用 __next__() 方法或内置函数 next() 遍历生成器,执行一次遍历后生成器对象随即被清空。

4. 字典的推导

字典推导式的语法格式如下:

```
{表达式 for 迭代变量 in 可迭代对象 [if 条件表达式]}
>>>C={"英语":80,"高数":70,"物理":40}
>>>D={x:y for x,y in C.items() if y>60}     #列出成绩>60的课程名和成绩
>>>print(D)                                 #输出{'英语': 80, '高数': 70}
#如果要为 C 中不及格的分数加 5 分,可以:
>>>E={x:y+5 for x,y in C.items() if y<60}   #E 的值为{'物理': 45}
#将字典 D 和 E 合并为 F:
>>>F={}
>>>F.update(D)
>>>F.update(E)                              #F 为{'英语': 80, '高数': 70, '物理': 45}
#也可以在推导式中使用三目运算符,直接为 C 中的不及格成绩加 5 分:
>>>E={key:value+5 if value<60 else value for key,value in C.items() }
#如果要快速交换字典的键-值对,则:
>>>mca={"a":1, "b":2, "c":3, "d":4}
>>>dicts={v:k for k,v in mca.items() } #dicts 的值为{1: 'a', 2: 'b', 3: 'c', 4: 'd'}
```

5. 集合推导式

格式:

```
{表达式 for 迭代变量 in 可迭代对象 [if 条件表达式]}
>>>squared={x**2 for x in [-1,1,2,-2]}      #squared 值为{1, 4}
```

6. 推导式中使用自定义函数

```
def process(x):
    if isinstance(x,str):
        return x.lower()
    elif isinstance(x,int):
        return x * x
    else:
        return -100
a=(1,2,-3,-4,'A','c',9.8)
b=tuple(process(x) for x in a)      #b 的值为(1, 4, 9, 16, 'a', 'c', -100)
```

1.6.7 序列解包

（1）Python 的序列解包可以为多个变量同时赋值。

```
>>>x,y,z=3,4,5                      #x=3,y=4,z=5
>>>s={'a':1, 'b':2, 'c':3}
>>>k,v=s.popitem()
>>>k,v                              #输出：('c', 3)
>>>k                                #输出'c'
```

（2）序列解包用于列表或元组。

```
>>>a=[3,4,5]
>>>x,y,z=a                          #x=3,y=4,z=5
```

（3）序列解包用于字典。

```
>>>C={"英语":80,"高数":70,"物理":40}
>>>x,y,z=C                          #x="英语", y="高数",z="物理"
```

在字典上序列解包时，默认情况下是对字典的"键"操作。如果要对键和值同时操作，使用字典的 items()方法；如果操作值则使用 values()方法；如果操作键可使用 keys()方法。

```
>>>C={"英语":80,"高数":70,"物理":40}
>>>x,y,z=C.items()                  #y 的值为('高数', 70)
>>>x,y,z=C.values()                 #y 的值 70
```

（4）序列解包遍历 enumerate 对象。

```
>>>for i, v in enumerate(C):
    print('The value on position {0} is {1}'.format(i,v))
The value on position 0 is 英语
The value on position 1 is 高数
The value on position 2 is 物理
```

（5）用序列解包遍历多个序列。

```
>>>a=[1,2,3]
>>>b=[4,5,6]
>>>c=[7,8,9]
>>>d=zip(a,b,c)
```

```
>>>for index, value in enumerate(d):
    print(index, ':', value)
0 : (1, 4, 7)
1 : (2, 5, 8)
2 : (3, 6, 9)
```

（6）调用函数时，在实参前面加一个星号（*）。

下面自定义一个函数 demo，完成 3 个数的求和，有 a、b、c 这 3 个形参，将列表 seq 作为实参传入时，使用 * 将列表解包，分别将 4、5、6 赋值给 a、b、c。

```
def demo(a,b,c):
    print(a+b+c)
seq=[4,5,6]
demo(*seq)
```

如果使用字典对象作为实参，默认情况下使用的是字典的"键"，如果需要将字典的"键-值"对作为实参，需要使用 items()方法；如果需要将字典的"值"作为参数，则需要使用字典的 values()方法。

```
def demo(a,b,c):
    print(a+b+c)
seq={"a":1,"b":2,"c":3}
demo(*seq)                    #输出 abc
demo(*seq.items())            #输出('a', 1, 'b', 2, 'c', 3)
demo(*seq.values())           #输出 6
```

（7）调用函数时，在实参前面加两个星号（**）。

可以使用 ** 将字典中的元素分解，如求平面上两点间距离 dist：

```
from numpy import math
def dist(x1,y1,x2,y2):
    return math.sqrt(pow(x1-x2,2)+pow(y1-y2,2))
if __name__=="__main__":
    point={"x1":5,"x2":8,"y1":2,"y2":10}
    print(dist(**point))
```

** 将字典 point 分解后，将字典中的值对应地传递给 dist 函数中的 x1、y1、x2、y2。

1.7 基本语句

1.7.1 分支语句

包括单分支 if、双分支 if...else 和多分支 if...elif...else 语句。

（1）单分支语句

```
if condition:
    statement
```

（2）双分支语句

```
if condition:
    statement
    statement
else:
    statement
    statement
```

（3）多分支语句

```
if condition_1:
    statement
    statement
elif condition_2:
    statement
    statement
elif condition_3:
    statement
    statement
else:
    statement
    statement
```

书写时需要注意：if 及 else 后面一定要加冒号（:），statement 作为一个代码块，必须缩进，且缩进空格数要保持统一。

如果输入的成绩＞＝90，输出"优"；80＜＝成绩＜90，输出"良"；70＜＝成绩＜80，输出"中"，60＜＝成绩＜70，输出"及格"；成绩＜60，输出"不及格"。

```
score=input("输入成绩:")
score=float(score)
if score>=90:
    print("优")
elif score>=80:
    print("良")
elif score>=70:
    print("中")
elif score>=60:
    print("及格")
else:
    print("不及格")
```

代码中 input()输入后得到的结果是字符串，通过 float()将输入转换为字符串。使用 if 分支语句时，最容易犯的判断错误是将上面的代码写为：

```
s_score=input("输入成绩:")
score=float(score)
  if score<60:
    print("不及格")
elif score>=60:
    print("及格")
```

```
    elif score>=70:
        print("中")
    elif score>=80:
        print("良")
    elif score>=90:
        print("优秀")
```

运行程序后,如果输入成绩 85,会输出"及格",输出不正确。错误的原因在于:分支语句只执行一个符合条件下的语句,然后就会退出分支。故输入 85 后,始终是执行 score>=60 下的语句块。虽然 85>=70、85>=80,但并不执行它们下面的语句块。

1.7.2 循环语句

Python 提供了 while 和 for 两种循环。当循环次数不确定时,一般使用 while 循环,循环次数确定时使用 for 循环。

1. for 循环

```
for 变量 in 序列或者其他迭代对象:
    循环体
```

例如:

```
for m in range(5):
    print(m,end=" ")
```

2. while 循环

```
while 条件表达式:
    循环体
```

3. 控制循环结构

Python 提供了 continue 和 breaky 语句来控制循环结构,也可以使用 return 语句结束整个方法,当然也就结束了一次循环。Break 令循环体条件为 True 时提前结束循环;continue 令循环体内忽略本次循环,开始下次循环。

例 1-7 输入两个正整数,求其最大公约数。

分析:求最大公约数有"辗转相除法""辗转相减法"等算法。下面是"辗转相除法"的算法。

(1) 以大数 m 作被除数,小数 n 作除数,相除后得余数 r。
(2) 如果 r 不等于 0,则用 n 替换 m、用 r 替换 n 继续执行 m 除以 n,得到余数 r。
(3) 重复(2)直到 r=0,最后的 n 就是最大公约数。

```
#1-7.py
def gys(m,n):
    if n>m:
        m,n=n,m
    r=m %n
    while(r!=0):
        m,n=n,r
        r=m %n
```

```
        return n
m=input("输入第 1 个整数")
n=input("输入第 2 个整数")
print("{}和{}的最大公约数是{}".format(m,n,gys(int(m),int(n))))
```

例 1-8　求 2000～2100 之间所有的素数。

分析：所谓"素数"，就是除了 1 和该数本身外，不能被其他任何整数整除的数。判断一个自然数 $n(n>3)$ 是否为"素数"，只要依次用 $2 \sim \sqrt{n}$ 作除数去除 n 即可，如果 n 不能被其中任何一个数整除，则 n 为素数。

```
#1-8.py
import numpy as np
result=[]
for m in range(2001,2100,2):
    s=0
    for n in range(2,int(np.sqrt(m))):
        if m%n==0:
            s=1
            break;          #当前 m 不是素数,退出 for n 循环,开始下一个 m
    if s==0:
        result.append(m)
print(result)
```

break 可用来中断 while 和 for 循环。while 和 for 循环中也有可能会使用 continue，在循环中遇到 continue，程序会跳过本次循环后面的程序代码，直接进入下一次循环，下面是 continue 用法的示例，程序运行后，输入结果为 1,3,5,7,9。如果将 continue 改为 break 则输出结果是 1。

```
n=0
while n<10:
    n+=1
    if n%2==0:
        continue
    print(n)
```

例 1-9　斐波那契数列指的是 1,1,2,3,5,8,13,……这样一个数列，从第 3 项起，每一项都是前两项的和。编程实现该数列。

实现方法有多种，核心算法是 $a_n = a_{n-1} + a_{n-2}$。下面列出 3 种算法。

```
#1-9-1.py
f=1
s=1
i=0
num=int(input("输入数列最大项数"))
while i<num:
    print(f,end=" ")
    f,s=s,f+s
    i+=1


#1-9-2.py
items=[1,1]
```

```
num=int(input("输入数列最大项数:"))
i=0
while i<num:
    print(items[i],end=" ")
    items.append(items[-1]+items[-2])
    i+=1

#1-9-3.py
items=[1,1]
num=int(input("输入数列最大项数:"))
for i in range(num-2):
    items.append(items[-1]+items[-2])
print(items)
```

1.8 函 数

1.8.1 字符串函数

(1) 字符串分割函数 split()。

```
>>>a="www.163.com"
>>>print(a.split("."))           #输出['www', '163', 'com']
```

通过设定分割符号".",将 www.163.com 分割为一个列表,再如:

```
>>>'John,Peter,Jack'.split(",")  #输出['John', 'Peter', 'Jack']
```

如果分割字符串的不单单只是某个字符或者字符串,如字符串'John1Peter2Jack3Robinson'要根据数字将字符串分开,split()中需要使用正则表达式:

```
>>>import re
>>>re.split(r'\d','John1Peter2Jack3Robinson')
                                 #输出['John', 'Peter', 'Jack', 'Robinson']
```

(2) 字符串连接函数 join()。

与 split()相反的函数是 join(),用于连接列表中的字符串。如将字符串列表['www', '163', 'com']连接成 www.163.com:

```
>>>".".join(['www', '163', 'com'])
```

字符串拼接可以使用+运算符号,如:

```
>>>str1="hello "
>>>str2="Tom"
>>>str1+str2                     #输出'hello Tom'
```

如果将字符串和数字直接使用+拼接,会出现错误。此时,要使用 str()或者 repr()将数字转换成字符,然后再使用+。

```
>>>str1="Tom is "
>>>age=19
```

```
>>>str1+str(age)                    #输出'Tom is 19'
>>>str1+repr(age)                   #输出'Tom is 19'
```

(3) 字符串替换函数 replace()。

```
>>>a='中国科技大学'
>>>a.replace('中国','北京')         #a 的值为'北京科技大学'
```

(4) 删除空白函数 strip()、lstrip()、rstrip()。

strip()、lstrip()、rstrip()分别用于删除字符串两边空白、左边空白、右边空白。

```
>>>a=' I lovePython '
>>>a.strip()                        #输出'I love Python'
```

(5) 字符串格式化函数 format()：

```
>>>a='{} is my favorite language'.format('Python')  #a 的值为'Python is my favorite language'
>>>"{}和{}经常共伴生在一起".format("方铅矿","闪锌矿")
'方铅矿和闪锌矿经常共伴生在一起'
#设置指定位置
>>>"{0}和{1}经常共伴生在一起".format("方铅矿","闪锌矿")
'方铅矿和闪锌矿经常共伴生在一起'
>>>"{1}和{0}经常共伴生在一起".format("方铅矿","闪锌矿")
'闪锌矿和方铅矿经常共伴生在一起'
>>>"{0},{0}:你为什么总是要和{1}在一起?".format("方铅矿","闪锌矿")
'方铅矿,方铅矿:你为什么总是要和闪锌矿在一起?'
#设置参数
>>>print("矿物:{name},反射率:{reflection}".format(name="黄铁矿",reflection=54.5))
矿物:黄铁矿,反射率:54.5
>>>print("矿物:{name},反射率:{reflection}".format(reflection=54.5,name="黄铁矿"))
矿物:黄铁矿,反射率:54.5
```

str.format()格式化数字的方法有多种,如：

```
>>>print("{:.2f}".format(3.1415926))  #输出 3.14
>>>print("{:.2%}".format(3/7))        #输出 42.86%,小数点后两位的百分数
```

当网络爬虫时要构造出爬取的 URL 时,format 函数特别好用。如在 http://bj.xiaozhu.com 上爬取北京地区短租房信息,通过手工浏览,发现其13个页面的 URL 如下：

```
http://bj.xiaozhu.com/search-duanzufang-p1-0/
http://bj.xiaozhu.com/search-duanzufang-p2-0/
...
http://bj.xiaozhu.com/search-duanzufang-p13-0/
```

此时构造出爬虫网址的语句为：

```
>>>urls=['http://bj.xiaozhu.com/search-duanzufang-p{}-0/'.format(no) for no in range(1,14)]
>>>for url in urls:
```

```
            print(url)
```

(6) 字符串查找函数。

startswith()：判断字符串是否以指定的子串开头。

endswith()：判断字符串是否以指定的子串结尾。

find()：查找指定的子串在字符串中出现的位置，如果没有找到子串，则返回-1。

index()：查找子串在字符串中出现的位置，如果没有找到子串，则引发 ValueError 错误。

```
>>>"abc123xyz".startswith("abc")         #输出 True,表示字符串是以"abc"开头
>>>"abc123xyz".endswith("xyz")           #输出 True,表示字符串是以"xyz"结尾
>>>"山羊上山山碰山羊脚".find("羊")        #输出 1
>>>"山羊上山山碰山羊脚".find("羊",2)      #表示开始位置是 2,输出 7
>>>"山羊上山山碰山羊脚".find("牛")        #输出 -1
>>>"山羊上山山碰山羊脚".index("羊")       #输出 1
>>>"山羊上山山碰山羊脚".index("牛")       #引发错误
```

根据列表 a 生成列表 b,要求 b 中的矿物包含有"矿"字。

```
>>>a=["磁铁矿","黄铁矿","赤铁矿","方铅矿","闪锌矿"]
>>>b=[x for x in a if x.find("铁")>0]
>>>b    #输出['磁铁矿','黄铁矿','赤铁矿']
```

(7) 字符串判别类函数。

islower()：如果字符串中至少包含一个字母且所有字母都是小写,则返回 True。

isupper()：如果字符串中至少包含一个字母且所有字母都是大写,则返回 True。

isalnum()：如果字符串只包含字母和数字且非空,则返回 True。

isalpha()：如果字符串只包含字母并且非空,则返回 True。

isdecimal()：如果字符串只包含数字字符且非空,则返回 True。

isspace()：如果字符串只包含空格、制表符和换行,则返回 True。

istitle()：如果字符串仅包含以大写字母开头、后面都是小写字母的单词,则返回 True。

isdigit()：所有字符都是数字,则返回 True。

(8) 计数函数 count()。

```
>>>"山羊上山山碰山羊脚".count("山")      #输出 4,表示字符串中有 4 个"山"
```

1.8.2 数学函数

1. 随机函数

```
>>>import random
>>>random.choice(range(10))              #从 0~9 选取一个整数
>>>random.randrange(50,90,10)            #50~90 中步长为 10,选取一个随机数
>>>random.random()                       #产生(0,1)间的随机数
>>>random.uniform(10,30)                 #产生[10,30]间的实数
>>>random.shuffle (lst)                  #将序列 lst 中的所有元素随机排序
>>>attendants=["赵二","牛大","李四","马九","王山"]
>>>random.shuffle(attendants)            #attendants 的值为['赵二','王山','李四',
```

'马九', '牛大']

机器学习中使用shuffle()函数,可以从数据集中随机选出训练样本,如:

```
>>>a=random.choice(attendants)      #从attendants中随机选出一人
>>>attendants.index(a)              #a在attendants中的位置
```

2. 三角函数

使用前导入:import math。math提供了sin()、cos()等诸多三角函数,如计算sin30°:

```
>>>math.sin(30 * 3.1415/180)
```

NumPy中也提供了三角函数,同样计算sin30°:

```
>>>import numpy as np
>>>np.sin(30 * np.pi/180)
```

1.8.3 lambda

使用函数作为参数时,如果传入的函数比较简单或者使用的次数较少,就没有必要在文件中定义这些函数,可直接使用lambda表达式来简化函数的定义,lambda表达式返回的是一个匿名函数,即函数没有具体的名称。

lambda表达式的写法如下:

```
lambda:<变量>:<表达式>
```

例如:

```
>>>f=lambda x:x**2
>>>f(4)              #输出16
>>>a=lambda x, y: x * y
>>>a(3,5)            #输出15
>>>a=[4,5,6,7]
>>>b=lambda * c:sum(c)
>>>b(* a)            #输出22
```

1.8.4 map()函数

map()是Python内置的函数,它接收一个函数f和一个list,并将函数f作用在list的每个元素上,得到新的map对象,可用list()或tuple()将map对象转换为列表或元组:

```
>>>def f(x):
    return x * x
>>>list(map(f, [1, 2, 3, 4, 5, 6, 7, 8, 9]))    #输出[1, 4, 9, 16, 25, 36, 49, 64, 81]
```

也可以使用lambda实现上述功能。

```
>>>s=[1, 2, 3, 4, 5, 6, 7, 8, 9]
>>>list(map(lambda x:x * x,s))
```

假设用户输入的英文名字不规范,没有按照首字母大写,后续字母小写的规则,可以利用map()函数,把一个list(包含若干不规范的英文名字)变成一个包含规范英文名字的list,如需要将['adam', 'LISA', 'barT']转变输出为['Adam', 'Lisa', 'Bart']:

```
>>>def format_name(s):
    s1=s[0:1].upper()+s[1:].lower()          #upper()、lower()将字母分别变成大写和小写
    return s1
>>>list(map(format_name,['adam','LISA','barT']))
```

使用 lambda 可写为：

```
>>>list(map(lambda s:s[0:1].upper()+s[1:].lower(),['adam','LISA','barT']))
```

1.8.5 filter()函数

过滤器 filter()是 Python 的内置函数，其按照给定的函数从一个序列中筛选出相应的元素，它使用一个函数和一个可迭代对象作为参数，返回一个 filter 对象 filter(f,iterable)。

```
>>>a=[10,20,30,40]
>>>filter(lambda x:x>30,a)
<filter object at 0x00000000031C0DD8>
>>>for aa in b:
    print(aa)                                #输出 40
>>>list(filter(lambda x:x>30,a))             #输出[40]
>>>a=["磁铁矿","黄铁矿","赤铁矿","方铅矿","闪锌矿"]
>>>b=list(filter(lambda x:x.find("铁")>0,a)) #筛出有"铁"的矿物,['磁铁矿','黄铁矿','赤铁矿']
```

1.8.6 zip()函数

zip()是 Python 内置的函数，可将多个相同长度的集合合并成对，返回一个 zip 对象。

```
>>>a=range(4,8)
>>>b=range(0,4)
>>>c=zip(a,b)
>>>c                                         #输出<zip object at 0x00000000031C6B08>
>>>next(c)                                   #输出(4,0)
>>>for x in c:
    print(x)
(5,1)
(6,2)
(7,3)
```

zip 的结果并没有直接出现一个列表，而是一个 zip 对象(Python 2 是一个列表)。

```
>>>dir(c)
['__class__','__delattr__','__dir__','__doc__','__eq__','__format__',
'__ge__','__getattribute__','__gt__','__hash__','__init__','__init_
subclass__','__iter__','__le__','__lt__','__ne__','__new__','__next__',
'__reduce__','__reduce_ex__','__repr__','__setattr__','__sizeof__',
'__str__','__subclasshook__']
```

返回结果的属性中有'__iter__'和'__next__'方法，说明 c 是一个支持遍历的对象。Python 2 中许多能直接返回列表的函数，如 zip、filter、map 等，在 Python 3 中都不再直接返回列表，目的是节省内存、提高运行效率。

zip 的结果可以使用 tuple() 函数转换为元组，也可以使用 list() 函数转换为列表，如：

```
>>>minerals=["pyrite","chalcopyrite","sphalerite","galena"]
>>>reflections=[54.5,42,17.5,43.2]
>>>tuple(zip(minerals,reflections))
(('pyrite', 54.5), ('chalcopyrite', 42), ('sphalerite', 17.5), ('galena', 43.2))
```

也可以采用推导式，如：

```
>>>for mineral, reflection in zip(minerals, reflections):
        print("白光下%s 的反射率是：%5.2f" %(mineral, reflection))
白光下 pyrite 的反射率是：54.50
白光下 chalcopyrite 的反射率是：42.00
白光下 sphalerite 的反射率是：17.50
白光下 galena 的反射率是：43.20
```

1.8.7 enumerate()函数

有时在遍历集合中的元素时，需要知道元素在集合中的位置，此时可使用 enumerate() 函数：

```
>>>x=[64, 81, 49]
>>>for i,n in enumerate(x):
        print("position of {} in x is {}".format(n,i))
position of 64 in x is 0
position of 81 in x is 1
position of 49 in x is 2
```

1.8.8 日期时间函数

1. time 模块

time 模块所包含的函数能够实现以下功能：获取当前的时间、操作时间和日期；从字符串读取时间及格式化时间为字符串。使用时间函数，需要首先用 import time 导入时间模块。时间模块的函数分为以下三部分。

① timestamp(时间戳)：表示的是从 1970 年 1 月 1 日 00：00：00 开始按秒计算的偏移量；返回时间戳的函数主要有 time()、clock()。

② struct_time(时间元组)：共有 9 个元素组，主要函数为 gmtime()、localtime()、strptime()。

③ format time(格式化时间)：已格式化的结构使时间更具有可读性，包括自定义格式和固定格式，主要函数为 strftime()、mktime()。

(1) time.time()。

返回从 1970 年 1 月 1 日 0 时 0 分 0 秒(协调世界时间 UTC)到现在的秒数，是一个浮点数。

```
>>>import time
>>>time.time()
```

应用 time.time() 可以检测一段代码运行的时间：在代码开始时调用 time.time()，代码结束后再次调用该函数，用后面的时间减去前面的时间，就是代码运行所需的时间。

```
import time
def checkComputer():
    sum=0
    for i in range(1,1000001):
        sum+=i
    return sum
startTime=time.time()
result=checkComputer()
endTime=time.time()
spanTime=endTime-startTime
print("1+2+3+...+1000000={},took {} 秒".format(result,spanTime))
```

（2）time.sleep()。

在程序运行中若要暂停，可以使用该函数传入暂停的秒数：

```
>>>time.sleep(5)
```

需要等待 5 秒钟后才出现提示符">>>"，说明运行该函数时，后续程序会被阻塞。

（3）time.localtime()。

可以将 timestamp 时间戳转换为本地时间元组，如果没有给定时间戳，则直接返回当前时点的本地时间：

```
>>>a=time.time()       #输出 1566368493.0661442
>>>time.localtime()
time.struct_time(tm_year=2019, tm_mon=8, tm_mday=21, tm_hour=14, tm_min=22, tm_sec=19, tm_wday=2, tm_yday=233, tm_isdst=0)
>>>b=time.localtime(a)
>>>b
time.struct_time(tm_year=2019, tm_mon=8, tm_mday=21, tm_hour=14, tm_min=21, tm_sec=33, tm_wday=2, tm_yday=233, tm_isdst=0)
```

返回的时间元组由 tm_year（年）、tm_mon（月）、tm_mday（日）、tm_hour（时）、tm_min（分）、tm_sec（秒）、tm_wday（周，0 表示周日）、tm_yday（一年中的第几天）、tm_isdst（是否是夏令时，默认—1）组成。

（4）time.gmtime()。

可以将 timestamp 时间戳转化为国际时间元组，如果没有给定时间戳，则直接返回当前时点的国际伦敦时间：

```
>>>time.gmtime()
time.struct_time(tm_year=2019, tm_mon=8, tm_mday=21, tm_hour=7, tm_min=42, tm_sec=32, tm_wday=2, tm_yday=233, tm_isdst=0)
>>>time.gmtime(a)
time.struct_time(tm_year=2019, tm_mon=8, tm_mday=21, tm_hour=6, tm_min=21, tm_sec=33, tm_wday=2, tm_yday=233, tm_isdst=0)
```

(5) time.mktime(t)。

将一个 struct_time 转化为时间戳。time.mktime(t)输入参数是 9 位数字表示时间的元组或者是结构化的时间,返回距离 UTC 时间的秒数。time.mktime()函数执行与 gmtime()、localtime()相反的操作:

```
>>>a=time.time()                  #a 的值为 1566373709.628152
>>>b=time.localtime(a)
>>>time.mktime(b)                 #输出 1566373709.0
```

(6) time.asctime([t])。

生成固定格式的时间字符串,如'Wed Aug 21 15:48:29 2019'。参数 t 是一个 9 个元素的元组,或者通过函数 gmtime()或 localtime()返回的时间值。如果没有给出参数 t,则会将 time.localtime()作为参数传入:

```
>>>time.asctime()
'Wed Aug 21 15:54:59 2019'
>>>time.asctime(time.localtime(a))    #输出 'Wed Aug 21 15:48:29 2019'
```

(7) time.ctime([secs])。

把一个时间戳(按秒计算的浮点数)转化为 time.asctime()的形式。如果为指定参数,将会默认使用 time.time()作为参数。它的作用相当于 time.asctime(time.localtime(secs))。

```
>>>time.ctime(a)                  #输出 'Wed Aug 21 15:48:29 2019'
```

(8) time.strftime(format [, t])。

通过函数将 struct_time 转成格式字符串,把一个代表时间的元组或者 struct_time 转化为格式化的时间字符串,格式由参数 format 决定(表 1-3)。如果未给出参数 t,将传入 time.localtime()作为参数。如果元组中任何一个元素越界,就会抛出 ValueError 的异常。函数返回的是一个表示本地时间的字符串。

```
>>>import time
>>>time.strftime("%Y-%m-%d %H:%M:%S %p", time.localtime())
>>>t=(2019, 7, 30, 15, 3, 20, 1, 48, 0)
>>>t=time.mktime(t)
>>>time.strftime("%b %d %Y %H:%M:%S", time.gmtime(t))    #输出 'Jul 30 2019 07:03:20'
```

表 1-3 格式化符号

符号	含义
%y	两位数的年份表示(00~99)
%Y	四位数的年份表示(000~9999)
%m	月份表示(01~12)
%d	月内某天(0~31)
%H	24 小时制小时数(0~23)

续表

符号	含义
%I	12小时制小时数(01～12)
%M	分钟数(00～59)
%S	秒(00～59)
%a	本地简化星期名称
%A	本地完整星期名称
%b	本地简化的月份名称
%B	本地完整的月份名称
%c	本地相应的日期表示和时间表示
%j	年内的一天(001～366)
%p	本地A.M.或P.M.的等价符
%U	一年中的星期数(00～53),星期天为星期的开始
%w	星期(0～6),星期天为星期的开始
%W	一年中的星期数(00～53),星期一为星期的开始
%x	本地相应的日期表示
%X	本地相应的时间表示
%Z	当前时区的名称
%%	%号本身

(9) time.strptime(string,format)。

把一个指定格式(格式符号见表1-3)的时间字符串解析为时间元组。该函数是 time.strftime()函数的逆操作。

```
>>>t=time.localtime()
>>>t
time.struct_time(tm_year=2019, tm_mon=8, tm_mday=21, tm_hour=16, tm_min=12, tm_sec=24, tm_wday=2, tm_yday=233, tm_isdst=0)
>>>b=time.strftime("%Y-%m-%d %H:%M:%S %p", t)
>>>b
'2019-08-21 16:12:24 PM'
>>>time.strptime(b,"%Y-%m-%d %H:%M:%S %p")
time.struct_time(tm_year=2019, tm_mon=8, tm_mday=21, tm_hour=16, tm_min=12, tm_sec=24, tm_wday=2, tm_yday=233, tm_isdst=-1)
```

(10) time的加减运算。

time的加减运算主要通过时间戳的方式完成。以下代码计算2019-08-21 16:12:24PM 距离2021-09-21 09:20:15AM 的秒数。

```
>>>t1=time.strptime("2019-08-21 16:12:24 PM","%Y-%m-%d %H:%M:%S %p")
>>>t2=time.strptime("2021-09-21 09:20:15 AM","%Y-%m-%d %H:%M:%S %p")
```

```
>>>time.mktime(t2)-time.mktime(t1)          #输出 65812071.0
```

2. datetime 模块

time 模块用于取得时间戳并加以处理,而 datetime 模块有自己的 datetime 数据类型,datetime 值表示一个特定的时刻。

```
>>>import datetime
>>>datetime.datetime.now()
datetime.datetime(2019, 8, 21, 16, 57, 36, 743353)
```

datetime.datetime.now()返回一个 datetime 对象,该对象包含年、月、日、时、分、秒、微秒。也可以利用 datetime 函数向其传入表示年、月、日、时、分、秒的整数,得到一个 datetime 对象,这些传入的整数保存在 datetime 对象的 year、month、day、hour、minute、second 属性中:

```
>>>dt=datetime.datetime(2019,5,30,12,25,20)
>>>dt.year,dt.month,dt.day,dt.hour,dt.minute,dt.second
#输出(2019, 5, 30, 12, 25, 20)
```

如果 5 月输入为 05 月,会出现错误,因为 05 不是整数:

```
>>>dt=datetime.datetime(2019,05,30,12,25,20)
SyntaxError: invalid token
```

求距离今天 125 天是星期几,则:

```
>>>today=datetime.datetime.now()
>>>offset=datetime.timedelta(days=125)
>>>datetime.datetime.weekday(today+offset)
#返回 0 表示周一,1 表示周二,……,6 表示周日
```

3. calendar 模块

calendar 是与日历相关的模块。calendar 模块文件里定义了很多类型,主要有 Calendar、TextCalendar 及 HTMLCalendar 类型。其中,Calendar 是 TextCalendar 与 HTMLCalendar 的基类。该模块文件还对外提供了很多方法,如 calendar、month、prcal、prmonth 等。下面仅介绍 calendar()方法:

```
calendar.calendar(year,w=2,l=1,c=6,m=3)
```

返回一个多行字符串。参数 year 为年历,m=3 指定 3 个月一行,c 为行间隔距离,w 是每日宽度间隔的字符数,l 指定每星期的行数。

```
>>>import calendar
>>>print(calendar.calendar(2019,m=4))
```

1.8.9 自定义函数

1. 函数的定义

前面介绍了许多 Python 自带的函数,如果这些函数不能满足需求,可以编写自定义的函数,语法格式为:

```
def 函数名(形参列表):
    '''文档字符串'''
    [return 返回值]
```

例如:

```
def f(x):
    """求平方"""
    return x**2
print(f(4)) #输出 16
```

也可以写为:

```
>>>y=f
>>>y(4)
```

(1) 自定义函数的形参包括必要参数、可变长的参数和默认参数,可变长参数见后面说明;形参中设置默认参数,如果在调用时不为其传递实参,则取默认值。

(2) 文档字符串可有可无,用于描述函数的功能及使用方法,必须是紧跟在 def 语句后的未赋值的字符串。可以通过函数名.__doc__来访问函数的文档字符串。

(3) 函数体中包含完成函数功能的语句,如果函数还没有想好如何编写,可以用语句 pass 占位,pass 语句不做任何事情,只是标记需要完成但还没有完成的代码部分。Python 中允许在一个函数中再出现另一个函数的定义。

(4) return 语句可以省略,如果省略则会返回 None。Python 的返回值可以是一个,也可以是多个。

2. 多个返回值

如果需要多个返回值,既可以将多个值包装成列表后返回,也可直接返回多个值。如果 Python 函数直接返回多个值,Python 会自动将多个返回值封装成元组,如:

```
def max_min(list):
    maxValue=max(list)
    minValue=min(list)
    return maxValue,minValue
a=[5,6,1,8,-6,9,20]
print(max_min(a))          #输出元组(20, -6)
m1,m2=(max_min(a))         #序列解包功能,m1、m2 分别为 20、-6
```

3. 函数的调用

自定义函数后,调用自定义函数的格式:函数名(实参)。调用时括号是必需的,即使没有参数,括号也不能省略。可以用函数名调用函数,也可以将函数名赋值给变量后,通过别的变量调用函数。调用时可以按照定义时形参的位置输入实参,也可以利用参数名=实参值的方式来指定实参传递给哪个形参,如定义求圆柱的体积 v:

```
import numpy as np
def v(r,h):
    return np.pi*r*r*h
print(v(3,5))#输出 141.3716694115407, r 取 3,h 取 5
```

```
print(v(h=5,r=3))                #输出 141.3716694115407
```

4. 自定义函数中内嵌另一个自定义函数

在一个自定义函数内部内嵌另一个自定义函数，整个内嵌的自定义函数都位于外部函数的作用域中，除了外部函数外，其他地方都不能对其进行调用。内嵌的函数也可以使用 lambda 进行定义。下面给出一个简单的示例。

```
def multiA(a):
    def multiB(b):
        return a * a * b
    return multiB
x=multiA(5)
print(x(2))                      #输出 50
print(multiA(5)(2))              #输出 50
```

5. 递归

递归算法是一个函数直接或者间接地调用自己本身，即自己调用自己。编程中看似复杂的问题，如果使用递归会使代码显得非常简洁。

例 1-10　用递归的方法计算 $n!$。

对自然数 n 的阶乘可以递归定义为

$$n! = \begin{cases} 1 & n=0 \\ n \times (n-1)! & n>0 \end{cases}$$

```
#1-10.py
def jx(m):
    if m>0:
        return m * jx(m-1)
    else:
        return 1
m=input("输入 1 个整数")
print("{}的阶乘是{}".format(m,jx(int(m))))
```

例 1-11　用递归求两个整数的最大公约数。

```
#1-11.py
def gys(m,n):
    if n>m:
        m,n=n,m
    r=m%n
    if(r==0):
        return n
    else:
        return gys(n,r)
m=input("输入第 1 个整数")
n=input("输入第 2 个整数")
print("{}和{}的最大公约数是{}".format(m,n,gys(int(m),int(n))))
```

6. 函数中可变长的参数

形参中使用 * 编写一些可以接收的变量个数不再受限的自定义函数，* 用来接收任意多个实参并将其放在一个元组中。

```
def sum(*args):
    result=0
    for arg in args:
        result+=arg
    return result
x=(10,20,80,70,35)
print(sum(*x))
```

7. 函数中使用**

形参中使用**接收按照参数名传递的参数值，保证了在实参顺序与定义的形参顺序不一致情况下，参数也能够正确地传递。下面定义一个形参为**score的函数sum，求成绩的总和。

```
defsum(**score):
    print(score)
    total=0
    for aa in score.values():
        total+=aa
    return total
print(sum(Chinese=110,Math=120,English=90))
```

程序运行后，输入实参Chinese＝110，Math＝120，English＝90，传入函数后参数值被转化为字典{'Chinese': 110, 'Math': 120, 'English': 90}。

8. 函数中同时使用*和**

在同一个函数中可能会同时出现参数arg、*args、**kwargs，但它们位置顺序是固定的，必须是（arg，*args，**kwargs)这个顺序；否则程序会报错。

```
def function(arg,*args,**kwargs):
    print(arg,args,kwargs)
function(3,4,5,6,7,a=1, b=2, c=3)
```

输出结果是：3(4, 5, 6, 7) {'a': 1, 'b': 2, 'c': 3}，即arg＝3，args＝(4, 5, 6, 7)、kwargs＝{'a': 1, 'b': 2, 'c': 3}。

Python中的许多函数，如 matplotlib 中 annotate( )的形参就是这种格式：Axes. annotate(self，text，xy，*args，**kwargs)，在学习和使用中要多加体会。

1.9 变量作用域

Python中变量无须声明即可使用。一个合法的名称赋值后就成为变量，并建立起自己的作用域。在存取变量时，首先从当前作用域中寻找指定名称的变量，如果当前作用域没有该变量，就到当前作用域外寻找，如果在作用域外也没有找到，则出现错误。

```
x=10                    #创建全局变量x
def funA():
    print(x)            #输出全局变量
funA()
```

运行上面的程序,输出结果 10。在函数内部使用函数外部定义的变量 x 程序运行时,在 funA 内部没有发现 x,从外面找到 x 后输出。如果代码更改为:

```
x=10                    #创建全局变量 x
def funA():
    x=20                #创建局部变量 x
    print(x)            #输出局部变量 x 的值
funA()
print(x)                #输出全局变量 x 的值
```

则代码运行后输出结果是 20 10。funA() 输出 x 的值是 20,print(x) 中使用的是函数内部的 x,执行 funA() 函数外部的 print(x) 时,输出的 x 是 10。由此可见,读取变量时,Python 遵循内部优先的原则。再看下面的代码:

```
x=10                    #创建全局变量 x
def funA():
    global x            #声明变量赋值是针对全局变量
    x=20                #改变全局变量 x 的值
    print(x)
funA()
print(x)
```

程序运行后,输出 20 20。global x 声明 funA 中赋值或读取时的 x,使用的是全局变量 x 而不是局部变量 x。

```
x=10
def funA():
    x=20
    y=50
funA()
print(y)
```

上述代码由于 y 的作用域仅限于在 funA(),故运行时会出现 NameError: name 'y' is not defined 的错误,但将代码更改后,输出结果为 50:

```
x=10
def funA():
    global x,y
    x=10
    y=50
funA()
print(y)
```

通过上面的代码示例可以看出,当全局变量和局部变量命名发生冲突时,要理清它们间的关系;否则程序会发生一些难以预料的错误。

1.10 闭包与外部作用域

如前所述,Python 允许内部函数对其外部函数的局部变量进行访问。定义在外部函数内但被内部函数引用或使用的变量,称为自由变量。如果一个内部函数对外部作用域的自由变量进行了引用或者使用,那么这个内部函数就称为闭包。

闭包将内部函数的代码和作用域与外部函数的作用域相结合,其对维护函数内部变量安全和在函数对象及作用域中随意切换是很有用的。下面用闭包表达一元二次曲线 ax^2+bx+c,利用外部函数传入一元二次函数的3个系数,通过内部函数返回一元二次曲线。

```
def curve(a,b,c):
    def cur(x):
        return a*x*x+b*x+c
    return cur
curve1=curve(2,1,1)
print([(x,curve1(x)) for x in range(5)])
x=input("请输入 x 的值: ")
print(x,curve1(int(x)))
```

运行后,结果如下:

```
[(0, 1), (1, 4), (2, 11), (3, 22), (4, 37)]
请输入 x 的值: 4
4 37
```

代码中函数 cur 与外部变量 a、b、c 形成闭包,利用闭包可以轻松地表达任意系数的一元二次曲线,进而求出曲线上的任意坐标点。如果不用闭包,每次创建一元二次曲线函数时需要同时说明 a、b、c、x,也就需要更多的参数传递,降低了代码的可移植性。闭包能有效地减少函数定义时所需要的参数数目,有利于提高函数的可移植性,是函数式编程中重要的语法结构。

1.11 正则表达式

正则表达式(regular expression)是用于描述一种字符串匹配的模式(pattern),可用来检查一个字符串中是否含有某个子串,也可用于从字符串中提取出匹配的子串,或者对字符串中匹配的子串执行替换操作。

有一段文字如:我家的电话是 010-62353322,我办公室的电话是 010-62362288,如果要从中将两个电话号码取出来,常规编程方法比较麻烦。此时采用正则表达式可以轻易实现。

```
>>>import re
>>>phoneRegex=re.compile(r'\d\d\d-\d\d\d\d\d\d\d\d')
>>>strPhone="我家的电话是 010-62353322,我办公室的电话是 010-62362288"
>>>s1=phoneRegex.findall(strPhone) #s1 的值为:['010-62353322', '010-62362288']
```

从上面的代码可以看出,使用正则表达式的步骤如下。

(1) 用 import re 导入正则表达式模块。

(2) 用 re.compile()建立一个 Regex 对象。该对象中要传入原始字符串。r'\d\d\d-\d\d\d\d\d\d\d\d'是一个正则表达式字符串。\d 表示一个数字字符。由于正则表达式中常常使用\,如果输入'\\d\\d\\d-\\d\\d\\d\\d\\d\\d\\d\\d'比较麻烦,故使用 r 将字符串标记为原始字符串。

(3) 使用 Regex 对象的 findall()方法可返回一组字符串,获得被查找字符串中的所有匹配。

(2)和(3)两个步骤也可以合并在一起,如:

```
>>>re.findall(r'\d\d\d-\d\d\d\d\d\d\d',"我家的电话是 010-62353322,我办公室的电话是 010-62362288")
```

Regex 对象除了具有 findall()方法外,还有 search()、match()、split()等方法。以上代码可以改用 search()方法:

```
>>>import re
>>>phoneRegex=re.compile(r'\d\d\d-\d\d\d\d\d\d\d')
>>>strPhone="我家的电话是 010-62353322,我办公室的电话是 010-62362288"
>>>result=phoneRegex.search(strPhone)
>>>result.group()                    #输出:'010-62353322'
```

Reg 对象的 search()方法返回一个 Match 对象,利用该对象的 group()方法,返回第 1 次匹配的文本。如果匹配不成功,则匹配的结果是 None:

```
>>>match=re.search("a","bcdf")       #"bcdf"中不存在"a",故 match 的值是 None
>>>match==None                        #结果为 True
```

search()方法匹配的结果等于 None,则表示匹配不成功。如果采用 findall()方法:

```
>>>match=re.findall("a","bcdf")
```

由于该方法返回的是列表,故判断匹配是否成功,不能使用 match==None,可以采用 len(match)==0 加以判定。

```
>>>result.start()                    #匹配开始位置,输出为:6
>>>result.end()                      #匹配结束位置,输出为:18
>>>result.span()                     #匹配开始和结束位置,输出为:(6,18)
```

1.11.1 正则表达式匹配模式

1. 利用括号分组

如果要从电话号码中将区号分离出来,可添加()在正则表达式中创建分组:

```
>>>import re
>>>phoneRegex=re.compile(r'(\d\d\d)-(\d\d\d\d\d\d\d)')
>>>strPhone="我家的电话是 010-62353322,我办公室的电话是 010-62362288"
>>>s1=phoneRegex.findall(strPhone)   #s1 的值为:[('010', '62353322'), ('010', '62362288')]
```

findall()方法输出的是列表。如果正则表达式中有分组,其返回元组的列表,每个元组表示一个找到的匹配。如果使用 search()方法:

```
>>>import re
>>>phoneRegex=re.compile(r'(\d\d\d)-(\d\d\d\d\d\d\d)')
>>>s1=phoneRegex.search(strPhone)
>>>s1.group(0)                       #输出为:'010-62353322'
```

```
>>>s1.group(1)              #输出为:'010'
>>>s1.group(2)              #输出为:'62353322'
```

正则表达式字符串中的第一对括号是第 1 组,第二对括号是第 2 组。

2. 用"|"匹配多个分组

如果要匹配多个分组中的一个时,可使用管道字符"|":

```
>>>reg=re.compile(r'Bill|Sony')
>>>s=reg.findall("I know Sony and Bill")              #s 的值:['Sony', 'Bill']
>>>s=reg.findall("I know Sony and Bill. I like Sony") #s 的值:['Sony', 'Bill', 'Sony']
```

3. 用问号实现可选匹配

匹配模式中"?"表明它前面的分组在这个模式中是可选的,如:

```
>>>import re
>>>reg=re.compile('colo(u)?r')
>>>result=reg.search("what color do you like?")
>>>result.group()           #输出:'color'
>>>result=reg.search("what colour do you like?")
>>>result.group()           #输出:'colour'
```

匹配模式中"?"前面的(u)是可选的,表示可以匹配 color,也可以匹配 colour。

4. 用 * 匹配 0 次或者多次

```
>>>result=re.search("To(m) * ","Hi,Tommy")
>>>result.group()           #输出:'Tomm'
```

5. 用＋匹配 1 次或者多次

```
>>>import re
>>>reg=re.compile("To(m)+")
>>>result=reg.search("Hi,Tommy")
>>>result.group()           #输出:'Tomm'
>>>result=re.search("To(m) * ","Hi,Toy")
>>>result.group()           #输出:'To'
```

6. 用{ }匹配特定次数

```
>>>phoneRegex=re.compile(r'(\d){3}-(\d){8}')
>>>strPhone="我家的电话是 010-62353322,我办公室的电话是 010-62362288"
>>>result=phoneRegex.search(strPhone)
>>>result.group()           #输出:'010-62353322'
```

(\d){3}匹配数字 3 次,(\d){3,}匹配数字 3 到更多次,(\d){,5}匹配数字 0~5 次,(\d){3,5}匹配数字 3~5 次。

7. 贪心和非贪心匹配

```
>>>result=re.search("长{3,5}","浮云长长长长长长长消")
>>>result.group()           #输出:'长长长长长'
```

从"浮云长长长长长长长消"匹配"长"3~5 个,但默认情况下"贪心"匹配最长的字符

串。如果要"非贪心",可在匹配次数后面加"?":

```
>>>result=re.search("长{3,5}?","浮云长长长长长长长消")
>>>result.group()                                    #输出:'长长长'
>>>result=re.search("(朝)+?","海水朝朝朝朝朝朝朝落")
>>>result.group()                                    #加?与不加?输出各是?
```

8. ^和$

在正则表达式的开始处使用^,表明匹配必须发生在被查找文本的开始处;如果在正则表达式的结尾处使用$,则表示该字符串必须以这个正则表达式结束。如果同时使用^和$,表明整个字符串必须匹配该模式,即不仅仅是匹配字符串某个部分,而是要匹配全部:

```
>>>match=re.search("world","hello world")     #不使用^,匹配成功
>>>match==None                                #输出:False
>>>match=re.search("^world","hello world")    #使用^,匹配不成功
>>>match==None                                #输出:True
```

正则表达式 r'\d$'表示匹配以数字0~9结束的字符串,而 r'^\d+$'表示数字开头和结束都是数字的字符串:

```
>>>re.search(r'\d+$ ',"电话 3423521")==None    #匹配成功,输出:False
>>>re.search(r'^\d+$ ',"电话 3423521")==None   #匹配不成功,输出:True
>>>re.search(r'^\d+$',"3423521")==None         #匹配成功,输出:False
```

9. 通配字符

正则表达式中用点号(.)表示通配符,它匹配除换行符之外的所有字符;点星(.*)表示任意字符。下面代码匹配以"矿"结尾的矿物:

```
>>>reg=re.compile(r'.*矿')                              #.*表示匹配所有字符
>>>result=reg.findall('磁铁矿,赤铁矿,黄铜矿,石英')      #result 的值为:['磁铁矿,赤
                                                        铁矿,黄铜矿']
```

1.11.2 不区分大小写的匹配

默认情况下匹配时区分大小写,如:

```
>>>reg=re.compile('a')
>>>reg.findall('A man has a book')        #输出:['a', 'a', 'a']
>>>re.findall(r'a','A man has a book')    #输出:['a', 'a', 'a']
```

如果匹配时不区分大小写,需要在匹配模式中传入 re.IGNORECASE,如:

```
>>>reg=re.compile('[a]',re.IGNORECASE)
>>>reg.findall('A man has a book')        #输出:['A', 'a', 'a', 'a']
```

上面两条语句等同于:

```
re.findall(r'[a]','A man has a book',re.IGNORECASE)
```

1.11.3 字符串替换

可以使用sub()方法完成,如"北京科技大学"中的"北京"改为"中国":

```
>>>re.sub("北京","中国","北京科技大学")
'中国科技大学'
```

sub()中第1个参数是匹配模板,第2个参数是用来替换的内容,第3个参数是要替换的字符串。再如,从一个电话号码如0352-56789-2345中去除"-",可以写为:

```
import re
phone="0352-56789-2345"
new_phone=re.sub('\D','',phone)
print(new_phone)
```

1.11.4　match、search 和 findall 的区别

1. match()方法

match()方法尝试从字符串的起始位置匹配一个模式,匹配不成功则返回的结果为None:

```
>>>import re
>>>result=re.match("Tom","I know Tom and Sony.I like Tom")
>>>result==None
True
```

虽然"I know Tom and Sony.I like Tom"中含有Tom,但match是从字符串开始位置匹配,故匹配结果为None。

```
>>>result=re.match("Tom","Tom and Sony are my friends.I like Tom more")
>>>result
<re.Match object; span=(0, 3), match='Tom'>
>>>result.group()              #输出: 'Tom'
```

"Tom and Sony are my friends.I like Tom more"的开始位置是Tom,故能够得到匹配结果。

2. search()方法

search()方法是扫描整个字符串并返回第一个成功的匹配,匹配不成功则返回的结果为None:

```
>>>result=re.search("Tom","I know Tom and Sony.I like Tom")
>>>result
<re.Match object; span=(7, 10), match='Tom'>
>>>result.group()              #输出: 'Tom'
```

search()方法扫描整个字符串从中寻找匹配,而match()方法是从字符串开始位置寻找匹配。"I know Tom and Sony.I like Tom"中用search()方法可以找到匹配,但用match()方法却找不到。

虽然"I know Tom and Sony.I like Tom"中有两个Tom,但search()方法找到第1个匹配后就停止寻找其他的匹配,只得到第1个匹配的结果。如果要得到全部匹配的结果,需要使用findall()方法。

3. findall()方法

findall()方法是扫描整个字符串并以列表的形式返回所有成功的匹配：

```
>>>result=re.findall("Tom","I know Tom and Sony.I like Tom")
#result 的值：['Tom', 'Tom']
```

在有分组的情况下使用 findall()方法时需要注意捕获组和非捕获组的问题：

```
>>>reg=re.compile('colo(u)? r')
>>>resultA=reg.search("what colour or color do u like?")
>>>resultA.group()                                          #输出：'colour'
>>>resultB=reg.findall("what color or colour do like?")   #resultB 的值：['', 'u']
```

匹配模式'colo(u)? r'表示'u'字符可供选择，search()方法得到了第 1 个成功的匹配，但 findall()方法匹配的结果却是["", 'u']，匹配结果不符合预期。原因是在有分组的情况下，findall()方法默认的是有捕获匹配，即只匹配()中的内容，并且得到的列表中第 1 个元素是空字符串。如果要将有捕获匹配更改为无捕获匹配，需要在分组的()中加上"?:"。

```
>>>reg=re.compile('colo(?:u)? r')
>>>resultB=reg.findall("what color or colour do like?")
#resultB 的值：['color', 'colour']
```

1.11.5 正则表达式常用符号

前面介绍正则表达式时已经用过了一些符号，下面对正则表达式常用符号做一个总结。

1. 一般字符

正则表达式的一般字符有 3 个，如表 1-4 所示。

表 1-4 正则表达式的一般字符

字符	含 义	示 例
.	匹配任意单个字符(不包括换行符\n)	a.b 匹配 abc、amb、a&b
\	转义字符，把特殊含义的字符转成字面意思	.匹配任意单个字符，但有时不需要此功能，只想其表示为.，可用\.
[...]	字符集，相当于在中括号中任选一个。[]内普通的正则表达式符号不会被解释，即[]内无须使用\转义，如匹配 0～5 和一个句点，直接写为[0-5.]，写为[0-5\.]也对	a[xyz]匹配 ax、ay、az [aeiouAEIOU]匹配原音 [^aeiouAEIOU]匹配非原音[a-zA-Z0-9]将匹配所有大小写字母和数字

2. 字符分类

前面示例中\d 表示任意数字，表 1-5 列出了一部分常用的字符分类。

3. 数量词

正则表达式中的数量词列表如表 1-6 所示。

4. 边界匹配

边界匹配的关键字符如表 1-7 所示。

表 1-5 常用的字符分类

分类字符	含 义	分类字符	含 义
\d	0~9 的任意数字	\s	空格、制表符或者换行符
\D	除 0~9 的任意字符	\S	除空格、制表符或者换行符外的字符
\w	任何字母、数字、下画线字符	\b	匹配单词头或单词尾
\W	除字母、数字、下画线外的任何字符		

表 1-6 数量词

数量词	含 义	示 例
*	匹配前一个字符 0 次或无限次	ab*c 匹配 ac、abc、abbc、abbbc
+	匹配前一个字符 1 次或无限次	ab+c 匹配 abc、abbc、abbbc
?	匹配前一个字符 0 次或 1 次	ab?c 匹配 abc、ac
{m}	匹配前一个字符 m 次	ab{3}c 匹配 abbbc
{m,n}	匹配前一个字符 m 次到 n 次	ab{2,4}c 匹配 abbc、abbbc、abbbbc

表 1-7 边界匹配

边界匹配	含 义	示 例
^	匹配字符串开头	^abc 匹配 abc 开头的字符串
$	匹配字符串结尾	abc$ 匹配 abc 结尾的字符串
\A	仅匹配字符串开头	\Aabc
\Z	仅匹配字符串结尾	abc\Z

1.12 读写文件

1.12.1 文件与文件路径

存放在计算机上的文件有两个属性,即文件路径和文件名,路径指明文件存放的位置,如 test.py 存放在 c:\Python\Python3.7.1 下。Windows 系统使用\作为文件夹间的分隔符,而 OSX 和 Linux 中却使用的是/,在编写程序代码时,要考虑到这种情况,可以使用 os.path.join(),代码如下:

```
>>>import os
>>>os.path.join("user","example")        #输出:'user\\example'
```

上述代码如果在 OSX 或 Linux 中运行,返回的结果会是'user/example'。

1. 获得和改变当前工作路径

```
>>>import os
>>>os.getcwd()                           #得到当前工作路径,结果:' D:\\python\\python3.7.1'
>>>os.chdir('C:\\Python\\Python36\\example')        #改变当前工作路径
```

```
>>>os.getcwd()                    #结果：'C:\\Python\\Python36\\example'
```

改变当前工作路径时如果指定的路径不存在，Python 会显示一个错误。

如果要建立文件名的字符串，os.path.join()会很有用。如在'C:\\Python\\Python36\\example'当前路径下有 3 个文件，需要对这 3 个文件执行某种操作，如打印文件名，可采用以下代码：

```
>>>files=["grade.txt","graph.txt","saving.txt"]
>>>for file in files:
    print(os.path.join(os.getcwd(),file))
C:\Python\Python36\example\grade.txt
C:\Python\Python36\example\graph.txt
C:\Python\Python36\example\saving.txt
```

2. 创建新文件夹

使用 os.makedirs()函数创建新的文件夹，如在当前工作路径'C:\\Python\\Python36\\example'下创建一个新的文件 chapter1：

```
>>>os.makedirs(os.path.join(os.getcwd(),"chapter1"))
```

3. os.path 模块

os.path 模块除了提供 join()方法外，其他方法见表 1-8。

表 1-8 os.path 模块的方法

方法	说明及示例

os.path.abspath(path)	返回参数的绝对路径的字符串，是一种将相对路径转变为绝对路径的简便方法
	>>> os.path.abspath(".")
	'C:\\Python\\Python36\\example'
	>>> os.path.abspath(".\\chapter1")
	'C:\\Python\\Python36\\example\\chapter1'

os.path.basename(path)	返回文件名 >>> os.path.basename("C:\\Python\\Python36\\hello.py") 'hello.py'
os.path.dirname(path)	返回文件路径名 >>> os.path.dirname("C:\\Python\\Python36\hello.py") 'C:\\Python\\Python36'
os.path.exists(path)	路径存在则返回 True,路径不存在则返回 False
os.path.getatime(path)	返回最后一次进入此 path 的时间戳
os.path.getmtime(path)	返回在此 path 下最后一次修改的时间戳
os.path.getctime(path)	返回 path 的大小
os.path.getsize(path)	返回文件大小，如果文件不存在就返回错误

续表

方　　法	说明及示例
os.path.isabs(path)	如果 path 是绝对路径,返回 True;如果 path 是相对路径,返回 False \>\>\> os.path.isabs(".") False \>\>\> os.path.isabs(os.path.abspath(".")) True
os.path.isfile(path)	判断路径是否为文件
os.path.isdir(path)	判断路径是否为目录
os.path.normcase(path)	转换 path 的大小写和斜杠 \>\>\> os.path.normcase('C:/Python/Python36/example') 'C:\\Python\\Python36\\example'
os.path.relpath(path[,start])	从 start 开始计算相对路径 \>\>\> os.path.relpath('C:\\Python\\Python36\\example','C:\\Python\\Python36') 'example'
os.path.split(path)	把路径分割成 dirname 和 basename,返回一个元组 \>\>\> os.path.split('C:\\Python\\Python36\\example\\hello.py') ('C:\\Python\\Python36\\example', 'hello.py')
os.path.splitdrive(path)	一般用在 Windows 下,返回驱动器名和路径组成的元组 \>\>\> os.path.splitdrive('C:\\Python\\Python36\\example') ('C:', '\\Python\\Python36\\example')
os.path.splitext(path)	分割路径,返回路径名和文件扩展名的元组 \>\>\> os.path.splitext('C:\\Python\\Python36\\example\\hello.py') ('C:\\Python\\Python36\\example\\hello', '.py')
os.path.walk(path)	遍历 path

4. 遍历文件夹下的所有文件及文件夹

```
import os
def get_filelist(dir):
    for home, dirs, files in os.walk(dir):
        print("***** dir list starts*****")
        for dir in dirs:
            print(dir)
        print("***** dir list ends*****")

        print("***** file list starts*****")
        for filename in files:
            print(filename)
            fullname=os.path.join(home, filename)
            print(fullname)
        print("***** file list ends*****")
```

```
if __name__=="__main__":
    get_filelist(r'D:\Python\Python3.7.1\Scripts')
```

说明：os.walk()方法用于通过在目录树中向上或者向下游走输出在目录中的文件名。
语法格式如下：

```
os.walk(top[, topdown=True])
```

top 是要遍历的文件夹，如 D:\Python\Python3.7.1\Scripts，返回的是一个三元组 (root,dirs,files)。root 所指的是当前正在遍历的这个文件夹本身的地址，dirs 是一个 list，内容是该文件夹中所有的文件夹的名字(不包括子文件夹)，files 同样是 list，内容是该文件夹中所有的文件(不包括子文件夹)。

topdown＝True 优先遍历 top 文件夹；否则优先遍历 top 的子文件夹。

1.12.2　读写文本文件

掌握了文件夹和相对路径后，就能正确指定文件的位置，完成文件读写。读写步骤如下：

① 调用 open()方法，返回一个 File 对象。
② 调用 File 对象的 read()方法读文件或 write()方法写入文件。
③ 调用 File 对象的 close()方法，关闭该文件。

1. 读文件

以操作'C:\\Python\\Python3.7.1'下的 20181112A01.txt 为例：

```
>>>import os
>>>os.getcwd()
'C:\\Python\\Python3.7.1'
>>>myFile=open(os.path.join(os.getcwd(),"20181112A01.txt"),'r')
>>>txtContent=myFile.read()
>>>print(txtContent)
```

读文件时，open()的第 1 个参数是文件名，第 2 个参数'r'表示只读。可以使用 readlines()方法从读取的文件中按照文件中的行，形成与行对应的字符串列表，如 20181112A01.txt 中在记事本中显示的部分内容如图 1-6 所示。

```
>>>lines=myFile.readlines()
>>>lines[0]              #输出'D:\\20181112A01.CSV,,,,,,,\n'
>>>lines[1]              #输出'强度 vs 时间,CPS,,,,,\n'
>>>len(lines)            #输出 164
```

共 164 行，存放在 lines 列表中。读取大文件时，readlines()方法比较占内存。如果要读取指定的行，可以使用 linecache 模块：

```
>>>import linecache
>>>aa=linecache.getline("hello.txt",1)      #aa 的值：'hello\n'
```

getline()的第 1 个参数是文件名，第 2 个参数是要读取的行数。

2. 写入文件

写入文件使用 write()方法。写入时 open()方法打开文件的模式，要设置为'w'(覆盖原

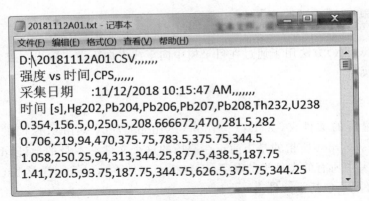

图 1-6 记事本中显示的 20181112A01.txt

文件)或者'a'(增加新内容):

```
>>>myFile=open("hello.txt",'w')
>>>myFile.write("hello")
>>>myFile.close()
```

用记事本打开 hello.txt,文件中已经写入了字符"hello":

```
>>>myFile=open("hello.txt",'w')
>>>myFile.write("\nworld")        #\n 表示换行
>>>myFile.close()
```

用记事本打开 hello.txt,发现文件中只有字符串"world",第 1 次写入的字符串被覆盖了。如果要保留文件中原有内容,需要以追加方式打开文件:

```
>>>myFile=open("hello.txt",'a')
>>>myFile.write("\nworld")
>>>myFile.close()
```

1.12.3 读写二进制文件

前面的示例只是读写文本文件。图片、音频、视频是二进制格式的文件,在读取这些文件时,首先使用 read(file1,'rb')以二进制只读的格式打开 file1,使用 read()等方法获取文件中的内容;然后使用 open(file2,'wb')以二进制格式打开文件 file2,用于只写;最后用 file2.write()将从 file1 中读出来的内容写到 file2 中。下面将当前文件夹下的 pet.jpg 复制到 pet1.jpg:

```
myFile=open("pet.jpg","rb")
content=myFile.read()
myFile.close()
myFile=open("pet1.jpg","wb")
myFile.write(content)
myFile.close()
```

程序运行后,在当前文件夹下生成 pet1.jpg。如果 pet.jpg 文件较大,如 10GB,该程序运行时会出现 MemoryError 异常，即内存溢出的情况，故上面的程序需要进一步优化。

读取大文件时，可以使用 os.stat('pet.jpg').st_size 获得 pet.jpg 文件的大小，使用 while 循环重复调用 file.read(size)，size 是每次最多读取的字节。优化后的代码如下：

```
import os
fileSize=os.stat("pet.jpg").st_size
readsize=0
file1=open("pet.jpg","rb")
file2=open("pet1.jpg","wb")
while readsize<fileSize:
    content=file1.read(1024 * 50)
    readsize=readsize+len(content)
    file2.write(content)
file2.close()
file1.close()
```

1.12.4 使用 with 语句

Python 对文件进行读取操作时，首先需要获取一个文件句柄；然后从文件中读取数据；最后关闭文件句柄。代码如下：

```
myFile=open("d:\20181112A01.txt","r")
data=myFile.read()
myFile.close()
```

在执行 myFile.read() 时有可能出现 IOError 异常，一旦出现错误，myFile.close() 就不会执行，为了保证不论是否出错，都能关闭句柄，可以使用 try...finally 来处理异常：

```
try:
    myFile=open("d:\20181112A01.txt" ."r")
    data=myFile.read()
finally:
    if myFile:
        myFile.close()
```

虽然上述代码运行良好，但太冗长。Python 引入 with 语句，自动执行 myFile.close()，克服此不足：

```
with open(r"d:\20181112A01.txt", "r") as myFile:
    data=myFile.read()
```

对文件执行写操作与读操作一样，也可使用 with：

```
with open(r"d:\20181112A01.txt","w") as myFile:
    myFile.write("hello")
```

1.12.5 Python 读写内存中数据

有时需要对得到的数据操作，但不想把数据写入盘中，可用 StringIO 和 BytesIO 模块在内存中读写数据。StringIO 用于内存中读写字符串，BytesIO 用于内存中读写二进制数据。

1. StringIO

```
from io import StringIO
f=StringIO()
m=f.write('welcome\n')          #写入 8 个字符
print(m)                         #输出 8
n=f.write('you')                 #写入 3 个字符
print(n)                         #输出 3
print(f.getvalue())    #getvalue()方法用于获得写入后的 str,输出：welcome(换行)you
```

如果有许多行数据，可以使用以下代码读取：

```
from io import StringIO
f=StringIO()
m=f.write('welcome\nyou\nto\nBeijing')
s=""
f.seek(0)
while True:
    v=f.readline()
    s+=v
    if v=="":
        break
print(s)
```

f.write('welcome\nyou\nto\nBeijing')写完多行数据后，文件指针停在最后一个字符后面，f.seek(0)移动文件读写位置到文件的第 1 个字符，然后通过循环读取所有行。

2. BytesIO

BytesIO 实现了在内存中读写 bytes。下面创建一个 BytesIO，然后写入一些 bytes：

```
from io import BytesIO
f=BytesIO()
f.write('北京'.encode('utf-8'))
s=f.getvalue()
print(s)
```

程序运行后的输出结果：b'\xe5\x8c\x97\xe4\xba\xac'。写入的不是 str,而是经过 utf-8 编码的 bytes。

1.13 错误和异常

编写程序中难免发生错误，如被 0 整除、序列操作中发生索引超界、打开的文件不存在等，遇到问题时程序会中止运行。下面程序当用户输入的不是数字时，就会出现错误：

```
age=input("输入年龄: ")
age=int(age)+5
print("再过 5 年,你是{}岁".format(age))
```

输入 ee 后，错误提示：ValueError: invalid literal for int() with base 10: 'ee',传给 int()

函数的类型不对。虽然可以通过增加判断语句避免一些错误，但是作用很有限。最好的解决办法是增加错误捕捉程序，即异常处理，以增加程序的稳健性。上面的程序可以改为：

```
try:
    age=input("输入年龄: ")
    age=int(age)+5
    print("再过5年,你是{}岁".format(age))
except ValueError as e:
    print("年龄必须输入数字")
    print(e)
```

运行程序后，如果输入 7r，则出现：

```
年龄必须输入数字
invalid literal for int() with base 10: '7r'
```

Python 提供了许多像 ValueError 这样内置的异常类，常见的异常类如表 1-9 所示。

表 1-9　Python 中常见的异常类

异常	描述	示例
Exception	所有异常的基类	
ZeroDivisionError	除数为 0	print(2/0)
NameError	尝试使用一个没有声明的变量	A=1 print(a)
TypeError	传入对象类型与要求的不相符	print(1+"2")
IndexError	索引超出序列范围	A=(1,2,3) print(A[4])
KeyError	请求一个不存在的字典关键字	dict={"a":1} print(dict["b"])
ValueError	传给函数的参数时数据类型不对	A=input(input a value) int(A)
AtributeError	尝试访问未知的对象属性	class Student(): name="zs" s=Student() s.gender
FileNotFoundError	打开不存在的文件	如果 D:\下不存在 abc.txt import os File=open("d:\abc.txt")
IOError	文件输入输出操作失败，如不满足文件访问权限；以只读方式打开文件却要往文件中写入内容等	
ImportError	导入模块/对象失败	

Python 中 Exception 是一个基类，上面列出的常见的 ValueError、NameError 等异常都是 Exception 的子类。

1.13.1　try...except 格式

Python 中最基本的处理异常的语法格式如下：

```
try:
    pass
except 异常类型 as ex
    pass
```

如果处理异常时不想指定异常，而想直接捕捉所有类型的异常，就使用 Exception：

```
try:
    age=input("输入年龄：")
    age=int(age)+5
    print("再过 5 年，你是{}岁".format(age))
except Exception as e:
    print("年龄必须输入数字")
    print(e)
```

1.13.2　try...except...else 格式

如果有多个异常需要处理，可以通过罗列多个 except 语句实现。如果 try 的代码块没有任何异常抛出，还可以利用 else 执行一段代码。

如果想同时使用 Exception 和单个类型异常捕捉，应该将单个类型的异常捕捉放到 Exception 的前面，只有这样，单个类型的异常捕捉才能被捕捉到，如计算两个数相除：

```
try:
    x=int(input("输入被除数："))
    y=int(input("输入除数："))
    print("x/y={}".format(x/y))
except ZeroDivisionError:
    print("除数不能为 0")
except ValueError as ex1:
    print(ex1)
except exception as ex2:
    print(ex2)
else:
    print("计算完毕!")
```

程序执行时，如果 try 中的代码出现错误，首先捕捉是否是 ZeroDivisionError 异常，然后捕捉是否是 ValueError 异常，如果前两个异常都没有捕捉到，最后捕捉是否是 exception 异常。如果 try 代码中没有出现错误，就执行 else 中的代码。

1.13.3　finally 子句

finally 语句的代码块，无论有没有异常抛出都会执行，一般和 try...except...组合使用。

```
try:
    file=open(r"d:\abc.txt","r")
    ...
except IOError:
    print("文件不存在")
finally:
    try:
        file.close()
    exceptNameError as ex:
        pass
```

如果读取文件时文件不存在,就会引发 IOError。文件对象 file 使用完成后需要关闭,在 finally 中尝试关闭文件。如果读取文件时已经发生错误,即 file 对象不存在,则 file.close() 会出现错误,引发 NameError 异常。

练 习 题

1-1 使用循环输出九九乘法表。

1-2 输入一行字符,分别统计出其中英文字母、空格、数字及其他字符的个数。

1-3 定义一个求空间任意两点距离的函数 dist(),要求传入实参时 x、y、z 坐标的先后顺序不影响计算结果。

1-4 已知:scores = { "zhangsan":80,"lishi":70,"wangwu":92,"zhaoliu":88,"niuqi":67,"maba":85},求出最高分、平均分、最高分人的姓名。

1-5 根据字典 dict 产生一个新的字典 dict1,要求 dict1 的值是 dict 中小于 0 的值平方 dict={'a':5,'b':-8,'c':6,'d':-4,'e':-3}。

1-6 利用正则表达式,写一个函数,要求其传入的字符串必须满足:长度不少于 8 个字符,首字符是大写字母,至少要有一位数字。

1-7 使用正则表达式,从格式如字符串"采集日期:11/17/2016 9:51:15   PM 使用批处理 2016.11.17   fluid inclusion five elements.b:"中筛选出日期时间如"11/17/2016 9:51:15   PM",并将筛选出的日期时间转换成"年-月-日 时:分:秒"格式,其中月和日是两位数,不足补 0,年是 4 位数,时是 24 制,如上面字符串输入内容为:'2016-11-17   21:51:15'。

1-8 从"张三的身份证 110108200102090035,李四和身份证 130305200803050067"中找出身份证号码,并用列表显示出生的年份。

1-9 矿物硬度存放在字典 hardness={"滑石":1,"石膏":2,"方解石":3,"萤石":4,"磷灰石":5,"正长石":6,"石英":7,"黄玉":8,"刚玉":9,"金刚石":10}中,用字典推导式列出:

(1) 硬度大等于 7 的矿物。

(2) 硬度最大的矿物。

(3) 将矿物的名称放在列表中。

(4) 将硬度大于 6 的矿物名称放在列表中。

1-10 输入参数 m、n 求组合 $C_n^m = \dfrac{n!}{m!(n-m)!}$ 的值。

1-11 编写程序，输出下面这段英文中所有长度大于或等于5个字母的单词。

A mineral is a natural, homogeneous solid with a definite chemical composition and a highly ordered atomic arrangement. Recently, fast and accurate mineral identification/classification became a necessity

1-12 用递归输出斐波那契数列。

1-13 用内存中读写数据的方式，将 pet1.jpg 另存为 pet2.jpg。

1-14 x = ['110108200102090035', '130305200803050067', '120230198506233319', '130304200304080026']是身份证号码的列表，使用列表推导式，生成女性的出生"年"：[2008, 2003]。

第 2 章

面向对象编程

面向对象程序设计(Object Oriented Programming,OOP)是一种程序设计的范式,也是一种程序开发的方式。类是面向对象设计中重要的内容,可以将类看作一种自定义的数据类型,类既可以定义变量也可以创建对象。

类是描述具有相同属性和方法的对象的集合,其定义了该集合中每个对象共有的属性和方法。面向对象编程有三大特征,即封装、继承和多态。面向对象程序编程语言是对客观世界的一种模拟,客观世界中对象的状态信息都被隐藏在对象的内部,外界无法直接操作和修改。封装可以隐藏类实现的细节;访问者只能通过事先定义好的方法访问封装的数据,而在这些方法中可以加入访问控制的逻辑,限制对属性不合理的访问;封装便于程序的修改,提高了代码的可维护性。可以在继承父类的基础上创建一个新类(子类),新类自动获得父类已有的方法和属性。继承大大提高了代码的重用性。如果从父类继承过来的方法不能满足要求,可以重新定义父类中的方法,称为类的重载。

面向对象程序设计降低了编程的复杂性,相对于面向过程程序开发,更加适合大型程序的开发。

2.1 类和对象

Python 支持面向过程的编程,也支持面向对象编程。在定义类后,基于该类可以生成多个对象,这些对象具有相同的属性和方法。

2.1.1 类的定义

定义类使用 class 关键字,在 class 后加空格,然后是类名,如定义一个 person 类,该类需要实现输入"姓名""体重""身份证号"信息,能够根据身份证信息,得到该人员的出生日期,能够通过 add_weight()和 reduce_weight()增减体重。

```
#2-1.py
class person:
    def __init__(self,name='Gavin',weight=50,id='1101081998202202231'):
        #为 person 的对象增加 name、weight、id 对象属性
        self.name=name
        self.id=id
        self.weight=weight
    def add_weight(self,amount):
        if amount>0:
```

```
            self.weight+=amount
        else:
            print("增加的体重必须大于 0")
    def reduce_weight(self,amount):
        if amount< self.weight:
            self.weight-=amount
        else:
            print("减少的体重不能超过原体重啊!")
    def get_birthday(self):
        birth_year=int(self.id[6:10])
        birth_month=int(self.id[10:12])
        birth_day=int(self.id[12:14])
        birthday="{0}-{1}-{2}".format(birth_year, birth_month, birth_day)
        return birthday
```

使用 class person：定义了 person 类，类中有个特殊的方法__init__()，称为构造方法，当类生成对象时该方法会自动执行。__init__()中有 4 个参数：self 表示类实例化生成的对象，由系统自动绑定，不用手工传入该参数，其他 3 个参数都设置了默认值。生成对象时，如果不传入实参，对象属性值就取默认值；如果传入了实参，对象属性值取对应的实参。

类 person 中定义了 get_birthday()方法，用于根据"身份证号"id 得到"出生年月"。在该方法需要访问__init__()中定义的对象属性 id，访问时的语句为 self.id，必须使用 self.对象属性的格式。

类中还定义了 add_weight()和 reduce_weight()两个方法，这两个方法只有一个参数 self 表示类实例化时生成的对象，不需要手工传入该参数，另一个参数表示增减的体重。同样这两个方法要使用__init__()中定义的属性 weight，必须是 self.weight。

2.1.2 对象的生成和使用

定义类的目的是使用类可重复地生成多个对象，这些对象具有类的属性和方法。类实例化后就生成了对象。Python 中由类生成对象时，不使用 new 关键字。下面生成对象 p1 和 p2：

```
p1=person('wang',60,'110108199805242241')
p2=person()
```

生成 p1 对象时，输入了与 name、weight、id 相对应的参数，而 p2 对象没有输入参数。p1.name 输出是 wang，而 p2.name 输出为 Gavin：

```
print(p1.name,p2.name)
```

调用 p1、p2 的.get_birthday()得到 p1、p2 的出生年月：

```
print(p1.get_birthday(),p2.get_birthday())            #输出 1998-5-24 1998-2-20
```

2.1.3 类属性与对象属性

1. 对象属性

对象属性是在构造函数__init__()中定义的属性。在__init__()中定义的属性，类的其他方法中使用时必须以 self 为前缀,如 self.weight。在主程序或者类的外部,必须以对象名.属性的方式访问,如 p1.weight。

2. 类属性

将 person 类改为:

```
#2-2.py
class person:
    hairColor='black'              #类属性,公有属性
    __height=160                   #类属性,私有属性,前面是双下画线
    def __init__(self,name='Gavin',weight=50,id='110108199802202231'):
        ...
p1=person()
print(p1.hairColor,person.hairColor)
print(p1.__height)#AttributeError: 'person' object has no attribute '__height'
print(person.__height)#AttributeError: type object 'person' has no attribute '__height'
```

类中增加了 hairColor 类公有属性和 __height 私有属性,这两个属性定义在所有方法之外,称为类属性。

在类的其他方法中使用这两个类属性时,需要按照类名.类属性或者 self.类属性,如 get_birthday()中使用类 hairColor 属性:person.hairColor 或者 self.hairColor。

在主程序或者类的外部,类的公有属性以对象名.属性或者类名.属性的方式访问,如:

```
p1=person()
print(p1.hairColor,person.hairColor)
```

但私有属性如 __height 只能在类的内部使用,类外部使用时会出现错误。私有属性通过属性名字以两个下画线开始区别于公有属性。

2.1.4 定义外部属性

person 类中编写 add_weight()和 reduce_weight()方法,主要是想通过这两个方法改变体重,如:

```
p1=person('wang',60,'110108199805242241')
p1.add_weight(2)
print(p1.weight)
```

代码 p1.add_weight(2)运行后,p1 的体重由 60 变为 62。但如果直接执行 p1.weight=1000,p1 的 weight 属性值也可以被直接修改,从而使 add_weight()和 reduce_weight()的数据验证失效,要避免此情况的发生,可将 person 类改为:

```
#2-3.py
class person:
    hairColor='black'#hairColor 是类属性
    def __init__(self,name='Gavin',weight=50,id='110108199802202231'):
        #为 person 的对象增加 name、weight、id 对象属性
        self.__name=name
```

```
            self.__id=id
            self.__weight=weight
    @property
    def name(self):
        return self.__name
    @property
    def weight(self):
        return self.__weight
    @property
    def id(self):
        return self.__id
    def get_birthday(self):
        birth_year=int(self.__id[6:10])
        birth_month=int(self.__id[10:12])
        birth_day=int(self.__id[12:14])
        birthday="{0}-{1}-{2}".format(birth_year,birth_month,birth_day)
        return birthday
    def add_weight(self,amount):
        if amount>0:
            self.__weight+=amount
        else:
            print("增加的体重必须大于 0")
    def reduce_weight(self,amount):
        if amount<self.__weight:
            self.__weight+=amount
        else:
            print("减少的体重不能超过原体重啊!")
def get_weight(self):
    return self.__weight
```

从上面的代码可看出,定义外部属性执行以下步骤。

(1) 首先定义私有属性。将定义在__init__()中的属性都改为__xxx 的形式,如 name 更改为__name。

(2) 类中通过@property 内置的装饰器定义类对象的外部属性 name、weight 和 id。

在定义对象 p1 后就可以使用 p1.weight 读取对象属性的值,但如果利用 p1.weight=500 设置 weight 的值,会出现 AttributeError: can't set attribute 的错误提示,强制性地通过 add_weight()和 reduce_weight()修改 weight 的值:

```
p1.add_weight(2)
print(p1.get_weight())
```

2.1.5 类的方法

1. 类中自定义的方法

属性是变量,方法其实就是函数。在前面的 person 类中,定义了 add_weight(self, amount)、reduce_weight(self,amount)、get_birthday(self)这 3 个函数,就是 3 个类的方法。使用类的方法如 get_birthday 时:

```
p1=person()
print(p1.get_birthday())
```

但如果不定义对象,直接采用类名.方法执行类方法,如:

```
person.get_birthday()
```

会出现以下错误:

```
TypeError: get_birthday() missing 1 required positional argument: 'self'
```

说明直接用类调用实例方法时,Python 不会为第 1 个参数自动绑定调用者。

前面类中定义方法时都有 self 参数,表示这些方法是对象的方法。Python 也支持类方法,另外还有静态方法。定义方法时使用@classmethod 修饰的方法是类方法,使用@staticmethod 修饰的方法是静态方法。类方法和静态方法的区别在于:类方法的第 1 个参数能够自动绑定,而静态方法却不能自动绑定。下面以 dog 类为例进行说明:

```
#2-4.py
class dog:
    @classmethod
    def bark(cls):
        print("类方法 bark :",cls)
    @staticmethod
    def intr(p):
        print("静态方法:intr",p)
dog.bark()                 #调用类方法,第 1 个参数自动绑定
dog.intr("gold")           #调用静态方法,第 1 个参数必须手工绑定;否则出错
myDog=dog()
myDog.bark()               #利用对象调用类方法,第 1 个参数自动绑定
#myDog.intr()              #静态方法()不输入参数,出错
myDog.intr ("gold")
```

运行后输出的结果:

```
类方法 bark: <class '__main__.dog'>
静态方法 intr gold
类方法 bark: <class '__main__.dog'>
静态方法 intr gold
```

2. 类中自带的特殊方法

除用户定义的方法外,类还有许多内在的方法,其名字前后都有双下画线__,通过 dir(类名)能看到所有属性和方法,如 dir(person),列出:

```
['__class__', '__delattr__', '__dict__', '__dir__', '__doc__', '__eq__',
'__format__', '__ge__', '__getattribute__', '__gt__', '__hash__', '__init__',
'__init_subclass__', '__le__', '__lt__', '__module__', '__ne__', '__new__',
'__reduce__', '__reduce_ex__', '__repr__', '__setattr__', '__sizeof__',
'__str__', '__subclasshook__', '__weakref__', 'person_height', 'add_weight',
'get_birthday', 'hairColor', 'reduce_weight']
```

从列出的结果可看出,Python 自带的方法和属性,开发者可以重写这些方法和属性,完

成某些特殊的功能。

(1) __str__()方法。

当使用 print 输出对象时,只要自定义了__str__(self)方法,那么就会打印出这个方法中 return 的数据。

```
#2-5.py
class pet:
    def __init__(self,name,weight):
        self.name=name
        self.weight=weight
    def __str__(self):
        return "The weight of %s is %s now." %(self.name, self.weight)
myPet=pet("迪迪",4)
print(myPet)
```

运行后输出的结果是:

The weight of 迪迪 is 4 now.

如果注释了自定义的__str__()方法,输出的结果是:

<__main__.pet object at 0x0000000002F78128>

(2) __repr__()方法。

该方法用于显示属性。如果没有定义该方法,则有:

```
#2-6.py
class pet:
    def __init__(self,name,weight):
        pass
myPet=pet("迪迪",4)
print(myPet)
```

输出结果:

<__main__.pet object at 0x0000014B4BEF7FD0>

直接输出某个实例化对象。如果希望了解该对象的基本信息,如属性名、方法名等,但这个输出结果只是"类名+object at+内存地址",对了解对象的属性和方法参考意义不大。为此可修改__repr__()方法:

```
#2-7.py
class pet:
    def __init__(self,name,weight):
        self.name=name
        self.weight=weight
    def __repr__(self):
        return "The weight of %s is %s now." %(self.name, self.weight)
myPet=pet("迪迪",4)
print(myPet)
```

运行后输出的结果是:

The weight of 迪迪 is 4 now.

如果类中同时定义了__str__()和__repr__(),则执行__str__()。

(3) __del__()方法。

析构方法与__init__()相对应。__init__()初始化对象时发生,__del__()销毁对象时发生。

(4) __getattr__()。

当获取属性时,触发__getattr__()方法:

```
#2-8.py
class pet:
    def __init__(self,name,weight):
        self.name=name
        self.weight=weight
    def __getattr__(self,attrname):
        if attrname not in ("name","weight"):
            print("没有{}属性".format(attrname))
mypet=pet("迪迪",4)
mypet.color
```

上面程序运行后,由于pet类中没有color属性,则输出没有color属性。

(5) __setattr__()方法。

当为属性赋值时,触发__setattr__()方法:

```
#2-9.py
class pet:
    def __setattr__(self,key,value):
        print(key,value)
mypet=pet()
mypet.name="DIDI"
```

运行后输出:

```
name DIDI
```

(6) __dict__()方法。

可以访问类的所有属性,以字典形式返回,如:

```
#2-10.py
class Person():
    def __init__(self,name,age):
        self.name=name
        self.age=age
p1=Person("张三",50)
print(p1.__dict__)
print("name=",p1.__dict__["name"])
print("age=",p1.__dict__["age"])
```

程序运行结果如下:

```
{'name': '张三', 'age': 50}
```

```
name=张三
age=50
```

2.2 类的继承

继承是面向对象设计中为代码复用而设计的,程序开发中设计一个新类时,如果新类可以继承已有的类,会节省代码量。继承的关系中,已有的、要被继承的类称为父类,新设计的类称为子类或者派生类。子类继承父类后,可以获得父类公有的属性和方法。Python 支持类的单继承和多继承,既可以继承一个父类,也可以继承多个父类。

1. 单继承

定义 son 类时,如果加上参数 Father,表示其继承 Father 类,如:

```
#2-11.py
class son([Father]):
    pass
```

下面的示例中 father 类继承父类 grandfather:

```
class grandfather():
    name="grandfather"
    def __init__(self):
        self.bloodType="A"
        self.height=178
    def printA(self):
        print("grandfather is printing")
class father(grandfather):
    name="father"
    def __init__(self):
        print("Will I inherit my father?")

father=father()
print("father.name:",father.name)
father.printA()
print("father.bloodType:",father.bloodType)
```

运行上面程序,输出结果:

```
Will I inherit my father?
father.name: father
grandfather is printing
Traceback (most recent call last):
  File "D:/python/python3.7.1/example/2/2-0.py", line 16, in <module>
    print("father.bloodType:",father.bloodType)
AttributeError: 'father' object has no attribute 'bloodType'
```

父类 grandfather()中具有__init__()方法,子类 father 中重新定义了__init__(),程序实例化,即 father=father()应执行 father 中的__init__(),故首先输出 Will I inherit my father?

grandfather 类中有 name 属性，father 类中也有 name 属性，但 father.name 输出的是 father 类中定义的属性值，如果注释了 father 类中的 name＝"father"，则 father.name 输出结果是"grandfather"，表明继承了父类的公共属性。

虽然 father 中没有定义.printA()，但由于 father 继承的 grandfather 中有.printA()，故 father.printA()输出：grandfather is printing。

grandfather()的__init__()中定义了属性 bloodType，但在 father 中重新定义的__init__()中并没有该属性，故 father.bloodType 时出现运行错误。

从上面示例中可以看出，子类可以继承父类公用的属性和方法，当子类重新定义父类的属性或者方法时，新的属性和方法将覆盖父类的属性和方法，称之为属性和方法的重写。

如果 father 的__init__()想在继承 grandfather 中的__init__()的基础上，再增加新的属性和方法，有以下两种写法。

（1）经典的写法

父类.__init__(self,参数1,参数2,…)

在 father 类中，定义__init__()：

```
def __init__(self):
    grandfather.__init__(self)
    print("Will I inherit my father?")
```

（2）新式的写法

super(子类,self).__init__(参数1,参数2,…)

在 father 类中，定义__init__()：

```
def __init__(self):
    super(father,self).__init__()
    print("Will I inherit my father?")
```

father 类按照上述两种方法之一重新定义__init__()后，程序所有语句都运行正确。

在 Python 中，如果子类想在修改父类的同时也想调用父类的方法，则可以通过 super().父类方法名()的方式调用。

2. 多继承

Python 不仅支持单继承，也支持多继承：

```
class Son([FatherA[,FatherB,...]]):
    pass
```

多继承时需要注意 FatherA、FatherB、…的先后顺序。如果父类中有相同的方法名，而在子类中使用时没有指定父类名，则 Python 将从左到右进行搜索，即方法在子类中没有找到时，从父类中按照从左到右的顺序查找该方法。下面看一个多继承的示例：

```
#2-12.py
class grandfather:
    def printA(self):
        print("grandfather is printing")
```

```
class grandmother:
    def printA(self):
        print("grandmother is printing")
class father(grandfather,grandmother):
    def printB():
        pass

father=father()
father.printA()
```

程序运行结果如下:

```
grandfather is printing
```

示例中 father 继承了 grandfather 和 grandmother。grandfather 和 grandmother 中都有 printA() 方法,子类继承多个父类的时候,要注意父类的先后顺序,如果父类中有相同的属性和方法,只继承第 1 个父类的属性和方法。

例 2-1 使用 PyQt5 建立一个可视化窗口,运行效果如图 2-1 所示。

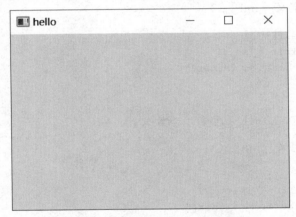

图 2-1 通过继承建立自己的窗口

```
#2-13.py
from PyQt5 importQtWidgets              #从 PyQt5 库中导入 QtWidgets 通用窗口类
import sys
classmyWindow(QtWidgets.QWidget):        #继承 QtWidgets.QWidget 类方法
    def __init__(self):
        super(myWindow,self).__init__()
app=QtWidgets.QApplication(sys.argv)     #pyqt 窗口必须在 QApplication()方法中使用
window=myWindow()
window.setWindowTitle("hello")
window.show()
sys.exit(app.exec_())
```

代码运行前需要参照第 6 章介绍的方法先安装 PyQt5。继承 QtWidgets.QWidget 类定义了 myWindow 类,类__init__(self)中,使用 super(myWindow,self).__init__(),继承父类的__init__(),从而子类 myWindow 具有父类的.setWindowTitle()、show()等方法。

语句 super(myWindow,self).__init__()也可以写为 QtWidgets.QWidget.__init__(self)。

2.3 类的重载

在子类中重新定义父类的方法称为重载。不仅方法可以重载,运算符也可以重载。

2.3.1 方法重载

看下面示例:

```
#2-14.py
class person:
    def __init__(self,name,gender):
        self.__name=name
        self.__gender=gender
    def show(self):
        print(self.__name)
        print(self.__gender)

class student(person):
    def __init__(self,name,gender,age):
        super(student,self).__init__(name,gender)
        self.__age=age
    def show(self):
        person.show(self)
        print(self.__age)

student=student("李四","女",25)
student.show()
```

程序运行结果如下:

```
李四
女
25
```

子类 student 中重新定义了 __init__()和 show()方法,重新定义父类后,子类中如果要使用父类中的方法,可以通过"父类.方法名"的方式直接调用。

2.3.2 运算符重载

Python 中的运算符实际上是通过函数实现的,如加、减、乘、除、大于、小于、等于对应的就是__add__、__sub__、__mul__、__div__、__gt__、__lt__、__eq__。当使用这些运算符时,Python 实际上就是调用这些函数。在某些情况下,可以在自定义的类中重写这些运算符,完成一些特殊的操作。

如果两个列表相乘,会出现以下错误:

```
>>>a=[1,2,3]
>>>b=[4,5]
>>>c=a*b
```

```
Traceback (most recent call last):
  File "<pyshell#5>", line 1, in <module>
    a * b
TypeError: can't multiply sequence by non-int of type 'list'
```

如果希望 c 是 a 中每个元素与 b 相乘求和的结果：c=[9,18,27]，通过运算符重载可以重新定义__mul__()实现这一运算。

```
#2-15.py
class multList:
    def __init__(self,obj):           #参数 self 是类自身,参数 obj 是对象传递的参数
        self.data=obj                 #添加对象属性
    def __mul__(a,b):                 #参数 a 是对象 a ,参数 b 是对象 b
        n=len(a.data)
        num=[a.data[i] * sum(b.data) for i in range(n)]
        returnmultList(num)           #返回新的对象
a=multList([1,2,3])                   #a 对象
b=multList([4,5])                     #b 对象
c=a * b                               #c 对象
print(c.data)
```

程序运行后,输出结果：

[9, 18, 27]

下面的示例通过运算符重载,实现圆的加法、大小的比较。

```
#2-16.py
import math
class circle:
    def __init__(self, radius):
        self.__radius=radius
    def setRadius(self, radius):
        self.__radius=radius
    def getRadius(self):
        return self.__radius
    def __add__(self, another_circle):
        return circle(self.__radius+another_circle.__radius)
    def __gt__(self, another_circle):
        return self.__radius>another_circle.__radius
    def __lt__(self, another_circle):
        return self.__radius<another_circle.__radius
    def __str__(self):
        return "Circle with radius "+str(self.__radius)

c1=circle(4)
print(c1.getRadius())
c2=circle(5)
print(c2.getRadius())
c3=c1+c2
print(c3.getRadius())
print(c3>c2)
```

```
print(c1<c2)
print(c3)
```

程序运行后输出结果：

```
4
5
9
True
True
Circle with radius 9
```

代码中由于自定义了圆的__add__()方法，故可以使用圆 c1 与圆 c2 相加；定义了__gt__()和__lt__()方法，可以进行圆大小的比较：c3＞c2、c1＜c2；定义了__str__()方法，当 print(c3)时输出 Circle with radius 9。

2.4 类的多态

多态指面向对象程序设计时，相同的信息可能会发送给多个不同的类别对象，系统根据对象所属的类别，引发对应类别的方法而产生不同的行为。

拥有多态性的程序并不严格限制变量所引用的对象类型，对于未知的对象类型也能进行一样的操作，例如，序列类型就有字符串、列表、元组等多种形态；再如，count()、len()方法就没有限制传入的对象类型。

```
len("hello world")
len(2,4,3,3,1)
"hello world".count('o')
(2,4,3,3,1).count(3)
```

假设定义一个 shape 类，类中有个求周长的方法 perimeter()，子类 triangle 和 square 中都重新实现了该方法，同一个方法在不同的类中有不同的作用，这就是多态。

```
#2-17.py
class shape():
    def perimeter(self):
        raise AttributerError("该方法要在子类中重载")
class triangle(shape):
    def __init__(self,a,b,c):
        self.x=a
        self.y=b
        self.z=c
    def perimeter(self):
        print(self.x+self.y+self.z)
class circle(shape):
    def __init__(self,r):
        self.r=r
    def perimeter(self):
        print(2*3.14*self.r)
```

```
triangle=triangle(3,4,5)
triangle.perimeter()
circle=circle(4)
circle.perimeter()
```

triangle 中有求周长的方法，circle 中也有求周长的方法，但它们的行为不同。

练 习 题

2-1 定义一个学生 student 类。有下面的类属性：name、ID(身份证号)、score，score 是列表(语文，数学，英语)，类方法有以下几个。

(1) 获取和设置学生的姓名：get_name()、set_name()。

(2) 获取和设置学生的 ID：get_ID()、set_ID()。

(3) 返回三门科目的平均成绩：get_avg()。

(4) 根据 ID 实现以下类方法：get_gender()，返回性别"男"或"女"，get_age()返回年龄。

2-2 利用运算符重载，定义类 charSub 实现两个字符串相减，如"abcd"-"b"="acd"。

2-3 ①创建 person 类，属性有姓名、年龄、性别，创建方法 personInfo()，打印这个人的信息。②创建 student 类，继承 person 类，属性有学院 college，重写父类 personInfo()方法，调用父类方法除打印个人信息外，还将学生的学院信息也打印出来。

第 3 章

绘　　图

　　matplotlib 是著名的 Python 绘图库,它提供了一整套绘图 API,十分适合交互式绘图。其作者是 John Hunter(1968—2012 年)博士。John Hunter 使用 Matlab 做数据分析和可视化多年,但后来随着应用需求的增加,发现程序变得越来越复杂,单纯使用 Matlab 应对越来越困难,在借鉴 Matlab 的基础上,其用 Python 编写了 matplotlib 绘图库。Python 自带 turtle 画图程序,使用它也可以画出各种精美的图案,本书只介绍 matplotlib。

3.1　Python 绘图模块的安装

　　matplotlib 是一个数据可视化的第三方模块,官方网址 http://matplotlib.org 上有大量的文档和示例,是学习 matplotlib 最好的教材。安装方式: pip install matplotlib,引用方式: import matplotlib as mpl。

　　在 matplotlib 中 pyplot 是一个核心模块,使用该模块,可以完成很多基本的可视化操作。该子模块引入的方式为 import matplotlib.pyplot as plt。

　　如果要绘制三维图形,在安装完 matplotlib 后,可调用 mpl_tookits 下的 mplot3d 类进行 3D 图形的绘制,引入方式为 from mpl_toolkits.mplot3d import Axes3D。

　　matplotlib 绘图方式有两种: 一种是使用 pyplot 模块快速绘图,绘图过程与 MatLab 相似;另一种是面向对象方式绘图。

3.2　使用 pyplot 模块快速绘图

3.2.1　绘制简单的直线图

　　例 3-1　绘制简单的直线,效果如图 3-1 所示。

```
#3-1.py
importmatplotlib.pyplot as plt           #载入绘图模块
x=[1,2,3,4,5]                            #x 轴
y=[2,4,6,8,10]                           #y 轴
fig=plt.figure(figsize=(5,4))            #创建一个 Figure 对象,详见①
plt.plot(x,y)                            #在当前的 figure 中绘图,详见②
plt.savefig("easyplot.png")              #保存图形,详见③
plt.show()                               #显示图形,详见④
```

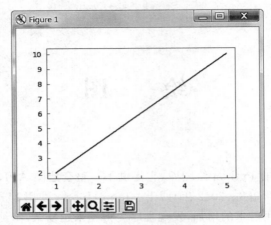

图 3-1 例 3-1 运行结果

（1）调用 figure()，创建绘图对象 fig，也可不创建 Figure 对象而直接使用 plot 绘图。matplotlib 的 pyplot 会自动创建 Figure 对象并且指定 Axes（子图）。在指定 Figure 时可使用的参数：

```
plt.figure(num=None,figsize=None,dpi=None,facecolor=None,edgecolor=None,
frameon=True)
```

各参数的含义如下。

num：图形编号或名称，数字为编号，字符串为名称。

figsize：指定 figure 的宽和高，单位为英寸。

dpi：指定绘图对象的分辨率，即每英寸多少个像素，默认值为 80。

facecolor：背景颜色。颜色的表示方法有多种，如 facecolor='#ff0000'用 16 位数表示红色；也可以 RGB or RGBA (red，green，blue，alpha)用 0～1 间的小数表示，如 facecolor=(0.1,0.3,0.6,0.2)；也可以用'b'、'g'、'r'、'c'、'm'、'y'、'k'和'w'表示 blue、green、red、cyan、magenta、yellow、black 和 white。颜色的详细表示方法可参考：https://matplotlib.org/api/colors_api.html?highlight=color#module-matplotlib.colors。

edgecolor：边框颜色。

frameon：是否显示边框。

```
#建立一个空白的figure,其无axes
fig=plt.figure()
fig.suptitle('No axes on this figure')#图像标题
```

（2）创建 figure 对象后，调用 plot 在当前 Figure 中绘图。实际上，plot 是在 Axes（子图）对象上绘图。如果没有用代码创建 Axes 对象，系统会自动创建一个充满整个图表的 Axes 对象，使其成为当前绘图的 Axes 对象。

（3）保存图形，根据文件扩展名，自动决定保存图形的格式，保存图形时可指定 dpi。如果保存的文件扩展名为 jpg，需要先使用命令 pip install pillow 安装 pillow；否则会出现错误。

(4) 显示图形,如果是在 Jupyter Notebook 中编写和运行程序,可以省略此步骤。一般情况下,show()会阻塞程序的运行,直到用户关闭绘图窗口。交互模式下,matplotlib 图形的显示可用 plt.ion()和 plt.ioff()切换,尝试以下命令:

```
>>>plt.ion()
>>>plt.plot([1,2,3],[2,4,6])
```

在交互命令下,执行 plt.ion()后不使用 plt.show()图形也能显示,程序不会出现阻塞,可继续执行其他命令。如果执行 plt.ioff(),交互命令下只有使用 plt.show()才显示图形。

3.2.2 快捷绘图方式下创建多图和多子图

matplotlib 绘图命令是作用在当前图的当前子图上。不指定 Figure 下会自动建立一个 figure(1) 对象。一个图(Figure)可以包括多个子图(Axes),快捷绘图方式下可以使用 plt.subplot(numRows,numCols,plotNum)快速绘制包含多个子图的图表。整个绘图区域被分成 numRows 行、numCols 列,按照从左到右、从上到下的顺序对每个区域编号,plotNum 指定当前的子图。例如,plt.subplot(3,2,2)表示图包含 3 行 2 列共 6 个子图,当前的子图是 2。如果一个图中子图的数目不超过 10 个,可以去除 subplot 参数中的逗号,如 plt.subplot(3,2,2)直接写为 plt.subplot(322)。

例 3-2　在一个图上创建多个子图,并在子图上绘图,运行结果见图 3-2。

```
#3-2.py
import matplotlib.pyplot as plt
x=(1,2,3,4)
y=(5,7,9,11)
fig=plt.figure(1)
plt.subplot(221)        #自动建立一个 axes 对象,该对象是 2 行 2 列共 4 个子图中的第 1 个子图
plt.plot(x,y)           #在第 1 个子图上绘图
plt.title("plot")       #设置第 1 个子图的标题
plt.subplot(222)        #切换到第 2 个子图
plt.scatter(x,y)        #在第 2 个子图上绘散点图
plt.title("scatter")
plt.subplot(223)
plt.pie(y)              #在第 3 个子图上绘饼图
plt.title("pie")        #为饼图设置标题
plt.subplot(224)
plt.bar(x,y)            #在第 3 个子图上绘柱状图
plt.title("bar")
plt.show()
```

例 3-2 在一个图中创建了 4 个子图:第 1 个子图上绘制一条直线,第 2 个子图上绘制散点图,第 3 个子图上绘制饼图,第 4 个子图上绘制柱状图。

例 3-3　在两个图的多个子图上绘图,运行结果见图 3-3。

```
#3-3.py
import matplotlib.pyplot as plt
import numpy as np
```

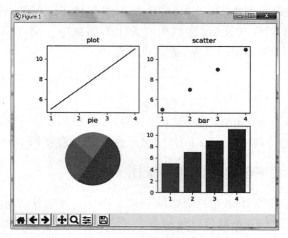

图 3-2　一个图的 4 个子图

```
x1=np.linspace(0, 10, 1000)
x2=np.arange(0.0, 5.0, 0.02)
plt.figure(1)                                    #建立第 1 个图
ax1=plt.subplot(211)                             #第 1 个图下建立第 1 个子图
plt.plot(x1,np.cos(2 * np.pi * x1),'r--')        #在第 1 个图的第 1 个子图上绘图
plt.subplot(212)                                 #第 1 个图下建立第 2 个子图
plt.plot(x2,np.sin(2 * np.pi * x2),'g--')        #在第 1 个图的第 2 个子图上绘图
plt.figure(2)                                    #建立第 2 个图
plt.plot([1, 2, 3],[2,4,6])                      #自动生成第 2 个图的第 1 个子图,在其上绘图
ax1.set_title('title of 211 in the first figure')   #为第 1 个图的第 1 个子图增加标题
plt.show()
```

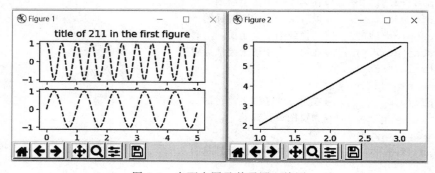

图 3-3　在两个图及其子图上绘图

3.2.3　matplotlib.pyplot 常用的绘图函数

matplotlib.pyplot 提供了一系列绘图函数,利用这些函数可以绘制变化的曲线、饼状图、柱状图、散点图等,可以设置图标题、坐标轴等。表 3-1 列出部分函数及其用途。

表 3-1　matplotlib 中部分绘图函数

函 数 名	说 明
plt.plot(x,y,ls,lw,label,color)	绘制(x,y)变量间的变化趋势。(x,y)为 x 轴和 y 轴上的数值,ls 为 linestyle,lw 为 linewidth,ls 和 color 可以组合在一起设置,如'ro'表示红色 o 形状,label 为 linelabel
plt.scatter(x, y, s=20, c='b', label)	绘制散点图。(x,y)为坐标轴数值,s 为大小,默认为 20,c 为散点图标记颜色,label 为标签文本
plt.bar(x, height, width, align, color, edgecolor, linewidth, tick_label)	x 包含所有柱子的下标的列表,也就是每个柱子的标签,height 为柱子高度列表,width 为每个柱子的宽度,align 为柱子对齐方向,color 为柱子颜色,edgecolor 为柱子边框颜色,linewidth 为柱子边框宽度,tick_label 为柱子上显示的标签
plt.pie(sizes,labels=labels)	每一块的比例,如果 sum(x)>1 会使用 sum(x)归一化,每一块饼图外侧显示的说明文字
plt.xlim(xmin,xmax)	设置坐标轴的取值范围:参数含义为参数设置 x 坐标的范围,设置 y 坐标范围只需要把 x 换成 y 即可
plt.xticks(列表)	设置 x 轴精准刻度,如 plt.xticks(range(-6,7,1))设置 x 轴的精细刻度为-6~+6,步长为 1。plt.xticks([-1, 0, 1, 2, 3],["-1m", "0m", "1m", "2m", "3m"])为精细刻度加单位。plt.yticks([])设置 y 轴的精细刻度
plt.xlabel(string)	设置标签:参数含义为设置 x 轴的标签,设置 y 轴标签只需把 x 改为 y 即可
plt.grid(linestyle=':',color)	绘制网格线:参数含义为线条风格和线条颜色
plt.axhline(y,c,ls,lw)	绘制平行于 x 轴的参考线:y 为水平参数出发点,其他参数含义同上,绘制 y 轴参考线只需将 axhline 改为 axvline,y 参数改为 x 即可
plt.axvspan(xmin,xmax,fc,al)	绘制垂直于 x 轴的参考区域:xmin 和 xmax 为区域范围,fc 为区域填充色,al 为颜色透明度,绘制 y 轴参考区域只需将函数 axvspan 改为 axhspan 即可
plt.annocate(string,xy(x,y), xytext(x, y), weight, color, arrowprops)	添加图形指向型注释文本:string 为注释内容,xy 为指向的坐标,xytext(x,y)为注释位置,weight 为文字粗细,color 为注释颜色 arrowprops=dict(arrowstyle,connectionstyle,color),arrowstyle 为箭头风格,connectionstyle 为两点的连接风格
plt.text()	添加非指向型注释文本:参数列表(x,y,string,weight,color) string 为 x,y 分别为注释内容和注释内容坐标,weight 为字体粗细,color 为颜色
plt.title()	添加图形标题
plt.legend(loc = 'lower/height left/right')	展示图形标签的图例

例 3-4　persons=['zhang','wang','li','zhao','liu']人员对应的每月工资列表 salary=[5000,200000,6870,800,100000],将收入制作成柱状图,如图 3-4 所示。

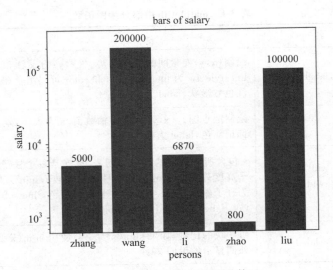

图 3-4 收入柱状图(y 轴取对数)

```
#3-4.py
import matplotlib.pyplot as plt
import numpy as np
def autolabel(rects):
    for rect in rects:
        height=rect.get_height()
        plt.annotate('{}'.format(height),
                     xy=(rect.get_x()+rect.get_width()/2, height),
                     xytext=(0, 1),
                     textcoords="offset points",
                     ha='center', va='bottom')
persons=('zhang','wang','li','zhao','liu')
salary= (5000,200000,6870,800,100000)
bars=plt.bar(persons,salary,color='green')
plt.title('bars of salary')
plt.xlabel('persons')
plt.ylabel('salary')
plt.yscale("log")
autolabel(bars)
plt.show()
```

(1) 由于人员收入差距大,不在同一量纲,收入 800 很难体现在图上(图 3-5),通过 plt.yscale("log")改变 y 轴的刻度(取常用对数),将不同量纲的数据绘制在同一张图上。图中标题、标签使用的是英文,要使用中文参见例 3-5。

(2) plt.bar()返回的 BarContainer 包含图上所有的 bar。自定义函数 autolabel()用于在每个 bar 上标注 bar 的高度(即 bar 表示的值)。标注时使用 plt.annotate()的用法:plt.annotate(s,xy=(m,n)),在 x=m、y=n 的位置标注 s,其具体用法可以参见 https://matplotlib.org/api/_as_gen/matplotlib.pyplot.annotate.html?highlight=annotate#matplotlib.pyplot.annotate 官方文档中的说明。

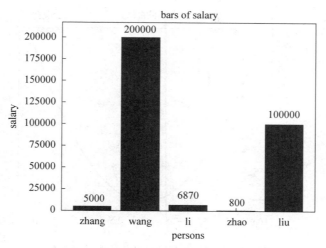

图 3-5 收入柱状图(y轴不变换)

例 3-5 绘制 $y=x^2$ 曲线,效果如图 3-6 所示。

```
#3-5.py
import numpy as np
import matplotlib.pyplot as plt
plt.rcParams['font.family']='SimHei'          #显示中文①
#正确显示负号
plt.rcParams['axes.unicode_minus']=False
x=np.linspace(-10, 10, 1000)
y=x*x
fig=plt.figure()                              #可省略 plt.figure(1)自动创建
plt.xlabel("x")                               #x轴标签
plt.ylabel(r'x$^2$')                          #y轴标签,详见②
plt.yticks(range(0,100,5))                    #设置 y 轴的精细刻度
plt.title(r"我制作的曲线 y=x$^2$")             #图标题
plt.plot(x,y,label=r"y=x$^2$", color="red",linewidth=2)      #③
plt.legend(loc="best")                        #④
plt.savefig("easyplot.png")
plt.show()
```

(1) 默认情况下 pyplot 并不支持中文显示,支持中文有以下几种方法。

方法 1:需要修改 rcParams 的字体属性:

```
import matplotlib.pyplot as plt
plt.rcParams['font.family']='simHei'          #黑体
#其他可选的字体属性的设置
plt.rcParams['font.size']=20
plt.rcParams['font.style']='oblique'
```

代码中,'font.family'用于显示字体的名字;'font.style'用于显示字体风格,取值为'normal'、'italic'、'oblique';'font.size'用于显示字体大小,取整数。

可以用下面的代码,列出计算机上支持的中文字体:

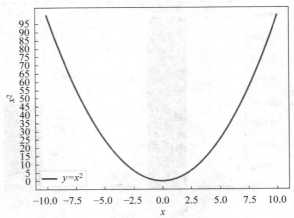

图 3-6　设置图的标签、标题、绘图线的颜色

```
>>> from matplotlib.font_manager import fontManager
>>> import os
>>> fonts=[font.name for font in fontManager.ttflist if os.path.exists(font.fname) and os.stat(font.fname).st_size>1e6]
>>> for font in fonts:
    print(font)
```

利用 os 模块中的 stat()获取字体文件的大小,并保留字体索引列表中所有大于 1MB 的字体文件。由于中文字体文件通常都很大,因此使用这种方法可以粗略地找出所有的中文字体文件。

方法 2:方法 1 修改字体后,绘图中所有中文的地方如标题、坐标轴等都将使用 rcParams 的设置,如果要在某些地方做局部修改,可以:

from matplotlib.font_manager import fontManager

在需要显示中文语句中加入 fontproperties 属性,如:

plt.title(r"我制作的曲线 y=x^2",fontproperties='simHei',fontsize=20) # 图标题','size':15})

方法 3:设置 legend 的字体,不能使用方法 2,需要:

plt.legend(prop={'family':'SimHei','size':15})

(2) 设置 x、y 轴标签和图像标题时,可以使用 LaTeX 语法绘制数学公式,但是会降低绘图速度。常见的 LaTeX 有:上下标,A\$^B\$ 表示 A^B,A\$_B\$ 表示 A_B,上下标是多个字母时使用{},如 r'\$ \alpha^{ic} > \beta_{ic} \$',表示 $\alpha^{ic} > \beta_{ic}$;分数,\frac{分子}{分母},分子和分母可以嵌套使用,如 r'\$ \frac{5 - \frac{1}{x}}{4} \$' 表示 $\dfrac{5-\dfrac{1}{x}}{4}$;根号,\sqrt{内容},如 r'\$ \sqrt{2} \$' 表示 $\sqrt{2}$,r'\$ \sqrt[3]{x} \$' 表示 $\sqrt[3]{x}$。更多详细内容可以参见官方网

站 https://matplotlib.org/tutorials/text/mathtext.html。

(3) plt.plot()中可以一次绘一条线,如 plot(x1, y1, 'bo')、plot(x2, y2, 'go'),也可以一次绘多条线,如 plot(x1, y1, 'bo', x2, y2, 'go'),指定 label=r"y=x\$^2\$"后可为 legend 自动设置标签,color 绘图颜色,linewidth 线粗细。

(4) 指定图例所在的位置,取值为 'best'、'upper right'、'upper left'、'lower left'、'lower right'、'right'、'center left'、'center right'、'lower center'、'upper center'、'center'。

例 3-6 绘制图 3-7 所示的直方图。

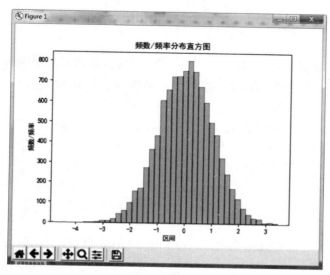

图 3-7 绘制直方图

直方图往往容易与柱状图相混淆。将图 3-7 所示的直方图与图 3-4 所示的柱状图中对比发现,直方图 x 轴是连续的,而柱状图是离散的,二者绘图的命令和命令参数也是不一样的。

```
#3-6.py
import matplotlib.pyplot as plt
import numpy as np
#设置 matplotlib 正常显示中文和负号
plt.rcParams['font.sans-serif']=['SimHei']      #用黑体显示中文
plt.rcParams['axes.unicode_minus']=False        #正常显示负号
#随机生成 10000 个服从正态分布的数据
data=np.random.randn(10000)
"""
绘制直方图

data: 必选参数,绘图数据
bins: 直方图的长条形数目,可选项,默认为 10
density: 可选项,默认为 False,显示频数统计结果,density=True 则显示频率统计结果。频率
统计结果=区间数目/(总数*区间宽度)
facecolor: 长条形的颜色
edgecolor: 长条形边框的颜色
```

```
alpha: 透明度
"""
plt.hist(data, bins = 40, density = True, facecolor = "blue", edgecolor = "black",
alpha=0.7)
#显示横轴标签
plt.xlabel("区间")
#显示纵轴标签
plt.ylabel("频数/频率")
#显示图标题
plt.title("频数/频率分布直方图")
plt.show()
```

使用 plt.hist()绘图时, data 需要是一维数组, 通常读取图形后得到的是二维数据, 可以使用 ravel()函数将多维数组转换成一维数组。函数 ravel()的用法如下:

```
>>>import numpy as np
>>>a=np.array(((20,200,125),(190,210,260),(120,156,189)))
>>>a
array([[ 20, 200, 125],
       [190, 210, 260],
       [120, 156, 189]])
>>>a.ravel()
array([ 20, 200, 125, 190, 210, 260, 120, 156, 189])
```

下面使用 openCV 库打开图像文件, 利用 matplotlib 的 hist()函数绘制图像的直方图:

```
import cv2
import numpy as np
from matplotlib import pyplot as plt
img=cv2.imread('test.jpg',0)            #使用 openCV 读取图像,生成的 img 是一个二维数组
plt.hist(img.ravel(),256,[0,256])
plt.show()
```

例 3-7 已知 4 个矿业公司'FMG'、'必和必拓'、'淡水河谷'、'力拓'某年铁矿石产量(万 t)分别为 16750、23734、33339、26304, 绘制图 3-8 所示的饼图。

```
#3-7.py
import numpy as np
import matplotlib
import matplotlib.pyplot as plt
matplotlib.rcParams['font.sans-serif']=['SimHei']   #用黑体显示中文
labels=['FMG','必和必拓','淡水河谷','力拓']
product=[16750,23734,33339,26304]                    # (每一块)所占的比例
explode=[0,0,0,0.1]                                  # (每一块)离开中心距离
plt.subplot(111)
plt.title("2015 年世界主要铁矿产量占比")
#autopct:控制饼图内百分比设置,可以使用 format 字符串或者 format function,'%1.1f'指
  小数点前后位数(没有用空格补齐)
#startangle:起始绘制角度,默认从 x 轴正方向沿逆时针方向画起,如设定=90,则从 y 轴正方向
  画起
plt.pie(product,explode=explode,labels=labels,autopct='%1.1f%%',shadow=
```

```
True,startangle=90)
plt.show()
```

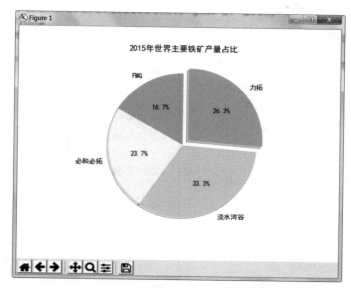

图 3-8　四大矿业公司铁矿石产量的饼图

3.3　面向对象方式绘图

matplotlib 快速绘图时会自动建立和管理图和子图,利用 pyplot 的函数绘图,而采用面向对象方式绘图时,首先要创建图和子图,然后调用绘图函数,设置图中要素的属性等。下面代码以绘制图 3-9 为例,对比了这两种方式用法的差异。

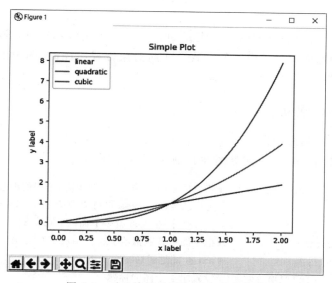

图 3-9　对比快捷绘图与面向对象绘图

pyplot 快捷绘图：

```python
#3-8.py
import matplotlib.pyplot as plt
import numpy as np
x=np.linspace(0, 2, 100)
plt.plot(x, x, label='linear')              #数据绘在子图上
plt.plot(x, x**2, label='quadratic')
plt.plot(x, x**3, label='cubic')
plt.xlabel('x label')                       #子图 x 轴上增加 label
plt.ylabel('y label')                       #子图 y 轴上增加 label
plt.title("Simple Plot")                    #子图上增加标题
plt.legend()                                #增加图例
plt.show()
```

面向对象绘图：

```python
#3-9.py
import matplotlib.pyplot as plt
import numpy as np
x=np.linspace(0, 2, 100)
fig, ax=plt.subplots()
ax.plot(x, x, label='linear')               #数据绘在子图上
ax.plot(x, x**2, label='quadratic')
ax.plot(x, x**3, label='cubic')
ax.set_xlabel('x label')                    #子图 x 轴上增加 label
ax.set_ylabel('y label')                    #子图 y 轴上增加 label
ax.set_title("Simple Plot")                 #子图上增加标题
ax.legend()                                 #增加图例
plt.show()
```

可以看出，面向对象的方式编程要比 pyplot 快捷绘图稍微麻烦，但编程方式更加灵活，建议程序开发时使用面向对象绘图的方式。面向对象方式绘图时，图中的各个要素都是对象，通过编程可以控制这些要素。

3.3.1 图和子图的建立

1. 使用 subplots 建立子图

下面的代码使用 subplots 建立图 3-10 所示的 4 个子图。

```python
fig, axes=plt.subplots(2, 2)   #建立的 fig 具有 2×2 个子图，子图的编号从左到右、从上到下
                               # 为 0、1、2、3。axes 也可以改为((ax1,ax2),(ax3,ax4))，表
                               # 示 4 个子图，ax4 就是下面的 axes[3]
axes=axes.flatten()            #把子图展开赋值给 axes, axes[0]是第 1 个子图
axes[3].plot([1,2,3])          #axes[3]是最后一个子图
axes[0].set_title("1")         #设置第 1 个图的标题
plt.show()
```

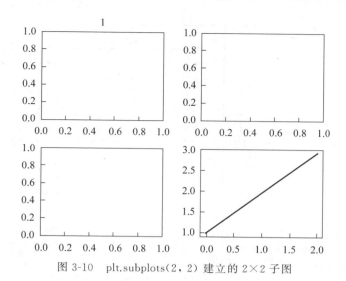

图 3-10　plt.subplots(2，2) 建立的 2×2 子图

通过 plt.subplots() 方法创建 Axes 绘图区时,无论是创建单独的一个绘图区还是阵列式的多个绘图区,创建的区域在 Figure 中的位置是固定的,绘图区之间的间隔也是固定的。使用 fig.subplots_adjust(left,right,top,bottom,wspace,hspace) 方法可改变绘图区间的间隔。

2. 使用 add_axes() 建立子图

```
axes=fig.add_axes([left, bottom, width, height])
```

使用该方法一次创建一个子图,需要指定子图在 figure 中的左边距、底边距、宽度和高度。以下代码建立图 3-11(左)所示的两个子图 ax1 和 ax2。可以看出,该方法建立子图需要规划子图的大小和位置;否则有可能出现子图重叠或者子图落在 figure 的外面。

```
#3-10.py
import matplotlib.pyplot as plt
fig=plt.figure()
ax1=fig.add_axes([0.2, 0.5, 0.5, 0.4])
ax1.text(0.25,0.2,"ax1")
ax2=fig.add_axes([0.1, 0.1, 0.5, 0.3])
ax2.text(0.25,0.2,"ax2")
plt.show()
```

直接使用 ax=plt.axes([0.2,0.5,0.5,0.4]) 建立子图 ax,效果与 ax1 = fig.add_axes([0.2, 0.5, 0.5, 0.4]) 相同。

3. 使用 add_subplot() 建立子图

```
axes=fig.add_subplot(行数,列数,序号)
```

一次创建一个由序号参数所指定的那个位置的 Axes,如图 3-11(右)所示。当行(列)数小于 10 时,如 fig.add_subplot(2,2,4) 可以写作 fig.add_subplot(224)。

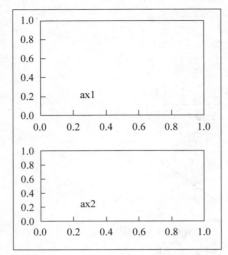
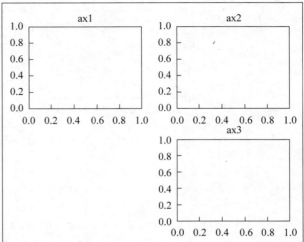

图 3-11 使用 add_axes()(左)和 add_subplot()建立子图(右)

```
# 3-11.py
import matplotlib.pyplot as plt
fig=plt.figure()
ax1=fig.add_subplot(2,2,1)
ax1.set_title("ax1")
ax2=fig.add_subplot(2,2,2)
ax2.set_title("ax2")
ax3=fig.add_subplot(224)
ax3.set_title("ax3")
plt.show()
```

当行数、列数小于 10 时,fig.add_subplot(2,2,4) 可以写为 fig.add_subplot(224)。

3.3.2 图中要素

在 matplotlib 官方网站上列出的图及一个子图中的主要绘图要素,包括 Figure、Axes、Artist、Legend、Axis、Spines 等。

1. 图(Figure)

matplotlib 由多个 Figure 对象构成,每个 Figure 对象包含多个子图对象 Axes,每个 Axes 默认包含两个 Axis 对象(注意区分 Axes 和 Axis),一个是 x 轴,一个是 y 轴。在 Axes 中包含多个 Artist 对象。

Figure 是最大的一个 Artist,它有自己的文字、线条及图像。Figure 默认的坐标系是图形坐标系,即图像左下角像素点坐标为(0,0),右上角像素点坐标为(1,1),是一个 Rectangle 对象,用 Figure.patch 属性表示。下面程序将 fig 的背景设置为黄色,创建并添加两条直线到 fig 中。

```
# 3-12.py
import matplotlib.pyplot as plt
```

```
from matplotlib.lines import Line2D
fig=plt.figure()
fig.patch.set_facecolor("yellow")        #设置Figure对象fig的背景色为黄色
line1=Line2D([0,1],[0,1], transform=fig.transFigure, figure=fig, color="r")
line2=Line2D([0,1],[1,0], transform=fig.transFigure, figure=fig, color="g")
fig.lines.extend([line1, line2])
fig.show()
```

为了让所创建的 Line2D 对象使用 fig 的坐标，代码将 fig.TransFigure 赋给 Line2D 对象的 transform 属性；为了让 Line2D 对象知道它是在 fig 对象中，还设置其 figure 属性为 fig；最后还需要将创建的两个 Line2D 对象添加到 fig.lines 属性中去。

包含其他 Artist 对象的 Figure 属性如下。

axes：Axes 对象列表。

patch：作为背景的 Rectangle 对象。

images：FigureImage 对象列表，用来显示图片。

legends：Legend 对象列表。

lines：Line2D 对象列表。

patches：patch 对象列表。

texts：Text 对象列表，用来显示文字。

2. 子图（Axes）

前面已经提及建立子图有多种方式，如：

```
import matplotlib.pyplot as plt
fig=plt.figure()                         #建立一个空的figure
ax1=fig.add_subplot(2,2,1)               #增加一个子图
x=np.linspace(0, 10, 100)
y=np.sin(x)
ax1.plot(x,y)
ax2=fig.add_subplot(2,2,2)
```

Axes 提供的 plot()、text()、hist()、imshow() 等方法分别生成 Line2D、Text、Rectangle、AxesImage。

3. Artist

在 figure 上所有对象都是 Artist，Artist 分为简单类型和容器类型两种。简单类型的 Artist 为标准的绘图元件，如 Line2D、Rectangle、Text 等。而容器类型则可以包含许多简单类型的 Artist，使它们组成一个整体，如 Axis、Axes、Figure、Patch 等。构成图像的各种 Artist 对象中，最上层的就是 Figure。

以在 fig1、fig2 两个图的子图中绘制线、圆、椭圆、矩形为例，说明创建 Artist 对象的步骤。

（1）创建 Figure 对象 fig，如建立两个图 fig1、fig2：

```
import matplotlib.pyplot as plt
from matplotlib import patches as mpatches
fig1=plt.figure(1)
```

```
fig2=plt.figure(2)
```

(2) 为 fig 创建一个或者多个 Axes,如在 fig1 中建立子图 ax1、ax2：

```
ax1=fig1.add_subplot(221)
ax2=fig1.add_subplot(224)
```

也可以使用其他方法创建子图,如使用 add_axes 为 fig2 建立子图 ax3、ax4：

```
ax3=fig2.add_axes([0.2, 0.2, 0.6, 0.4])
ax4=fig2.add_axes([0.2, 0.7, 0.6, 0.2])
```

(3) 调用 Axes 对象的方法创建各种简单类型的 Artist 对象：

```
t=np.arange(0.0, 1.0, 0.01)
s=np.sin(2 * np.pi * t)
#返回 line2D 对象 line,并加入到 Axes.lines 列表中,通过 ax.lines.remove(line) 或 del
 ax.lines[0]可以删除该 line
line,=ax1.plot(t, s, color='blue', lw=2)
for a in ax1.lines:
    print(a)
#设置 x-axis 和 y-axis 的 tick、tick labels 和 axis labels 时返回 text
xtext=ax1.set_xlabel('my xdata')
ytext=ax1.set_ylabel('my ydata')
```

(4) 调用 matplotlib.Patches 提供的各种绘图方法,绘制复杂的 Artist 对象,并将对象加入到图或子图：

```
#建立自定义图,如弧段
arcA=mpatches.Arc((0.5,0.5),0.8,0.4,transform=ax3.transAxes)
arcA.set_edgecolor("blue")         #设置弧段边的颜色,也可以在 Arc()中设置
ax3.add_patch(arcA)                #将弧段加入到子图中
plt.show()
```

例 3-8 生成 4 个子图,在每个子图左上角分别标注文本 A、B、C、D,在第 1 个子图画一条正弦线,第 2 个子图画一个椭圆,第 4 个子图画一个圆,圆心在该子图的正中。以图中心为圆心画一个圆。运行结果如图 3-12 所示。

```
#3-13.py
import numpy as np
import matplotlib.pyplot as plt
import matplotlib.patches as mpatches
fig=plt.figure(figsize=(5,5))      #为了得到正圆,设置图的长度和宽度相等
#建立 4 个子图,用文本在 4 个子图的左上角做'A'、'B'、'C'、'D'标记
for i, label in enumerate(('A', 'B', 'C', 'D')):
    ax=fig.add_subplot(2, 2, i+1)
    ax.text(0.05, 0.95, label, transform=ax.transAxes,
        fontsize=16, fontweight='bold', va='top')
#在第 1 个子图上绘制正弦曲线
t=np.arange(0.0, 1.0, 0.01)
s=np.sin(-2 * np.pi * t)
```

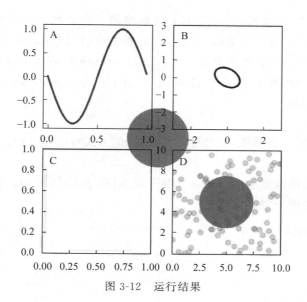

图 3-12　运行结果

```
fig.axes[0].plot(t, s, color='blue', lw=2)
#在第2个子图上绘制椭圆
xcenter, ycenter=0,0
width, height=1.5,1
angle=-30
fig.axes[1].set_xbound(-3,3)
fig.axes[1].set_ybound(-3,3)
e1=mpatches.Ellipse((xcenter,ycenter),width,height,angle=angle,linewidth=2,
fill=False, zorder=2);
fig.axes[1].add_patch(e1)          #将椭圆加入到第2个子图中
#在第4个子图上绘图,在数据坐标系下画点,坐标由xlim和ylim控制
fig.axes[3].set_xlim([0,10])       #设置x轴的坐标范围,等同于set_xbound(0,10)
fig.axes[3].set_ylim([0,10])       #设置y轴的坐标范围
x, y=10 * np.random.rand(2, 100)
fig.axes[3].plot(x, y, 'go', alpha=0.2)
#在数据坐标下绘图,与下面语句相同
#fig.axes[3].plot(x, y, 'go', alpha=0.2,transform=fig.axes[3].transData)
#在子图坐标系下画圆。轴坐标系左下角(0,0)、右上角(1,1)
circA=mpatches.Circle((0.5, 0.5), 0.25, transform=fig.axes[3].transAxes,
                      facecolor='green', alpha=0.75)
fig.axes[3].add_patch(circA)
#比较下面的语句
circB=mpatches.Circle((0.5, 0.5), 0.1, transform=fig.transFigure,
                      facecolor='blue', alpha=0.75)
fig.add_artist(circB)              #将图形对象加入到图中
plt.show()
```

说明：编程时一般不需要考虑坐标系统,但在某些情况下通过坐标变换能够简化编程,

如本示例中通过坐标系的变换,可以非常方便地将圆心设置在子图的中心。ax.transAxes 是子图坐标系统,子图中左下角坐标(0,0),右上角坐标(1,1);fig.transFigure 是图坐标系统,图的左下角坐标(0,0),右上角坐标(1,1);ax.transData 是数据坐标系,由绘图时设置的 xlim 和 ylim 控制。绘图坐标系的详解见 https://matplotlib.org/tutorials/advanced/transforms_tutorial.html。

4. 图例(legend)

legend 是放在 Axes 对象上的,放在子图如 ax 的方式有以下 3 种。

(1) ax.legend()。

此方式下在绘图函数如 plot()、bar()中设置 label,然后使用 ax.legend()自动将 label 设置的内容添加到图例上,如:

```
line,=ax1.plot([1, 2, 3], label='Inline label')
ax1.legend()
```

或者

```
line,=ax1.plot([1, 2, 3])
line.set_label('Label via method')          #通过 set_label 方法为 ax 添加 label
ax.legend()
```

(2) ax.legend("图例内容")。

该方法为已经绘制的图要素增加图例,由于该方法没有指定图例与图中要素之间的关系,故一般不建议使用。

```
ax1.plot([1, 2, 3])
ax1.legend(['A simple line'])
```

(3) legend()中指定图中要素与图例标签的对应关系:

```
ax1.legend(handles=(line1, line2, line3), labels=('label1', 'label2', 'label3'))
```

或者

```
ax1.legend((line1, line2, line3), ('label1', 'label2', 'label3'))
```

其中,(line1,line2,line3)是子图 ax1 上的要素组成的元组(也可以用列表表示),而 ('label1', 'label2', 'label3')是 legend 上显示的标签组成的元组(也可以用列表表示)。可以将新创建的 artist 对象加入到 handles(图 3-13)。

```
#3-14.py
import matplotlib.patches as mpatches
import matplotlib.pyplot as plt
fig=plt.figure()
ax1=fig.add_subplot(111)
red_patch=mpatches.Patch(color='red')
line_up,=ax1.plot([1, 2, 3], label='Line 2')
line_down,=ax1.plot([3, 2, 1], label='Line 1')
ax1.legend([line_up, line_down, red_patch], ['Line Up', 'Line Down','the red_patch'])
plt.show()
```

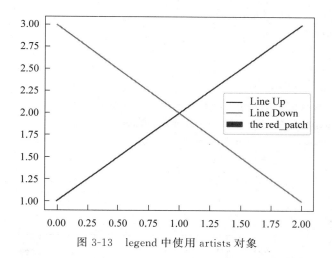

图 3-13　legend 中使用 artists 对象

在图 3-13 中，legend 除使用 line_up、line_down 线要素的 label 外，还增加了用 mpatches.Patch 建立的 red_patch。

例 3-9　已知力拓公司 2011—2015 年铁矿石产量：yieldA＝(19176,19886,20896, 23355,26304)，根据铁矿石产量生成柱状图，要求：铁矿石产量＞＝20000 万 t 时，柱子是绿色的，否则是蓝色的，运行结果如图 3-14 所示。

```
#3-15.py
import numpy as np
import matplotlib.pyplot as plt
import matplotlib.patches as mpatches
def autolabel(bars):
    for bar in bars:                        #遍历柱状图上的柱子
        height=bar.get_height()             #获得柱子高度,实际上就是铁矿石产量
        ax.annotate('{}'.format(height),
            xy=(bar.get_x()+bar.get_width() / 2, height),
            xytext=(0, 3),                  #标注 y 方向上偏离 3 个点
            textcoords="offset points",
            ha='center', va='bottom')
plt.rcParams['font.family']='SimHei'  #正确显示中文
fig, ax=plt.subplots()
years=(2011,2012,2013,2014,2015)
yieldA=(19176,19886,20896,23355,26304)
width=0.4
x=np.arange(len(years))
bar1=ax.bar(x,yieldA,width)
for b in bar1:                              #遍历图中的柱子,根据其值大小设置柱子的颜色
    if b.get_height()>=20000:               #产量≥20000,是绿色,否则是蓝色
        b.set_color('green')
    else:
```

```
        b.set_color('blue')
ax.set_ylabel("产量(万t)")
ax.set_xlabel("年")
ax.set_xticks(x)
ax.set_xticklabels(years)
blue_label=mpatches.Patch(color='blue', label='<20000')
red_label=mpatches.Patch(color='green', label='>=20000')
ax.legend(handles=[blue_label,red_label],loc='best')         #loc指定图例位置
ax.set_title("力拓公司铁矿产量柱状图")
autolabel(bar1)
plt.show()
```

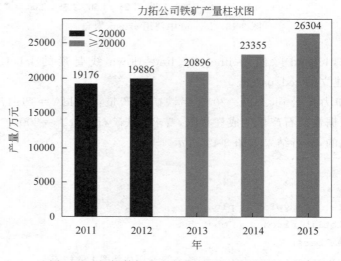

图 3-14　根据数据大小制作不同颜色的柱状图

（1）legend()使用 loc 指定图例位置，取值为'best'、'upper right'、'upper left'、'lower left'、'lower right'、'right'、'center left'、'center right'、'lower center'、'upper center'、'center'，也可用数字 0～10 表示。

（2）legend()可使用 bbox_to_anchor＝(x，y，width，height)或者 bbox_to_anchor(x，y)指定图例所在位置，坐标系统依赖于图或子图，也可以通过 bbox_transform 指定。

（3）如果图例数量较多，legend()中可以使用 ncol 指定图例显示的列数（默认为 1）。

5. 坐标轴（Axis）

在 Figure 中有 x、y 坐标轴，Axes 中也有 x、y 坐标轴。轴上用 ticks 标记轴的刻度，ticklabels 是说明轴刻度的字符串。可以通过 get_major_ticks()和 get_minor_ticks()方法，获得动态建立的 ticks。

由于 matplotlib 建立在坐标变换框架之上，可以很方便地在用户数据坐标系、轴域坐标系、图形坐标系和显示坐标系之间切换。

使用 mpl_toolkits.axisartist 模块可以绘制特殊的坐标轴，如改变坐标轴上刻度的位置、坐标轴上显示箭头等。

例 3-10 绘制正弦曲线,并且设置坐标轴,生成图 3-15。

```
#3-16.py
import matplotlib.pyplot as plt
import mpl_toolkits.axisartist as axisartist
import numpy as np
x=np.arange(-2*np.pi,2*np.pi,0.1)
y=np.sin(x)
fig=plt.figure()
ax=axisartist.Subplot(fig,111)
fig.add_axes(ax)
#隐藏默认的所有坐标轴
ax.axis[:].set_visible(False)
#增加自定义的坐标轴(0,0)第1个0表示维度,第2个0表示位置
ax.axis["x"]=ax.new_floating_axis(0,0)
ax.axis["y"]=ax.new_floating_axis(1,0)
#设置坐标轴上刻度的位置
ax.axis["x"].set_axis_direction("top")
ax.axis["y"].set_axis_direction("left")
#设置轴上箭头
ax.axis["x"].set_axisline_style("->",size=2.0)
ax.axis["y"].set_axisline_style("-|>",size=2.0)
ax.set_xticks([-6.0,-4.0,-2.0,2.0,4.0,6.0])
ax.set_yticks([-1,-0.5,0,0.5,1])
#r表示红色,-是形状,'r-'是组合用法,再如'bo'
ax.plot(x,y,'r-',1)
ax.axvspan(2, 4, color='red', alpha=0.13, lw=0) #lw线宽
ax.axhspan(0.25, 0.5, color='blue', alpha=0.13, lw=0)
plt.show()
```

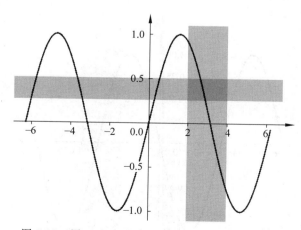

图 3-15 用 mpl_toolkits.axisartist 模块控制坐标轴

6. spines

matplotlib 子图默认的坐标原点是子图左下角，在某些情况下需要将坐标原点移动到指定位置。子图有 4 个边框，称为 spines，通过操作这些 spines 可画出坐标轴。

例 3-11　绘制正弦曲线，设置坐标轴颜色及箭头，生成图 3-16。

```
#3-17.py
import matplotlib.pyplot as plt
import numpy as np
x=np.arange(-2*np.pi,2*np.pi,0.1)
y=np.sin(x)
fig,ax=plt.subplots()
ax.plot(x,y,'r-',1)
ax.axvspan(2, 4, color='red', alpha=0.13, lw=0)#lw 线宽
ax.axhspan(0.25, 0.5, color='blue', alpha=0.13, lw=0)
#将右边、上边的两条边颜色设置为空，相当于清除掉这两条边
ax.spines['right'].set_color('none')
ax.spines['top'].set_color('none')
ax.xaxis.set_ticks_position('bottom')      #底部 spine 设置为 x 轴
#指定 data 设置的 bottom(也就是指定的 x 轴)绑定到 y 轴的 0 这个点上
ax.spines['bottom'].set_position(('data', 0))
#指定 data 设置的 left(也就是指定的 y 轴)绑定到 x 轴的 0 这个点上
ax.spines['left'].set_position(('data', 0))
ax.yaxis.set_ticks_position('left')        #左部 spine 设置为 y 轴
ax.spines['bottom'].set_color('red')       #x 轴颜色
ax.spines['left'].set_color('green')       #y 轴颜色
ax.spines['bottom'].set_linewidth(2)
ax.spines['left'].set_linewidth(2)
#使用 annotate 在 y 轴顶端创建箭头
ax.annotate('',(0,1),xytext=(0,1.2),arrowprops={'arrowstyle':'<-','color':'green','linewidth':2})
#使用 annotate 在 x 轴顶端创建箭头
ax.annotate('',(6,0),xytext=(7.5,0),arrowprops={'arrowstyle':'<-','color':'red','linewidth':2})
plt.show()
```

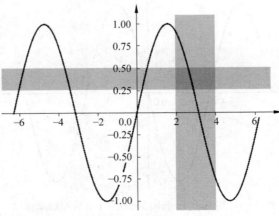

图 3-16　用 spines 设置特殊的坐标轴

3.3.3 patches 模块

matplotlib.pyplot 模块只提供了几个常用的绘制形状的函数,如 Rectangle、Circle、Polygon 分别绘制矩形、圆和多边形,如果要绘制一些复杂的形状,需要使用 patches 模块,导入库的语句:from matplotlib import patches。pathes 模块画图的步骤如下。

(1) 创建画图对象及子图。

```
fig=plt.figure()
ax=fig.add_subplot(111)
```

(2) 创建要绘制的图形。

下面是部分绘制图形的函数。

椭圆:ellipse = patches.Ellipse((xcenter,ycenter),width,height,angle=angle,linewidth=2,fill=False,zorder=2)。

矩形:rectangle = patches/plt.Rectangle((左下方点坐标),长,宽,color=..,alpha=..)。

圆:circle=patches /plt.Circle((圆心坐标),半径,color=..,angele=..,alpha=..)。

椭圆:elli=patches.Ellipse((圆心),横轴,竖轴,angele=..,color=..,fill=..)。

多边形:poly= patches /plt.Polygon(([point-1],[point-2],[point-3],...))。

正多边形:polygon= mpatches.RegularPolygon((圆心坐标),边数,顶点到中心的距离,color="y")。

(3) 将绘制出的图形加入到图中。

patches 创建的图形对象不会直接在 figure 中显示,需要使用 figure.add_artist()或者 axes.add_patch()将图形添加到 figure 或者 axes 中:

```
ax.add_patch(ellipse)
ax.add_patch(rectangle)
```

也可以将图形对象先添加到一个集合里面,然后再将容纳了多个 patch 对象的集合添加进 axes 对象里面:

```
patches=[]                              #创建容纳对象的集合
patches.append(ellipse)                 #将创建的形状全部放进去
patches.append(rectangle)
collection=PatchCollection(patches)     #构造一个 Patch 的集合
ax.add_collection(collection)           #将集合添加进 axes 对象里面去
```

(4) 使用 plt.show()显示图形。

3.3.4 属性获取和设置

Artist 对象的所有属性都通过相应的 get_*()和 set_*()函数进行读、写。例如,plt.plot()返回的是 Line2D 的列表,通过 Line2D 的 set_*()或者 plt 的 setp()完成:

```
line1=plt.plot(x,y,label="$sin(x)$",color="blue",linewidth=1)[0]
line1.set_alpha(0.5)
```

由于 plt.plot() 可以一次画多条曲线,其返回的是 Line2D 列表,故上面两条语句等同于:

```
line1=plt.plot(x,y,label="$sin(x)$",color="blue",linewidth=1)
line1[0].set_alpha(0.5)
```

再如,bars=plt.bar() 返回的是 BarContainer 对象;bars[i].get_height() 返回第 i 个(从 0 开始计数)bar 表示的值,bars[i].set_height(500) 设置第 i 个 bar 的值。

设置属性也可以使用 setp() 同时配置多个对象的属性,如:

```
line1=plt.plot(x,y,label="$sin(x)$",color="blue",linewidth=1)
line2=plt.plot(x,z,"r--",label="$cos(x)$",linewidth=2)
plt.setp([line1,line2],alpha=0.5,color="b",linewidth=4)
```

3.3.5 响应鼠标与键盘事件

界面中的事件绑定都是通过 Figure.canvas.mpl_connect() 进行的,它的第 1 个参数是事件名,第 2 个参数是事件响应的函数,当指定的事件发生时,将调用指定的函数。下面的代码当按下鼠标时发生。

```
import matplotlib.pyplot as plt
import numpy as np
def on_press(event):
    print('you pressed', event.button,event.x,event.y, event.xdata, event.ydata)
fig,ax=plt.subplots()
x=np.arange(0.1,10,0.1)
y=np.sin(x)
ax.plot(x,y)
cid=fig.canvas.mpl_connect('button_press_event', on_press)
plt.show()
```

代码通过 fig.canvas.mpl_connect('button_press_event', on_press) 建立了鼠标按下事件'button_press_event'与用户自定义函数 on_press 的连接,返回值 cid 是一个整数。如果要断开关联,可以执行 fig.canvas.mpl_disconnect(cid)。

on_press(event) 传入的参数 event,event.button 返回 1 表示按下鼠标左键,返回 2 表示按下鼠标中间滚轮,返回 3 表示按下鼠标右键。event.x 和 event.y 分别表示按下键在图中像素位置(图左下角 x、y 的像素值为 0);event.xdata、event.ydata 分别表示图上 x、y 表示的值。

例 3-12 图中画一矩形和椭圆,当选择这两个对象时,改变其属性值:矩形变成正方形,椭圆的颜色由蓝色变成红色。

```
#3-18.py
import matplotlib.pyplot as plt
fig=plt.figure()
ax=fig.add_subplot(1,1,1)
#图形要能够被选中,需要设置 picker=True
circ1=plt.Circle((0.7,0.2),0.15,color='b',alpha=0.3,picker=True)
rect1=plt.Rectangle((0.1,0.2),0.2,0.3,color='r',picker=True)
```

```
    ax.add_patch(circ1)              #将形状添加到子图上
    ax.add_patch(rect1)
    fig.canvas.draw()                #子图绘制
def on_pick(event):
    if isinstance(event.artist,plt.Circle):
        plt.setp([circ1],alpha=0.5,color="r",linewidth=4)
        fig.canvas.draw_idle()
    elif isinstance(event.artist,plt.Rectangle):
        plt.setp([rect1],width=0.5,height=0.5,alpha=0.2,color="b",linewidth=4)
        fig.canvas.draw_idle()       #触发画图事件后,更新画布
def on_mouse_leave(event):
    plt.setp([circ1],alpha=0.5,color="b",linewidth=4)
    fig.canvas.draw_idle()
fig.canvas.mpl_connect("pick_event",on_pick)
fig.canvas.mpl_connect("axes_leave_event",on_mouse_leave)
plt.show()
```

mpl_connect()支持的所有事件名见表3-2。

表 3-2 matplotlib 中 mpl_connect() 支持的事件

事 件 名	含 义
button_press_event	按下鼠标按键
button_release_event	松开鼠标按键
draw_event	画布绘制图形时
key_press_event	键盘按下
key_release_event	松开键盘
motion_notify_event	鼠标移动
pick_event	鼠标点选绘图对象
resize_event	figure canvas 大小改变时发生
scroll_event	鼠标滚轮
figure_enter_event	鼠标移入图像
figure_leave_event	鼠标移出图像
axes_enter_event	鼠标移进子图
axes_leave_event	鼠标移出子图
close_event	关闭图表
new_timer	时钟

例 3-13 使用鼠标交互式画矩形,选中画出的矩形,单击鼠标后可删除该矩形。

```
#3-19.py
import numpy as np
import matplotlib.pyplot as plt
from matplotlib import patches
class Draw():
    def __init__(self):
        self.ax=plt.gca()
```

```
            self.x0=None
            self.y0=None
            self.x1=None
            self.y1=None
            self.ax.figure.canvas.mpl_connect('button_press_event', self.on_press)
            self.ax.figure.canvas.mpl_connect('button_release_event', self.on_release)
            self.ax.figure.canvas.mpl_connect('pick_event',self.on_pick)
        def on_press(self, event):
            self.x0=event.xdata
            self.y0=event.ydata
        def on_release(self, event):
            self.x1=event.xdata
            self.y1=event.ydata
            rect=patches.Rectangle((min(self.x0,self.x1),min(self.y0,self.y1)),
            np.abs(self.x1-self.x0),np.abs(self.y1-self.y0),picker=True)
            self.ax.add_patch(rect)
            self.ax.figure.canvas.draw()
        def on_pick(self,event):
            if isinstance(event.artist,patches.Rectangle):       #是否选中的是矩形
                event.artist.remove()
                self.ax.figure.canvas.draw()
a=Draw()
plt.show()
```

绘制矩形时在 button_press_event 事件中记录鼠标按下时的坐标位置(x0,y0),在 button_release_event 事件中记录鼠标松开时坐标的位置(x1,y1),使用 patches.Rectangle()绘制矩形。

如果要周期性地执行某动作,可以利用 new_timer,下面的代码在子图的标题栏上动态地显示时间。

```
import matplotlib.pyplot as plt
import numpy as np
from datetime import datetime
def update_title(axes):
    axes.set_title(datetime.now())
    axes.figure.canvas.draw()
fig,ax=plt.subplots()
x=np.arange(0.1,10,0.1)
y=np.sin(x)
ax.plot(x,y)
timer=fig.canvas.new_timer(interval=100)         #100毫秒
timer.add_callback(update_title, ax)
timer.start()
plt.show()
```

3.3.6　widget 模块

matplotlib.widgets 模块提供了许多 widget(小部件),如 SpanSelector、RectangleSelector、LassoSelector 等,用于图形界面中人机交互。下面用例 3-14 说明 widgets 的用法。

例 3-14 用 matplotlib.widgets.Button 与 matplotlib.widgets.Cursor 实现图 3-17：当鼠标在图像上移动时,红色十字光标随着移动,单击 close 命令按钮,输出单击的事件。

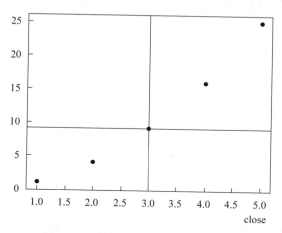

图 3-17 图像上出现光标和命令按钮

```
#3-20.py
import matplotlib.pyplot as plt
import matplotlib.widgets as mwidgets
fig,ax=plt.subplots()
x=[1,2,3,4,5]
y=[a*a for a in x]
ax.plot(x, y, "o")
def closeBtn(event):
    print(event)
cursor=mwidgets.Cursor(ax, color='red', linewidth=2)
axBtn=plt.axes([0.8, 0.015, 0.1, 0.045])       #4个数字分别表示按钮的 left,
                                                bottom, width, height
btn=mwidgets.Button(axBtn, 'close')
btn.on_clicked(closeBtn)
plt.show()
```

(1) 小部件在 matplotlib.widgets 库中,使用前需要导入。Cursor 的格式为：matplotlib.widgets.Cursor(ax, horizOn＝True, vertOn＝True, useblit＝False, **lineprops),其中 ax 是子图,horizOn 和 vertOn 分别控制十字线的水平和垂直是否显示,lineprops 控制十字线颜色、粗细等。

(2) Button 的使用格式：btn＝matplotlib.widgets.Button(ax, label, image＝None, color＝'0.85', hovercolor＝'0.95'),其中 ax 表示包含控件的子图,一般需要根据按钮大小预先设置,如 axBtn＝plt.axes([0.8, 0.015, 0.1, 0.045])定义的子图。触发按钮事件的方法是 btn.on_clicked(closeBtn),当单击按钮时,执行预先定义好的名为 closeBtn 的函数。

例 3-15 通过单选按钮改变正弦曲线的颜色和线的类型,运行效果如图 3-18 所示。

```
#3-21.py
import numpy as np
from random import choice
```

```python
import matplotlib.pyplot as plt
from matplotlib.widgets import RadioButtons, Button
t=np.arange(0.0, 2.0, 0.01)
s0=np.sin(2 * np.pi * t)
fig, ax=plt.subplots()
plt.subplots_adjust(left=0.3)
l,=ax.plot(t, s0, lw=2, color='red')
#定义允许的几种颜色,并创建单选钮组件
rax=plt.axes([0.05, 0.6, 0.15, 0.15])
colors=('red', 'blue', 'green')
radio1=RadioButtons(rax, colors)
def changeColor(label):
    l.set_color(label)
    plt.draw()
#单击单选按钮时触发 changeColor
radio1.on_clicked(changeColor)
#定义允许的几种线型,并创建单选钮组件
rax=plt.axes([0.05, 0.3, 0.15, 0.15])
styles=('-', '--', '-.',  ':','steps')
radio2=RadioButtons(rax, styles)
def changeStyle(label):
    l.set_linestyle(label)
    plt.draw()
#单击单选按钮时触发 changeStyle
radio2.on_clicked(changeStyle)
#随机选择一种颜色,同时设置单选钮的选中项
c=choice(colors)
radio1.set_active(colors.index(c))
l.set_color(c)
#随机选择一个线型,同时设置单选钮的选中项
style=choice(styles)
radio2.set_active(styles.index(style))
l.set_linestyle(style)
plt.show()
```

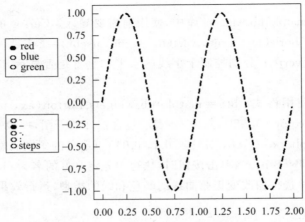

图 3-18　改变线条颜色和类型

widgets.RadioButtons 的语法格式如下：

matplotlib.widgets.RadioButtons(ax, labels, active=0, activecolor='blue')

参数说明如下。

ax：包含 RadioButtons 的子图，如代码中的 rax。
labels：单选按钮组上标签列表，如代码中的 colors。
active：默认选中的单选按钮。
activecolor：鼠标悬停在单选按钮上时按钮的颜色。

练 习 题

3-1 绘制图 3-19 所示的饼图。

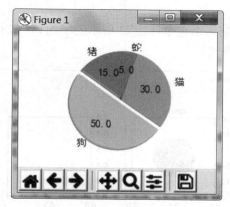

图 3-19 饼图

3-2 自学小部件 MultiCursor，绘制图 3-20 所示的正弦曲线。子图中的正弦函数分别为 $y=\sin(2\pi x)$、$y=\sin(4\pi x)$，运行后移动鼠标，红色竖线会随着移动。

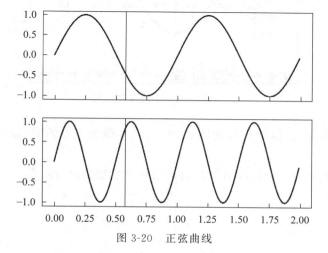

图 3-20 正弦曲线

3-3 绘制 $y=2x^2+1$，x 取值范围为 $[-10,10]$，要求图形显示的颜色是红色。当按下鼠标左键时，曲线的颜色更改为绿色，右键更改为蓝色。

3-4 自学 matplotlib 的小部件 Textbox，单击鼠标时，将单击的坐标显示在 widget 的 Textbox 中，程序运行结果如图 3-21 所示。

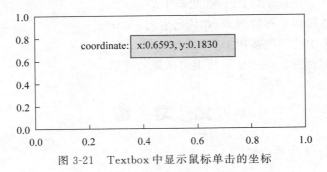

图 3-21 Textbox 中显示鼠标单击的坐标

3-5 用 matplotlib 绘制一个包含图 3-22 所示的子图，在第 1 个子图中央画一个圆，在第 3 个子图中画一条余弦曲线。

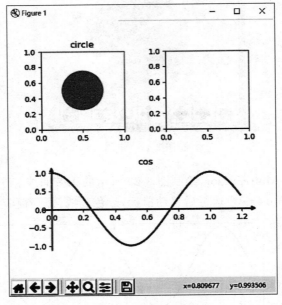

图 3-22 多个子图

3-6 单击鼠标左键，以单击处为圆心，画一个半径为 0.1 的圆；鼠标右键可删除选定的圆。

3-7 画一个矩形，按下 R、G、B 时矩形的边框分别变为红、绿、蓝。

第 4 章

科 学 计 算

4.1 科学计算包

传统的计算机语言,如 C 是针对标量,其虽然提供了数组,但对其赋值、数乘、转置、矩阵相乘等操作,需要通过循环语句完成,如要对列表[1,2,3,4]中的每个元素乘以 5,传统编程如下:

```
mylist=[1,2,3,4]
newlist=[]
for a in mylist:
    newlist.append(5 * a)
```

如果采用矢量化编程,则可以:

```
>>>import numpy as np
>>>print(5 * np.matrix(mylist))
```

也可以:

```
>>>a=np.array([1,2,3,4])
>>>print(5 * a)
```

NumPy(Numeric Python)是一个用 Python 实现的开源数值计算包,它提供了许多高级的数值编程工具,如矩阵数据类型、矢量处理以及精密的运算库,专门用于严格的数字处理。NumPy 提供了两种基本的对象,即 ndarray(N-dimensional Array Object)和 ufunc(Universal Function Object)。ndarray 是一个具有矢量运算和复杂广播能力的、快速且节省空间的多维数组;ufunc 则提供了对 ndarray 进行快速运算的标准数学函数。导入 NumPy 模块的格式如下:

```
import numpy as np
```

SciPy 是一个在 numpy 基础上的第三方 Python 模块,在继承许多 NumPy 函数基础上,增加了众多数学计算、科学计算及工程计算模块,如线性代数、常微分方程数值求解、信号处理、图像处理、稀疏矩阵等。SciPy 模块通常是以"子模块.函数"的形式进行调用,格式为 from scipy import some_ module,如使用线性代数函数,则格式为

```
from scipy import linalg
```

由于 io 是 Python 的标准模块之一,为了防止命名冲突,子模块 scipy.io 的导入方式有所不同: import scipy.io as spio。

4.2 ndarray 的创建

1. 通过列表或者元组

```
>>>import numpy as np
>>>a=np.array((1,2,3))            #由元组生成一维数组 a,其值为 array([1, 2, 3])
>>>np.ndim(a)                     #数组的维数,输出 1
>>>b=np.array([5,6,7])            #由列表生成一个一维数组 b
```

可以在创建时指定数据类型:

```
>>>b=np.array([5,6,7], dtype=np.float64)   #由列表生成一个一维数组 b,数据类型是
                                            float64
>>>c=np.array(([1,2,3],[4,5,6],[7,8,9]))   #由列表生成一个二维数组 c
>>>print(c)
array([[1, 2, 3],
       [4, 5, 6],
       [7, 8, 9]])
```

2. arange() 函数创建数组

arange() 函数与 Python 内建的函数 range() 非常相似。arange() 函数格式如下:

arange(start=None,stop=None,step=None,dtype=None)

其中,start、stop 指定范围;step 是支持小数的步长,返回结果是 array。

```
>>>import numpy as np
>>>np.arange(0,5)                 #输出 array([0, 1, 2, 3, 4])
>>>np.arange(1,3,0.1)
array([1. , 1.1, 1.2, 1.3, 1.4, 1.5, 1.6, 1.7, 1.8, 1.9, 2. , 2.1, 2.2, 2.3, 2.4, 2.5,
2.6, 2.7, 2.8, 2.9])
```

3. linspace() 函数生成等差数列

格式如下:

linspace(start,stop,num=50,endpoint=True,retstep=False,dtype=None)

产生从 start 开始到 stop 终止共 num 个的等差数列,endpoint=True 时包含 stop 值,endpoint=False 时不包括 stop,如:

```
>>>np.linspace(1,5,4)
array([1.        , 2.33333333, 3.66666667, 5.        ])
>>>np.linspace(1,5,4,endpoint=False)
array([1., 2., 3., 4.])
```

4. logspace() 函数生成等比数列

格式如下:

logspace(start,stop,num=50,endpoint=True,base=10,dtype=None)

产生从 start 开始到 stop 终止,公比是 base,个数为 num 的等比数列。endpoint=True 时包含 stop 值,endpoint=False 时不包括 stop,如:

```
>>>np.logspace(1,10,10)
array([1.e+01, 1.e+02, 1.e+03, 1.e+04, 1.e+05, 1.e+06, 1.e+07, 1.e+08, 1.e+09, 1.e+10])
>>>np.logspace(1,10,10,base=2)
array([   2.,    4.,    8.,   16.,   32.,   64.,  128.,  256.,  512., 1024.])
```

5. ones 与 zeros 系列函数

np.ones(shape)：生成全 1 的数组，如：

```
>>>np.ones(5)                        #一维数组 array([1., 1., 1., 1., 1.])
>>>np.ones([3,5])                    #3 行 5 列全是 1 的数组
array([[1., 1., 1., 1., 1.],
       [1., 1., 1., 1., 1.],
       [1., 1., 1., 1., 1.]])
```

np.ones_like(a)：按数组 a 的形状生成全 1 的数组。

np.zeros_like(a)：按数组 a 的形状生成全 0 的数组。

```
>>>np.zeros([3,5])                   #3 行 5 列全是 0 的数组，数据类型默认为 float
array([[0., 0., 0., 0., 0.],
       [0., 0., 0., 0., 0.],
       [0., 0., 0., 0., 0.]])
>>>np.zeros([3,5],dtype=np.int32)    #3 行 5 列全是 0 的数组，数据类型为 int32
array([[0, 0, 0, 0, 0],
       [0, 0, 0, 0, 0],
       [0, 0, 0, 0, 0]])
```

6. 随机数

np.random 库中提供了强大的生成随机数的功能，使用随机数也可以生成 ndarray，部分随机函数见表 4-1。

表 4-1　np.random 中的部分函数

函　　数	说　　明
seed	随机数生成器的种子
random	产生[0,1)随机浮点数
rand	产生指定形状的随机数，随机产生[0,1)的浮点数
randint	产生给定上、下限范围的随机整数
randn	产生正态分布的随机数
binomial	产生二项分布的随机数
normal	产生正态(高斯)分布的随机数
beta	产生 beta 分布的随机数
chisquare	产生卡方分布的随机数
gamma	产生 gamma 分布的随机数
uniform	产生[0,1)中均匀分布的随机数
permutation(a)	根据数组 a 的第 1 轴(按行)进行随机排列，但是不改变原数组，将生成新数组
shuffle(a)	根据数组 a 的第 1 轴(即按行)进行随机排列，改变原数组 a 的值

```
>>>np.random.rand(2)
    array([0.16879138, 0.71630543])
>>>np.random.rand(2,3)
    array([[0.95285811, 0.59063328, 0.85052326],
           [0.37496831, 0.06014391, 0.767754  ]])
```

randn(d0,d1,…,dn)：从标准正态分布中返回一个或多个样本值，用法同 rand()。

randint(low,high,(shape))：根据 shape 创建随机整数或整数数组，数值范围是[low，high)。

seed(s)：随机数种子。每次产生随机数前，如果设置 seed(s)中的 s 为固定数，则使每次产生的随机数会保持不变，如：

```
>>>np.random.seed(1)
>>>np.random.rand(2)
array([0.417022  , 0.72032449])
```

如果再次执行 np.random.seed(1)和 np.random.rand(2)，会产生与上面结果相同的两个数，如果改变 seed(s)中的 s，产生的随机数就不同了：

```
>>>np.random.seed(2)
>>>np.random.rand(2)
array([0.4359949, 0.02592623])
```

shuffle(a)：根据数组 a 的第 1 轴（即按行）进行随机排列，改变原数组 a 的值。

```
>>>a=np.array(([1,2,3],[4,5,6],[7,8,9]))
>>>np.random.shuffle(a)           #将数组 a 随机交换行
>>>a
array([[7, 8, 9],
       [4, 5, 6],
       [1, 2, 3]])
```

permutation(a)：根据数组 a 的第 1 轴（按行）进行随机排列，但是不改变原数组，将生成新数组。

```
>>>a=np.array(([1,2,3],[4,5,6],[7,8,9]))
>>>np.random.permutation(a)       #产生新的数组
array([[1, 2, 3],
       [7, 8, 9],
       [4, 5, 6]])
>>>a                              #原来的 a 保持不变
array([[1, 2, 3],
       [4, 5, 6],
       [7, 8, 9]])
```

choice(a[,size,replace,p])：从一维数组 a 中以概率 p 抽取元素，形成 size 形状的新数组，replace 表示是否可以重用元素，默认为 False。

7. 生成矩阵

除使用上述方法创建数组表示矩阵外，numpy 提供了专用的数据结构来表示矩阵：

```
>>>a=np.array(([1,2,3],[4,5,6],[7,8,9]))
>>>b=np.mat(a)          #也可以使用 np.matrix(a),输出的 b 为:
matrix([[1, 2, 3],
        [4, 5, 6],
        [7, 8, 9]])
```

8. 其他生成数组的函数

```
>>>data=np.array(([1,2,3],[4,5,6]))
>>>data.ravel()         #将多维数组转换成一维数组,结果为 array([1, 2, 3, 4, 5, 6])
```

np.full(shape,val):生成全为 val 的数组。

np.eye(n):生成主对角线为 1,其他元素为 0 的 n 阶方阵。

np.diag((1,2,3)):生成对角线元素为 1、2、3,其余元素为 0 的矩阵。

np.full_like(a,val):按数组 a 的形状生成全 val 的数组。

np.diagonal():获取矩阵对角线元素。

9. 数组维数的函数

```
>>>a=np.array([[1, 2, 3,4], [5, 6,7,8], [9,10,11,12]])
>>>a.shape              #查看行数和列数,返回(3, 4),表明 a 是 3 行 4 列
>>>a.size               #查看元素的数量,返回 12
>>>a.ndim               #查看维数,返回 2
>>>a.reshape(4,3)       #由 a 重新构建一个 4 行 3 列的数组
array([[ 1, 2, 3],
       [ 4, 5, 6],
       [ 7, 8, 9],
       [10, 11, 12])
```

reshape 能够传入一个非常有用的参数值 −1,表示可以"根据需要填充元素",所以 a.reshape(2,−1) 表示行数是 1,列数为 12/2=6,而 a.reshape(−1,4) 中−1 相当于是 3。

```
>>>a.flatten()          #将矩阵展开,新生成一个数组,相当于 a.reshape(1,-1)或者
                         a.reshape(1,12)
array([ 1, 2, 3, 4, 5, 6, 7, 8, 9, 10, 11, 12])
>>>a=np.array([[1,2,3]])
>>>b=np.array([[4,5,6]])
>>>np.vstack((a,b))     #按垂直方向(行顺序)堆叠数组 a,b 生成一个新数组
array([[1, 2, 3],
       [4, 5, 6]])
>>>np.hstack((a,b))     #按水平方向(列顺序)堆叠数组 a,b 生成一个新数组
array([[1, 2, 3, 4, 5, 6]])
```

4.3 数组元素的访问

```
>>>a=np.array([4,3,6,2,7])   #建立一个行向量
>>>a[2]                      #等同于 a[-3],结果为 6,
>>>c=np.array(([1,2,3],[4,5,6],[7,8,9]))
```

```
>>>c[1,1]                    #访问第2行第2列,结果为5,等同于c[1][1]
```

访问数组时,支持切片操作:

```
>>>c[0,]                     #第1行所有列,等同于c[0,:]或c[0][:]
array([1, 2, 3])
>>>c[:,0]                    #第1列
array([1, 4, 7])
>>>c[0:2,]                   #第1、2行所有列
array([[1, 2, 3],
       [4, 5, 6]])
>>>c[0:2,1]                  #第1、2行第2列
array([2, 5])
```

4.4 数据统计和相关分析

下面以 a=np.array([[1,2,3],[4,5,6],[7,8,9]])为例,说明常用统计函数的用法。函数的 axis 参数表示操作的维度:axis=0,按列计算;axis=1,按行计算;axis=None,计算全部数据。

4.4.1 数据统计

(1) 用 max()和 min()求最大值和最小值。

```
>>>a.max()                   #结果为9
>>>a.max(axis=0)             #求各列的最大值,结果为 array([7, 8, 9])
>>>a.max(axis=1)             #求各行的最大值,结果为 array([3, 6, 9])
```

(2) 用 mean()计算算术平均值。

```
>>>a.mean(axis=0)            #对各列求均值,输出: array([4., 5., 6.])
>>>a.mean(axis=1)            #对各行求均值,输出: array([2., 5., 8.])
>>>a.mean()                  #对所有数求均值,输出: 5
```

(3) 用 sum()求和。

```
>>>a.sum(axis=1)             #对各行求和,输出: array([ 6, 15, 24])
>>>a.sum(axis=0)             #对各列求和,输出: array([12, 15, 18])
>>>a.sum()                   #相当于 a.sum(axis=None),对所有数据求和,输出: 45
```

(4) 查找符合某条件数的个数。

```
>>>np.sum(a>7)               #统计 a 中大于7的个数,结果为2
```

(5) 元素区间查找。

```
>>>pos=np.where((a>=3) & (a<7))  #返回符合条件的行下标和列下标两个数组
>>>pos                        #输出(array([0, 1, 1, 1], dtype=int64),
                              #    array([2, 0, 1, 2], dtype=int64))
>>>a[pos]                     #得到符合条件的元素列表,输出 array([3, 4, 5, 6])
```

(6) 数据替换生成新数组。

```
>>>np.where(a%3==0,a,-a)        #数组a中能够被3整除的取原值;否则对原值取负数
array([[-1, -2,  3],
       [-4, -5,  6],
       [-7, -8,  9]])
```

(7) 用 average() 求平均值。

```
>>>np.average(a, axis=0, weights=[2, 1, 1])
```

对 c 按列加权求平均,weights 为权重,结果为 array([3.25,4.25,5.25]),计算过程如下:

(1*2+4*1+7*1)/(2+1+1)=3.25
(2*2+5*1+8*1)/(2+1+1)=4.25
(3*2+6*1+9*1)/(2+1+1)=5.25

(8) 均方差。

均方差计算公式为

$$\mathrm{var} = \frac{\sum_{i=1}^{n}(x_i - \bar{x})^2}{n} \tag{4-1}$$

在无偏估计情况下,均方差为

$$\mathrm{var} = \frac{\sum_{i=1}^{n}(x_i - \bar{x})^2}{n-1} \tag{4-2}$$

式中,$\bar{x}$ 为所有 x_i 的均值;n 为 x_i 的个数。

```
>>>a=np.array([[1, 2, 3], [4, 5, 6], [7, 8, 9]])
>>>np.var(a,axis=0)        #求a各列均方差
array([6., 6., 6.])
>>>x=[2,3,4,5]
>>>np.var(x)               #输出为1.25
```

根据均方差的计算式(4-1),可以验证该输出结果:

```
>>>np.sum([np.power(a-np.mean(x),2) for a in x])/len(x)        #输出为1.25
```

用 np.var 计算均方差时分母的取值是 n-ddof。ddof 表示自由度,其默认值为 0,计算无偏估计的均方差时,须设置 ddof=1。

```
>>>np.var(x,ddof=1)        #输出结果为1.6666666666666667
```

根据均方差的计算式(4-2),可以验证该输出结果:

```
>>>np.sum([np.power(a-np.mean(x),2) for a in x])/(len(x)-1)
                            #输出1.6666666666666667
```

(9) 标准差。

标准差等于均方差开方,计算式为

$$\partial = \sqrt{\mathrm{var}} \tag{4-3}$$

```
>>>np.std(a,axis=0)                    #求 a 各列标准差
array([2.44948974, 2.44948974, 2.44948974])
```

4.4.2 相关分析

1. 协方差

协方差表示两个向量的关联程度，无偏估计计算式为

$$\partial_{xy} = \frac{\sum_{i=1}^{n}(x_i-\bar{x})(y_i-\bar{y})}{n-1} \tag{4-4}$$

由式(4-4)可以看出，均方差是一种特殊的协方差。用 NumPy 计算协方差的函数是 cov()，其参数 ddof 默认值为 1。

```
>>>x=[2,3,4,5]
>>>np.cov(x)                           #与 np.cov(x,ddof=1)相同
array(1.66666667)
>>>np.cov(x,ddof=0)
array(1.25)
>>>y=[4,6,8,10]
>>>np.cov(x,y)                         #∂xy 公式中分母为 n-1
array([[1.66666667, 3.33333333],
       [3.33333333, 6.66666667]])
>>>np.cov(x,y,ddof=0)                  #∂xy 公式中分母为 n
array([[1.25, 2.5],
       [2.5, 5. ]])
```

返回的协方差矩阵意义为

$$\begin{matrix} np.cov(x,x) & np.cov(x,y) \\ np.cov(y,x) & np.cov(y,y) \end{matrix}$$

协方差虽然描述了两个向量协同变化的程度，但它的取值可能非常大，也可能非常小，无法直观地衡量两个变量协同变化的程度，故在协方差基础上引入了相关系数。

2. 相关系数

考察两个事物(数据中称为两个变量)之间的相关程度。两个变量 x 和 y。

(1) 当相关系数为 0 时，x 和 y 间没有关联关系。

(2) 当 x 的值增大(减小)、y 值也增大(减小)时，两个变量为正相关，相关系数在 0.00～1.00 之间。

(3) 当 x 的值增大(减小)、y 值却减小(增大)时，两个变量为负相关，相关系数在 −1.00～0.00 之间。

相关系数的绝对值越大，即相关系数越接近 1 或 −1，表明两个变量间相关性越强。相关系数越接近 0，相关性越差。一般相关系数的绝对值可划分出相关性的强弱：0.8～1.0，极强相关；0.6～0.8，强相关；0.4～0.6，中等程度相关；0.2～0.4，弱相关；0～0.2，极弱相关或不相关。

相关系数有 3 种，即皮尔森(Pearson)相关系数、斯皮尔曼(Spearman)相关系数、肯德尔(Kendall)相关系数。

1) Pearson 相关系数

两个连续变量(x,y)的 Pearson 相关性系数 r 等于它们之间的协方差 $\text{cov}(x,y)$ 除以它们各自标准偏差的乘积(∂_x,∂_y)(见式(4-5)),用以衡量两个变量线性关联性的强度,即

$$r_{xy}=\frac{\text{cov}(x,y)}{\sqrt{\text{cov}(x,x)\times\text{cov}(y,y)}}=\frac{\sum_{i=1}^{n}(x_i-\bar{x})(y_i-\bar{y})}{\sqrt{\sum_{i=1}^{n}(x_i-\bar{x})^2}\sqrt{\sum_{i=1}^{n}(y_i-\bar{y})^2}} \quad (4\text{-}5)$$

Pearson 相关系数应用的条件如下。

(1) 两个变量之间是线性关系,都是连续数据。
(2) 实验数据通常假设是成对的来自于正态分布或接近正态的单峰分布的总体。
(3) 实验数据之间的差距不能太大,或者说 Pearson 相关系数受异常值的影响比较大。
(4) 两个变量的观测值是成对的,每对观测值之间相互独立。

r_{xy} 的取值范围为$[-1,1]$。NumPy 中提供了 np.corrcoef() 函数计算 Pearson 乘积-动差相关系数 R_{xy}。corrcoef() 函数格式如下:

```
np.corrcoef(x, y=None, rowvar=True)
```

其中,x,y 是要分析的数据,分析多行多列数据时设置 rowvar=True,计算行与行数据间的相关性;rowvar=False 计算列与列间数据的相关性。

下面数据中,x 是铁矿石的入选品位,y 是选矿比,计算其 Pearson 相关系数。

```
>>>x=[23.1,22.46,20.41,23.07,23.01,21.71,23.21,20.13,21.22,22.4,20.23,18.44,22.38,
23.28,26.86,23.46,22.02,23.54,24.1,22.56,21.67,20.41,18.8,20.77,23.28,22.38,20.41,
19.34,23.28,20.59,25.25,22.38,21.06,16.47,18.44,20.59,23.46,21.67,20.59,21.31,
17.91]
>>>y=[3.181,3.279,3.681,3.189,3.188,3.401,3.153,3.744,3.51,3.285,3.706,4.138,
3.296,3.15,2.674,3.116,3.365,3.096,3.011,3.278,3.409,3.699,4.032,3.584,3.116,
3.297,3.682,3.909,3.129,3.631,2.849,3.288,3.548,4.772,4.156,3.582,3.108,3.409,
3.62,3.456,4.266]
>>>np.corrcoef(x,y)
array([[ 1.        , -0.98494654],
       [-0.98494654,  1.        ]])
```

结果表明,铁矿石入选品位和选矿比的 Pearson 相关系数是-0.98494654,接近于-1,表明铁矿石入选品位与选矿比呈强的负相关关系。也可以使用 scipy.stats 中的 pearsonr 函数,计算 Pearson 相关系数 r:

```
>>>from scipy.stats import pearsonr
>>>r,p=pearsonr(x,y)    #r=-0.9849465418431926,p=2.398253733054634e-31
```

p 只是用来说明是否有相关性,$p<0.05$,就存在相关性,并不是越小越好,如果 $p<0.05$ 时 r 的绝对值较大,说明变量间有较强相关性。入选品位和选矿比的 Pearson 相关系数 r 绝对值是 0.9849465418431926 且 $p<0.05$,故二者存在强烈的线性负相关关系。

2) Spearman 相关系数

在不满足 Pearson 要求,如数据分布不是正态分布的情况下,可以使用 Spearman 相关系数,公式为

$$r_s = 1 - 6 \times \frac{\sum_{i=1}^{n}(x_i - y_i)^2}{n \times (n^2 - 1)} \tag{4-6}$$

计算 Spearman 相关系数，可使用 scipy.stats 中的 spearmanr()函数：

```
>>>r,p=stats.spearmanr(x,y)      #r=-0.9985180823044324,p=6.296714003187544e-51
```

3）Kendall 相关系数

计算 Kendall 相关系数，可使用 scipy.stats 中的 kendalltau()函数：

```
>>>r,p=stats.kendalltau(x,y)
```

除上述介绍的计算相关系数的方法外，还可以使用 Pandas、Sklearn 中的相关函数的计算。Pandas 中计算相关系数的方法在后面应用中加以介绍。

4.5 数据读取

科学计算时数据来源可能是文本文件、CSV、JSON、Excel 文件，也可能来自数据库。下面仅介绍 NumPy 从文本文件和 csv 中读取数据的操作。

1. 文本文件

一般数据是以文本形式保存着，数据读入时需要字符替换、数据缺失等预处理，可以使用 np.genfromtxt 完成此功能，函数格式如下：

```
data=np.genfromtxt("文件名.txt",dtype=[('a','f8'),('b','f8')],delimiter="分隔符", skip_header=1,usecols=(1,2),converters={2: lambda s: float(s or 0)})
```

参数说明如下。

converters：转换函数，用于异常值处理。第 2 列数据中如果有缺失值，将其填充为 0。

usecols：使用哪些列，从 0 开始。

skip_header：跳过表头几行。

delimiter：分界符，常用的有","，"\t"表示用逗号和 Tab 分隔。

dtype：数据类型，默认时根据数据列，系统自动确定。

如果要读取的 gravity.txt 数据如图 4-1（左）所示，则语句为：

```
data=np.genfromtxt("gravity.txt",delimiter=",")
```

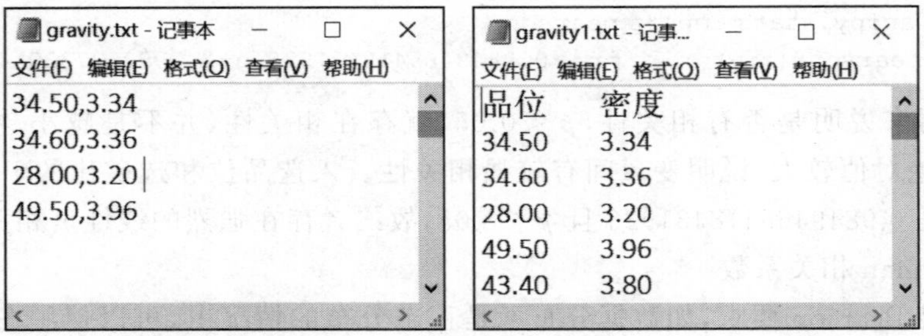

图 4-1　不同格式的文本文件

如果要读取的 gravity.txt 数据如图 4-1(右)所示,则语句为:

data=np.genfromtxt("gravity.txt",delimiter="\t",skip_header=1, encoding='utf-8')

读取后的数据存储在 data 中,详细内容见官网:https://numpy.org/devdocs/reference/generated/numpy.genfromtxt.html?highlight=genfromtxt#numpy.genfromtxt。

2. 读取 CSV 文件

CSV(Comma-Separated Value)用逗号分隔值,故读取数据时:

data=np.genfromtxt("文件名.csv",delimiter=",",[,skip_header=1])

无论是读文本文件还是 CSV 文件,如果读取的内容中有汉字,在 np.genfromtxt()中需要使用 encoding='gbk'。

4.6 矩阵运算与线性代数函数库 linalg

NumPy 和 SciPy 都提供了线性代数的函数库 linalg,SciPy 的线性代数库要比 NumPy 多。表 4-2 是 NumPy 中一些常用的函数。

表 4-2　np.linalg 常用函数

	函　　数	说　　明
线性函数基础	np.linalg.inv	矩阵求逆
	np.linalg.solve	求解线性方程组
	np.linalg.det	求矩阵的行列式
	np.linalg.lstsq	最小二乘法求解线性函数
	np.linalg.norm	范数
	np.linalg.matrix_rank	矩阵的秩
特征值与特征分解	np.linalg.eig	特征值和特征向量
	np.linalg.eigvals	特征值
	np.linalg.svd	奇异值分解 singular value decomposition
	np.linalg.qr	矩阵的 QR 分解

(1) 数组与数值运算。

```
>>>import numpy as np
>>>a=np.array([1,2,3])
>>>print(5*a)
array([ 5, 10, 15])
```

(2) 数组与数组运算。

```
>>>a=np.array([1,2,3])
>>>b=np.array(([4,5,6],[7,8,9],[3,2,1]))
```

```
>>>print(a * b)
>>>a * b
array([[ 4, 10, 18],
       [ 7, 16, 27],
       [ 3,  4,  3]])
```

从计算结果可看出,a * b 是 a 中每个元素与 b 中每行对应元素的相乘,不是矩阵相乘。

(3) 二维数组转置。

```
>>>c=np.array(([1,2,3],[4,5,6],[7,8,9]))
>>>print(c.T)
[[1 4 7]
 [2 5 8]
 [3 6 9]]
```

也可以写为:

```
>>>np.transpose(c)
array([[1, 4, 7],
       [2, 5, 8],
       [3, 6, 9]])
```

(4) 向量点积。

```
>>>a=np.array((1,2,3))
>>>b=np.array(([1,2,3],[4,5,6],[7,8,9]))
>>>print(np.dot(a,b))        #输出[30 36 42]
```

点积运算相当于矩阵的乘法,Python 3 中也可以直接 a@b。

(5) 矩阵乘法和求逆。

解决鸡兔同笼问题:有鸡和兔 36 只,共 100 条腿,鸡兔各几只?设鸡有 x 只,兔子有 y 只,则:$x+y=36, 2x+4y=100$。根据 $AX=B$ 得 $X=A^{-1}B$,A 是变量组成的系数阵,A^{-1} 是 A 的逆阵,B 是常数阵,下面求解 x、y。

```
>>>A=np.array([[1,1],[2,4]])
>>>B=np.array([[36],[100]])
>>>mat_a=np.matrix(A)
>>>mat_b=np.matrix(B)
>>>print(mat_a.I * mat_b)
```

说明:

① mat_a.I 是矩阵 mat_a 的逆阵,根据逆阵定义,可知 mat_a.I * mat_a 生成单位阵。

② A * B 并不是矩阵相乘,而是两个数组对应元素相乘:

```
>>>A * B
array([[ 36,  36],
       [200, 400]])
```

如果要将 A 和 B 按照矩阵相乘,可以进行 np.matrix(A) * np.matrix(B)、A@B、np.matmul(A,B)、np.dot(A,B)。故求解本问题也可以进行 np.linalg.inv(A)@B、np.dot(np.linalg.inv(A),B)、numpy.linalg.solve(A,B) 或 scipy.linalg.solve(A,B)。

(6) 求解特征值与特征向量。

设 A 是 n 阶矩阵,若数 λ 和 n 维非零向量 x 满足:$Ax = \lambda x$,那么数 λ 称为方阵 A 的特征值,x 称为 A 的对应于特征值 λ 的特征向量。

特征向量 x 不等于 0,特征值问题仅仅针对方阵;n 阶方阵 A 的特征值,就是使得齐次线性方程组 $(A - \lambda E)x = 0$ 有非零解的 λ 值,即满足方程 $|A - \lambda E| = 0$ 的 λ 都是方阵 A 的特征值。

```
import numpy as np
A=np.matrix([[1,2,3],[4,5,6],[7,8,9]])
λ, x=np.linalg.eig(A)
```

A 为矩阵,得到 λ 为特征值,x 为特征向量。根据特征值和特征向量得到原矩阵:

```
>>>x * np.diag(λ) * np.linalg.inv(x)
```

(7) 计算矩阵的行列式。

```
>>>a=np.array([[5,3,2],[4,5,6],[7,8,9]])
>>>np.linalg.det(a)        #输出-3.0000000000000004
```

(8) 奇异值分解。

矩阵的特征分解要求矩阵必须为方阵,对于不是方阵的矩阵则可以使用 SVD(Singular Value Decomposition)进行分解。假设有 $m \times n$ 的矩阵 A,那么 SVD 就是要找到下式的一个分解,将 A 分解为 3 个矩阵的乘积,即

$$A_{m \times n} = U_{m \times m} \Sigma_{m \times n} V_{n \times n}^{T} \tag{4-7}$$

式中,U 和 V 都是正交矩阵(Orthogonal Matrix),在复数域内就是酉矩阵(Unitary Matrix),即 U 和 V 均满足

$$U^T U = E_{m \times m} \tag{4-8}$$

$$V^T V = E_{n \times n}$$

$$U^T = U^{-1} \tag{4-9}$$

$$V^T = V^{-1} \tag{4-10}$$

```
>>>x=np.array([[1, 6, 2], [1, 8, 1], [1, 10, 0], [1, 14, 2], [1, 18, 0]])
>>>np.linalg.matrix_rank(x)        #求矩阵的秩,为3
>>>u,s,v=np.linalg.svd(x)          #奇异值分解
>>>u
array([[-0.22910686,  0.67814602, -0.26638572, -0.62606377, -0.15719674],
       [-0.30037861,  0.21593744, -0.44325732,  0.34683029,  0.73917211],
       [-0.37165035, -0.24627115, -0.62012892,  0.27923348, -0.58197537],
       [-0.52412704,  0.4094546 ,  0.55465103,  0.45264863, -0.21238931],
       [-0.66667053, -0.51496257,  0.20090783, -0.45264863,  0.21238931]])
>>>s
array([26.97402951,  2.46027806,  0.59056212])
>>>v
array([[-0.07755361, -0.99473539, -0.06698467],
       [ 0.22042401, -0.08263195,  0.97189774],
       [-0.97231615,  0.06060915,  0.22567197]])
```

Python 中 svd 后得到的 sigma 是一个行向量，Python 中为了节省空间只保留了 A 的奇异值，所以需要将它还原为奇异值矩阵。下面根据 u、s、v 重构 x，构建的结果放入矩阵 A。先将 s 还原为奇异值矩阵 m：

```
m=np.zeros([5,3])
for i in range(3):
    m[i][i]=s[i]
```

计算矩阵 $u*s*v$：

```
tmp=np.dot(u,m)          #或者 tmp=np.matmul(u,m)
A=np.dot(tmp,v)          #或者 A=np.matmul(tmp,v)
```

矩阵奇异值分解的运用非常广泛，如 PCA（主成分分析）、推荐系统、数据压缩、矩阵分解等，推荐阅读知乎文章：https://zhuanlan.zhihu.com/p/37542414?edition＝yidianzixun&utm_source＝yidianzixun&yidian_docid＝0JBtxfhm。

（9）最小二乘解。

假设有一组实验测得的数据(x_i, y_i)，事先知道数据间满足关系 $y_i = f(x_i)$。需要确定 f 的一些参数如 $f(x) = kx + b$，那么 k 和 b 就是需要确定的值。

如果用 p 表示需要确定的一组参数，则目标就是找到一组 p 使得函数 S 的值最小，这种算法称为最小二乘拟合（Least-Square Fitting）。在 optimize 模块中可使用 leastsq() 对数据进行最小二乘拟合计算。

$$S(p) = \sum_{i=1}^{m}[y_i - f(x_i, p)]^2 \tag{4-11}$$

前面用矩阵求解方程组时，要求矩阵 A 是方阵。基于最小二乘法，利用 lstsq() 函数求解时，不要求矩阵 A 是方阵，即方程的个数可以少于、等于或大于未知数的个数。解方程 $Ax = B$ 时，它找到一组使$|B - Ax|$最小的解 x，称为最小二乘解，即使所有等式误差的平方和最小。在 NumPy 中该函数的格式为：np.linalg.lstsq(a, b, rcond＝－1)。

lstsq 的输入包括 3 个参数：a 为自变量 X，b 为因变量 Y，rcond 用来处理回归中的异常值，一般不用。

lstsq 的输出包括四部分，即回归系数、残差平方和、自变量 X 的秩、X 的奇异值。一般只需要回归系数就可以了。

需要注意的一点是，必须自己在自变量中添加截距项；否则回归结果没有截距项，如例 4-1 和例 4-2 所示。技术文档参见 https://docs.scipy.org/doc/numpy/reference/generated/numpy.linalg.lstsq.html。

例 4-1　b 是一维数组，使用 np.linalg.lstsq 求解。

```
#4-1.py
import numpy as np
from numpy.linalg import lstsq
x=np.array([[1, 6, 2], [1, 8, 1], [1, 10, 0], [1, 14, 2], [1, 18, 0]])
y=np.array([[7], [9], [13], [17.5], [18]])
m=np.linalg.lstsq(x, y, rcond=None)
print(m)
```

输出元组 m：

(array([[1.1875   ], [1.01041667],[0.39583333]]),
    array([8.22916667]), 3, array([26.97402951, 2.46027806, 0.59056212]))

说明：

① 3 个未知数，5 个方程，不能使用 np.linalg.solve(A,b)求解。

② m 元组中 4 个元素：第一个元素表示所求的最小二乘解，x1、x2、x3 前面的系数分别为 1.1875、1.01041667、0.39583333。第二个元素 8.22916667 表示残差总和，第三个元素 3 表示 x 矩阵的秩，可用 np.linalg.matrix_rank(x)验证，第四个元素表示 x 的奇异值。

例 4-2　b 是多维数组，使用 np.linalg.lstsq 求解。

```
#4-2.py
import numpy as np
from numpy.linalg import lstsq
x=np.array([[1, 6, 2], [1, 8, 1], [1, 10, 0], [1, 14, 2], [1, 18, 0]])
y=np.array([[7,8], [9, 7], [13, 10], [17.5,16], [18,17]])
m=np.linalg.lstsq(x, y, rcond=-1)
print(m)
```

输出元组 m：

(array([[1.1875   , -1.125   ],
    [1.01041667, 1.02083333],
    [0.39583333, 1.29166667]]),
array([8.22916667, 2.91666667]), 3,
array([26.97402951, 2.46027806, 0.59056212]))

与例 4-1 的输出结果相比，参数 b 维度增加，第一个、第二个元素数组维度也在变化，其对应的第 k 列分别表示对 b 数组中第 k 列的最小二乘法求解、残差总和。

例 4-3　某选矿厂有入选品位和选矿比的生产数据存储在"入选品位＋选矿比.txt"中（图 4-2），用 $y=a+bx$，建立根据入选品位 x 求选矿比 y 的回归方程，将数据可视化，并绘制出回归方程，给出 R^2，运行效果见图 4-3。

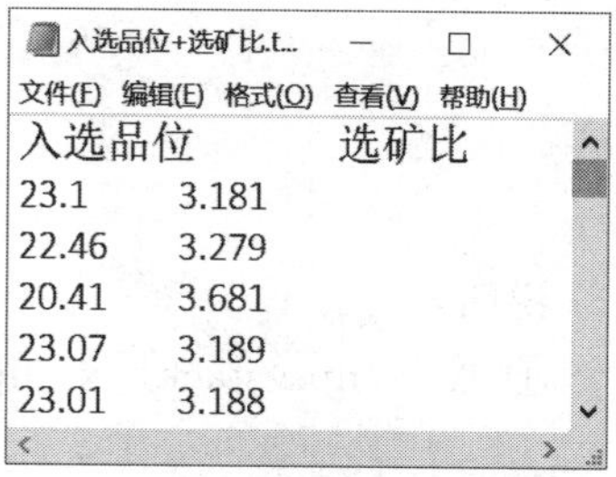

图 4-2　"入选品位＋选矿比.txt"部分数据

```
#4-3.py
import numpy as np
from scipy import optimize
import matplotlib.pyplot as plt
from matplotlib.font_manager import FontProperties
font=FontProperties(fname=r"c:\windows\fonts\simsun.ttc",size=10)
data=np.genfromtxt("入选品位+选矿比.txt",delimiter='\t',skip_header=1)
x=data[:,0]                                    #入选品位
y=data[:,1]                                    #选矿比
A=np.vstack([x, np.ones(len(x))]).T
m, c=np.linalg.lstsq(A, y, rcond=None)[0]      #只需要系数和常数项
plt.plot(x, y, 'o', label='Original data', markersize=10)
plt.plot(x, m*x+c, 'r', label='Fitted line')
```

```
plt.legend()
plt.xlabel(r"入选品位(%)",fontproperties=font)
plt.ylabel(r"选矿比",fontproperties=font)
if c>0:
    equation=str(round(m,3))+" * x+"+str(round(c,3))
else:
    equation=str(round(m,3))+" * x"+str(round(c,3))
Y=m * x+c
avgY=np.average(y)
y1=np.sum((Y-avgY) * (Y-avgY))
y2=np.sum((y-avgY) * (y-avgY))
r=str(round(y1/y2,3))
plt.figtext(0.5,0.5,"回归方程:y="+equation,color="blue",fontproperties=font)
plt.figtext(0.6,0.4,r"R$^2$:"+r,color="blue",fontproperties=font)
plt.show()
```

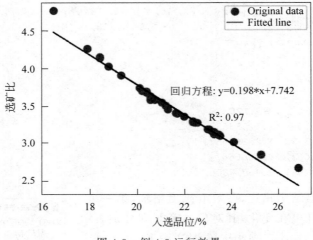

图 4-3 例 4-3 运行效果

说明：

① A = np.vstack([x, np.ones(len(x))]).T,目的是放置常数项,A 的值为：

```
array([[23.1,  1. ],
    [22.46, 1. ],
    ...
    [17.91, 1. ]])
```

② m 是系数 x 前的系数,c 是常数,求得的方程为(保留 7 位小数)

$$y = -0.1976312x + 7.7417151$$

如果使用 scipy.stats.linregress()可以直接计算出 R^2,详情参见 https://docs.scipy.org/doc/scipy/reference/generated/scipy.optimize.curve_fit.html#scipy.optimize.curve_fit。

```
# 4-4.py
import numpy as np
from scipy import optimize
import matplotlib.pyplot as plt
```

```python
from scipy.stats import *
from matplotlib.font_manager import FontProperties
font=FontProperties(fname=r"c:\windows\fonts\simsun.ttc",size=10)
data=np.genfromtxt("入选品位+选矿比.txt",delimiter='\t',skip_header=1)
x=data[:,0]              #入选品位
y=data[:,1]              #选矿比
slope, intercept, r_value, p_value, std_err=stats.linregress(x, y)
plt.plot(x, y, 'o', label='Original data', markersize=10)
plt.plot(x, slope*x+intercept, 'r', label='Fitted line')
plt.legend()
plt.xlabel(r"入选品位(%)",fontproperties=font)
plt.ylabel(r"选矿比",fontproperties=font)
if intercept>0:
    equation=str(round(slope,3))+" * x+"+str(round(intercept,3))
else:
    equation=str(round(slope,3))+" * x"+str(round(intercept,3))
plt.figtext(0.5,0.5,"回归方程:y="+equation,color="blue",fontproperties=font)
plt.figtext (0.6,0.4, r"R$^2$:"+ str(round(r_value**2,4)),color="blue",
fontproperties=font)
plt.show()
```

(10) 求解线性规划问题。

scipy.optimize linprog 提供线性规划的求解,其模型如下:

scipy.optimize.linprog(c, A_ub=None, b_ub=None, A_eq=None, b_eq=None, bounds=None, method='simplex', callback=None, options=None)

求解线性规划的格式为

$$\min c^T x$$
$$A_{ub} x \leqslant b_{ub}$$
$$A_{eq} x = b_{eq}$$
$$l \leqslant x \leqslant u$$

模型中参数可详见 https://docs.scipy.org/doc/scipy/reference/generated/scipy.optimize.linprog.html。

例 4-4　求解下列线性规划:

$$\min Z = x_1 + 2x_2 + 3x_3$$
$$\text{s.t.}$$
$$-2x_1 + x_2 + x_3 \leqslant 9$$
$$-3x_1 + x_2 + 2x_3 \geqslant 4$$
$$3x_1 - 2x_2 - 3x_3 = -6$$
$$x_1 \leqslant 0; x_2 \geqslant 0; x_3 \text{ 不限}$$

```python
#4-5.py
import numpy as np
from scipy.optimize import linprog
c=np.array([1,2,3])
A_ub=np.array([[-2,1,1],[3,-1,-2]])        #小于不等式未知数的系数
```

```
b_ub=np.array([9,-4])              #小于不等式的常数项
A_eq=np.array([[3,-2,-3]])         #等式未知数的系数
b_eq=np.array([-6])                #等式的常数项
r=linprog(c,A_ub,b_ub,A_eq,b_eq,bounds=((None,0),(0,None),(None,None)))
print(r)
```

说明：需要将 $-3x_1+x_2+2x_3 \geqslant 4$ 转换为 $3x_1-x_2-2x_3 \leqslant -4$。

4.7 优化模块

4.7.1 数据拟合

除了利用线性代数函数库 linalg 进行曲线拟合外，SciPy 的 optimize 也提供了多种拟合方法。

1. 多项式拟合

已知描述客观世界的数据点集 (x_i, y_i)，通过数据拟合找到一个方程 z，将 x_i 代入该方程求得 z_i，即

$$z_i = a_n x_i^n + a_{n-1} x_i^{n-1} + \cdots + a_2 x_i^2 + a_1 x_i + a_0 \tag{4-12}$$

使得实际值 y_i 与 z_i 差的平方和（即残差平方和）$(z_i-y_i)^2$ 满足最小的情况下，求出方程的系数 $a_0, a_1, \cdots, a_n$。np.polyfit() 函数可用于多项式拟合，其函数格式如下：

```
coeff=np.polyfit(x, y, deg, rcond=None, full=False, w=None, cov=False)
```

其中，x、y 是要拟合的数据对；deg 是多项式的阶数；full＝True 时，除输出拟合系数外，还输出残差总和、x 矩阵的秩、x 的奇异值，默认下 full＝False 只返回拟合系数。其他参数一般保持默认即可。coeff 返回的拟合系数由高阶向低阶排列。其他参数的取值参见官方网站 https://docs.scipy.org/doc/numpy/reference/generated/numpy.polyfit.html?highlight=curve_fit。

例 4-5 用多项式拟合，拟合例 4-3 中入选品位与选矿比。

```
#4-6.py
import numpy as np
import warnings
import matplotlib.pyplot as plt
data=np.genfromtxt("入选品位+选矿比.txt",delimiter='\t',skip_header=1)
x=data[:,0]                #入选品位
y=data[:,1]                #选矿比
coeff=np.polyfit(x, y, 2)  #2阶多项式
p1=np.poly1d(coeff)        #将系数代入方程,得到函式 p1
plt.plot(x,y,"o")
x.sort()
plt.plot(x,p1(x))
plt.legend(("origin data","polyfit line"))
plt.show()
```

说明:

(1) coeff = np.polyfit(x,y,2)进行数据拟合时,得到的 coeff 是拟合系数,利用 np.poly1d()得到拟合函数,在绘制拟合函数的曲线图时,如果 x 轴的数据不排序,绘图出现的结果如图 4-4(左图)所示,使用 x.sort()对 x 排序后,plt.plot(x,p1(x))绘制出正确图形(图 4-4 右图)。

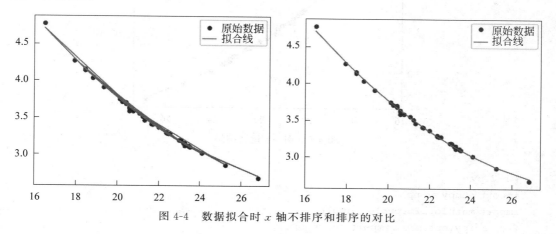

图 4-4　数据拟合时 x 轴不排序和排序的对比

(2) 如果 coeff=np.polyfit(x,y,1)取 1 阶,coeff[0]相当于 $y=kx+b$ 中的 k,coeff[1]相当于 b,将 k 和 b 与例 4-3 相比,完全一样。

(3) 如果 coeff = np.polyfit(x, y, 1, full=True)返回的 coeff 除包含系数外,还包含离差平方和等其他参数,从输出的 coeff 值中可以看出,拟合系数 coeff[0][0]和 coeff[0][1]相当于 $y=kx+b$ 中的 k 和 b。

2. 任意曲线的拟合

使用 scipy.optimize 的 curve_fit()函数,可拟合用户自定义的任意曲线。函数格式如下:

```
scipy.optimize.curve_fit(f, xdata, ydata, p0=None, sigma=None, absolute_sigma=False, check_finite=True, bounds=(-inf, inf), method=None, jac=None, **kwargs)
```

其中,f 是自定义的模拟曲线的方程;xdata、ydata 是要拟合的数据值;p0 为拟合时的初始值;bounds 指定 f 中系数的范围;其他参数的取值参见官方网站 https://docs.scipy.org/doc/scipy/reference/generated/scipy.optimize.curve_fit.html。

模拟的主要步骤如下。

(1) 定义需要拟合的函数类型,如:

```
def func(x, a, b):
    return a * np.exp(b/x)
```

(2) 调用 popt, pcov = curve_fit(func, x, y)函数进行拟合,并将拟合系数存储在 popt 中,func 中传入 a=popt[0]、b=popt[1]进行调用;pcov 是协方差。

(3) 调用 func(x, a, b)函数,其中 x 表示横轴表,a、b 表示对应的参数。

例 4-6　使用 $y=a\times e^{-bx}+c$ 模拟入选品位和选矿比,运行结果见图 4-5。

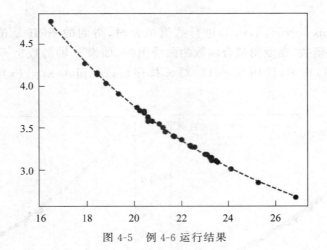

图 4-5　例 4-6 运行结果

```
#4-7.py
import numpy as np
import matplotlib.pyplot as plt
from scipy.optimize import curve_fit
from sklearn.metrics import r2_score
def func(x, a, b,c):
    return a * np.exp(-b * x)+c
data=np.genfromtxt("入选品位+选矿比.txt",delimiter='\t',skip_header=1)
x=data[:,0]                         #入选品位
y=data[:,1]                         #选矿比
popt, pcov=curve_fit(func, x, y)    #拟合系数存储在 popt 中,a=popt[0]、b=popt[1]、
                                       c=popt[2]
#print(popt,pcov)
plt.plot(x,y,"o")
x.sort()
plt.plot(x,func(x, * popt),'r--')
plt.show()
```

使用 $y=a\times e^{-bx}+c$ 拟合时,上述代码没有指定初始值时,虽然拟合出了曲线,但可能会出现"overflow encountered in multiply"的提示,原因是默认初始值 a、b、c 取 1,出现了数据溢出,可以像下面一样设置初始值,以避免此情况的发生:

```
popt, pcov=curve_fit(func, x, y,p0=(1, 1e-3, 0))
```

3. 最小二乘拟合

为了使用最小二乘拟合,需要定义误差函数:

```
def err_f(p,x,y):
    return y-func(x, * p)
```

该误差函数接收 3 个参数,第 1 个参数 p 是要估计的真实参数,第 2 个参数是数据的 x 输入,第 3 个参数是数据的 y 输入。

```
#4-8.py
import numpy as np
import matplotlib.pyplot as plt
from scipy.optimize import leastsq
def func(x,a,b,c):
    return a*np.exp(-b*x)+c
def err_f(p,x,y):
    return y-func(x,*p)
data=np.genfromtxt("入选品位+选矿比.txt",delimiter='\t',skip_header=1)
x=data[:,0]              #入选品位
y=data[:,1]              #选矿比
c,rv=leastsq(err_f,[1,1,1],args=(x,y))
plt.plot(x,y,"o")
print(c)
x.sort()
plt.plot(x,func(x,*c),'r--')
plt.show()
```

4.7.2 方程求根

fsolve(func,x0)用于对非线性方程组求解。func 是计算方程组误差的函数,它的参数 x 是一个数组,其值为方程组的一组可能解。

例 4-7 求解下列方程组:

$$\begin{cases} 5x_1+3=0 \\ 4x_0^2-2\sin(x_1x_2)=0 \\ x_1x_2-1.5=0 \end{cases}$$

```
#4-9.py
from math import sin,cos
from scipy import optimize
def f(x):
    x0,x1,x2=x.tolist()
    return[5*x1+3,4*x0*x0-2*sin(x1*x2),x1*x2-1.5]
result=optimize.fsolve(f,[1,1,1])
print(result)
print(f(result))
```

运行结果:

[-0.70622057 -0.6   -2.5   ]
[0.0, -9.126033262418787e-14, 5.329070518200751e-15]

在对方程组求解时,fsolve 会计算方程组在某点对各个未知数变量的偏导数,这些偏导数构成一个矩阵,即雅可比矩阵。如果方程组未知数多,而每个方程相关联的未知数又少,即雅可比矩阵稀疏时,将计算雅可比矩阵的函数作为参数传递给 fsolve,可大大提高运行速度,程序可调整为:

```
#4-10.py
from math import sin,cos
```

```
from scipy import optimize
def f(x):
    x0,x1,x2=x.tolist()
    return[5*x1+3,4*x0*x0-2*sin(x1*x2),x1*x2-1.5]
def j(x):
    x0,x1,x2=x.tolist()
    return[[0,5,0],[8*x0,-2*x2*cos(x1*x2),-2*x1*cos(x1*x2)],[0,x2,x1]]

result=optimize.fsolve(f,[1,1,1],fprime=j)
print(result)
print(f(result))
```

运行结果：

```
[-0.70622057 -0.6         -2.5       ]
[0.0, -9.126033262418787e-14, 5.329070518200751e-15]
```

4.8 岩石地球化学数据的相关分析

分析地球化学数据时，需要知道样品元素间是否存在关联关系。图 4-6 是津巴布韦某英云质和更长花岗岩质片麻岩主要元素分析的数据(数据文件 gneiss.xlsx)，诸如样品中 CaO 和 Al_2O_3、K_2O 和 Na_2O 之间是否存在线性关系之类的问题，可通过相关分析得以解决。

英云质和更长花岗岩质片麻岩的主要元素

	A	B	C	D	E	F	G	H	I	J	K	L	M	N	O	P
2	岩石编号	1	2	3	4	5	6	7	8	9	10	11	12	13	14	15
3	SiO2	61.5	62.2	62.6	62.6	62.8	63.2	63.6	63.7	66.7	67.2	67.3	67.6	67.7	67.9	68.6
4	TiO2	0.61	0.75	0.56	0.58	0.61	0.82	0.61	0.66	0.72	0.77	0.31	0.47	0.41	0.37	0.47
5	Al2O3	15.9	18.4	18.1	16	17.5	16.7	16.9	15.8	15.4	16.1	18.4	15.5	14.7	15.7	14.7
6	Fe2O3	7.96	4.69	5.34	6.64	5.96	6.16	5.22	5.53	5.61	4.87	2.77	4.44	3.99	2.45	3.73
7	MnO	0.15	0.05	0.09	0.12	0.08	0.1	0.08	0.07	0.09	0.07	0.03	0.08	0.07	0.03	0.03
8	MgO	3.6	1.61	1.71	2.56	2.36	1.98	1.82	2.49	1.32	1.24	0.93	1.6	1.16	0.64	1.13
9	CaO	4.96	4.01	4.38	5.5	5.7	5.21	4.24	5.01	4.79	3.99	4.23	4.38	4.51	2.66	4.24
10	Na2O	4.42	5.57	6.01	4.79	4.19	4.77	4.94	3.32	4.03	4.73	5.75	4.22	4.01	4.86	4.47
11	K2O	0.82	1.89	1.3	1.22	0.87	1.28	1.7	1.99	1.05	1.44	1.21	1.02	1.05	3.18	1.31
12	P2O5	0.28	0.19	0.2	0.15	0.22	0.27	0.17	0.2	0.17	0.3	0.1	0.09	0.09	0.1	0.13
13	总和	100	99.3	100	100	100	100	99.3	98.8	99.9	101	101	99.4	97.7	97.9	98.8

	A	Q	R	S	T	U	V	W	X	Y	Z	AA	AB	AC	AD	AE
2	岩石编号	16	17	18	19	20	21	22	23	24	25	26	27	28	29	30
3	SiO2	70.1	70.1	70.2	71.1	71.3	71.5	71.9	72.8	73.7	74.1	74.3	75.6	75.5	77.9	78.4
4	TiO2	0.32	0.34	0.39	0.28	0.26	0.25	0.37	0.39	0.33	0.15	0.18	0.13	0.12	0.19	0.14
5	Al2O3	16.2	15.5	15.1	16.8	15.7	14.8	15.5	14.2	14.3	14.6	14	13.3	13.8	11	11
6	Fe2O3	2.88	3.52	3.88	1.92	2.64	3.04	2.42	3.16	2.28	1.49	1.53	1.95	1.4	3.08	3.14
7	MnO	0.03	0.05	0.09	0	0.05	0.04	0.02	0.06	0.02	0.04	0.03	0.05	0.04	0.04	0.05
8	MgO	0.82	1.36	0.92	0.35	0.68	0.63	0.45	0.06	0.83	0.39	0.32	0.2	0.06	0.01	0.01
9	CaO	3.11	3.49	3.52	2.94	3.51	3.22	3.26	0.68	2.87	2.38	2.17	1.39	1.09	1.36	1.04
10	Na2O	5.06	4.65	4.8	5.69	4.77	5.16	5	3.41	4.57	4.5	4.15	4.23	4.76	4.78	4.71
11	K2O	1.95	1.42	1.39	1.6	1.46	1.04	1.32	3.9	2.83	2.97	2.76	2.98	3.25	1.23	1.75
12	P2O5	0.12	0.12	0.15	0.03	0.11	0.04	0.14	1.75	0.07	0.06	0.05	0.04	0.04	0.01	0.07
13	总和	101	101	100	101	101	99.7	100	100	102	101	99.4	99.9	100	99.6	100

图 4-6　岩石主要元素的分析

应用 Pearson 相关系数法分析找出元素间存在的相关关系，程序代码如下：

```
#4-11.py
import pandas as pd
#sheet_name 指定工作表，skiprows 跳过第 1 行，index_col 指定第 1 列当 index
#skipfooter 跳过最后数据行，因为最后一行是求和
df1=pd.read_excel('gneiss.xlsx', sheet_name='Sheet1',skiprows=1,index_col=0,
skipfooter=1)
#df1.values.T,df1.values 将 df1 转为数组，然后再将数组转置
df2=pd.DataFrame(df1.values.T, index=df1.columns, columns=df1.index)
df3=df2.corr()
df3.to_excel('gneiss_result1.xlsx', sheet_name='Sheet1')
```

说明：读取产生的 df1 不能直接利用 corr()计算相关系数，需要将 df1 变换为 df2(前

15 行数据输出结果见图 4-7)。

```
岩石编号  SiO2  TiO2  Al2O3  Fe2O3  MnO   MgO   CaO   Na2O  K2O   P2O5
1        61.50 0.61  15.88  7.96   0.15  3.60  4.96  4.42  0.82  0.280
2        62.15 0.75  18.35  4.69   0.05  1.61  4.01  5.57  1.89  0.190
3        62.58 0.56  18.10  5.34   0.09  1.71  4.38  6.01  1.30  0.200
4        62.59 0.58  16.02  6.64   0.12  2.56  5.50  4.79  1.22  0.150
5        62.82 0.61  17.46  5.96   0.08  2.36  5.70  4.19  0.87  0.220
6        63.19 0.82  16.66  6.16   0.10  1.98  5.21  4.77  1.28  0.270
7        63.62 0.61  16.87  5.22   0.08  1.82  4.24  4.94  1.70  0.170
8        63.71 0.66  15.81  5.53   0.07  2.49  5.01  3.32  1.99  0.199
9        66.67 0.72  15.41  5.61   0.09  1.32  4.79  4.03  1.05  0.170
10       67.18 0.77  16.08  4.87   0.07  1.24  3.99  4.73  1.44  0.300
11       67.31 0.31  18.37  2.77   0.03  0.93  4.23  5.75  1.21  0.100
12       67.63 0.47  15.47  4.44   0.03  1.60  4.38  4.22  1.02  0.090
13       67.68 0.41  14.72  3.99   0.07  1.16  4.51  4.01  1.05  0.090
14       67.89 0.37  15.72  2.45   0.03  0.64  2.66  4.86  3.18  0.100
15       68.55 0.47  14.70  3.73   0.03  1.13  4.24  4.47  1.31  0.130
```

图 4-7 df1 转置后的结果

```
df2.corr()                #默认取值 pearson,计算 Pearson 相关系数
df2.corr("spearman")      #计算 Spearman 相关系数
df2.corr("kendall")       #计算 Kendall 相关系数
```

Pandas 的 corr 用法可参见 https://pandas.pydata.org/docs/reference/api/pandas.DataFrame.corr.html?highlight=corr。

计算后的结果使用 pd.to_excel() 输出到 gneiss_result.xlsx 的 Sheet1 工作表中,如果要指定存储的路径,如存储到 D:\xxxxx\,文件夹 xxxxx 一定要存在,并且路径前存储的语句一定为:

```
df3.to_excel(r'D:\xxxxx\gneiss_result.xlsx')
```

或者

```
df3.to_excel('D:/xxxxx/gneiss_result.xlsx')
```

否则程序运行会出现错误。运行后 gneiss_result.xlsx 中的内容见图 4-8。

	A	B	C	D	E	F	G	H	I	J	K
1	岩石编号	SiO2	TiO2	Al2O3	Fe2O3	MnO	MgO	CaO	Na2O	K2O	P2O5
2	SiO2	1	-0.86868	-0.81353	-0.82981	-0.63657	-0.88991	-0.88921	-0.10852	0.476673	-0.05947
3	TiO2	-0.86868	1	0.613032	0.843955	0.616443	0.766981	0.78068	-0.05737	-0.43244	0.195937
4	Al2O3	-0.81353	0.613032	1	0.41577	0.212667	0.564542	0.703859	0.428617	-0.31372	0.011675
5	Fe2O3	-0.82981	0.843955	0.41577	1	0.879659	0.909174	0.777842	-0.1211	-0.59266	0.135628
6	MnO	-0.63657	0.616443	0.212667	0.879659	1	0.777775	0.571175	-0.23156	-0.41252	0.178774
7	MgO	-0.88991	0.766981	0.564542	0.909174	0.777775	1	0.861427	-0.09213	-0.53009	-0.02746
8	CaO	-0.88921	0.78068	0.703859	0.777842	0.571175	0.861427	1	0.055291	-0.70878	-0.19513
9	Na2O	-0.10852	-0.05737	0.428617	-0.1211	-0.23156	-0.09213	0.055291	1	-0.26754	-0.39388
10	K2O	0.476673	-0.43244	-0.31372	-0.59266	-0.41252	-0.53009	-0.70878	-0.26754	1	0.374352
11	P2O5	-0.05947	0.195937	0.011675	0.135628	0.178774	-0.02746	-0.19513	-0.39388	0.374352	1

图 4-8 各元素的 Pearson 相关系数矩阵

运行结果表明,岩石中 CaO 和 Al_2O_3 的相关系数是 0.703859,二者存在强相关性;而 Na_2O 和 K_2O 的相关系数是 -0.26754,相关性弱。元素间相关性极强的是 MgO 和 Fe_2O_3,相关系数是 0.909174。

练 习 题

4-1 生成范围在[1,5)之间的 4 行 5 列的 ndarray。

4-2 生成两个 3×3 的矩阵,并计算矩阵的乘积。

4-3 求矩阵 $A=\begin{pmatrix}4 & 3\\ 5 & 7\end{pmatrix}$ 的特征值和特征向量。

4-4 生成一个行列式,求该行列式的值。

4-5 文本文件 gravity.txt 中存放有铁矿石品位(%)和体重(g/cm³),应用 np.genfromtx()函数读取文件,以体重为自变量、品位为因变量,使用 $y=kx+b$ 拟合体重和品位,将方程和 R^2 显示在图上,效果如图 4-9 所示。

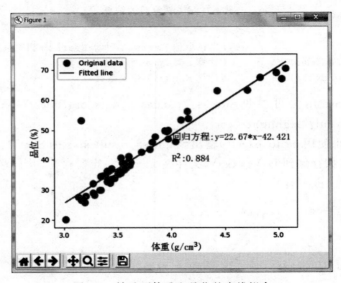

图 4-9 铁矿石体重和品位的直线拟合

4-6 求方程组的解:

$$\begin{cases}x_1+x_2+7x_3=2\\ 2x_1+3x_2+5x_3=3\\ 4x_1+2x_2+6x_3=4\end{cases}$$

第 5 章

Pandas 数据处理和分析

Pandas(Python Data Analysis Library)是一种基于 NumPy 的一种数据分析工具。Pandas 纳入了大量库和一些标准的数据模型,能够高效地操作大型数据集。Pandas 提供了一种优化库功能来读写多种文件格式,包括 CSV 和高效的 HDF5 格式。Pandas 目前已经成了 Python 的数据处理标准工具。

5.1 Pandas 基础知识

Pandas 是用于处理和分析数据的 Python 库,其基于一种称为 DataFrame 的数据结构,一个 Pandas 的 DataFrame 是一张表格,类似于 Excel 的工作表。Pandas 中包含了许多用于修改和操作表格的方法,特别是可以像操作 SQL 一样对表格进行查询和连接。

Pandas 官方帮助文档在 https://pandas.pydata.org/docs/中。先看一个示例:

```
#5-1.py
import pandas as pd
personal_Info={'ID':['A9501','B9403','A9028','A9374'],'name':['Jack','Robin',
'Rose','Nike'],'Gender':['Male','Male','Female','Male'],'Height':[1.80,1.78,1.65,
1.75]}
df=pd.DataFrame(personal_Info)
print(df)
```

运行后结果:

```
      ID   name  Gender  Height
0  A9501   Jack    Male    1.80
1  B9403  Robin    Male    1.78
2  A9028   Rose  Female    1.65
3  A9374   Nike    Male    1.75
```

如果要查询出数据中所有的 Male 行,可以使 df[df.Gender=='Male'],也可以使 df[df["Gender"]=='Male'];列出 name 中以 R 字母开头的行,可以使 df[df.name.str.startswith("R")],也可以使 df[df["name"].str.startswith("R")]。

该例子使用数据字典作为 Pandas 的数据源。Pandas 的数据结构有两种,即一维的 Series 和二维的 DataFrame。

5.1.1 一维数据结构 Series 对象

Pandas 中一维数据结构 Series 可以存储任意类型的数据,包括整数、浮点数字符串、

Python 对象等。Series 对象生成步骤如下。

(1) 导入相关模块

```
>>>import numpy as np
>>>import pandas as pd
```

(2) 生成 Series 对象

```
s=pd.Series(data, index=None,dtype=None,name=None)
```

参数说明如下。

data：可以是字典、列表、元组、ndarray、常量。

index：表示 Series 对象的标记，是大小与 data 相同的数组或者索引，默认为 0,1,2,⋯。Series 中数据类型必须是同一类型，不指定 dtype 参数时，Pandas 会根据 data 中的数据做出推断。

1. 使用 ndarray 生成 Series 对象

```
>>>s1=pd.Series(np.random.randn(4))
>>>s1
0    0.364214
1   -0.535829
2   -0.049124
3    0.114980
dtype: float64
```

s1 中没有用 index 定义标签，标签的值取 0,1,2,⋯。

```
>>>s2=pd.Series(np.random.randn(5), index=['a', 'b', 'c'])
>>>s2
a    1.157588
b   -0.762244
c   -1.672433
dtype: float64
```

2. 使用字典生成 Series 对象

使用字典定义 Series 时，不指定 index，键是标签：

```
>>>d={'a':0., 'b': 1., 'c': 2.}
>>>s=pd.Series(d,dtype=int)
>>>s
a    0
b    1
c    2
dtype: int32
>>>s["a"]
0
```

指定 index 后，index 的值作标签：

```
>>>s=pd.Series(d, index=['b', 'c', 'd', 'a'],dtype=int)
>>>s
b    1.0
c    2.0
```

```
d    NaN
a    0.0
dtype: float64
>>>s["b"]
1.0
```

3. 使用列表

```
>>>import pandas as pd
>>>import numpy as np
>>>s=pd.Series([2, 4, 6, np.nan, 8])
```

5.1.2 二维数据结构 DataFrame 对象

DataFrame 是 Pandas 的一个类似于 Excel 的二维表格,它的横行称为 column(列),竖行和 Series 对象一样,称为 index(索引)。生成 DataFrame 对象 s:

s=pd.DataFrame(data, index=None, dtype=None, columns=None)

其中,index 指定行的标签;columns 指定列标签。

1. 字典作数据源

```
>>>data2=[{'a': 1, 'b': 2}, {'a': 5, 'b': 10, 'c': 20}]
>>>pd.DataFrame(data2)
   a   b    c
0  1   2   NaN
1  5  10  20.0
>>>pd.DataFrame(data2, index=['first', 'second'])
        a   b    c
first   1   2   NaN
second  5  10  20.0
>>>df=pd.DataFrame(data2, columns=['a', 'b'])
>>>df
   a   b
0  1   2
1  5  10
>>>pd.DataFrame({"name":["张三","李四"],"age":[20,30],"gender":["男","女"]})
  name  age gender
0  张三   20    男
1  李四   30    女
```

使用 columns 属性可以改变 DataFrame 输出结果的先后顺序:

```
>>pd.DataFrame({"name":["张三","李四"],"age":[20,30],"gender":["男","女"]},
columns=["name","gender","age"])
  name gender age
0  张三    男    20
1  李四    女    30
```

2. 使用 NumPy 的 array 作数据源

```
>>>dates=pd.date_range('20200201', periods=5)
>>>dates
DatetimeIndex(['2020-02-01', '2020-02-02', '2020-02-03', '2020-02-04',
               '2020-02-05'],
```

```
                    dtype='datetime64[ns]', freq='D')
>>>df=pd.DataFrame(np.random.randn(5, 4), index=dates, columns=list('ABCD'))
>>>df
                    A           B           C           D
2020-02-01      -0.704387    0.305490    0.905878    0.977471
2020-02-02      -0.125205    1.874467    0.273608   -1.013234
2020-02-03      -0.098789    0.466583   -0.386877    1.784435
2020-02-04       0.847979   -1.793073    0.262579   -0.579245
2020-02-05      -0.173097    1.408866   -1.592946   -0.378487
```

5.2 浏览数据和操作数据

5.2.1 浏览数据

1. head()和 tail()

head()和tail()中不给定参数,默认情况下分别列出首、尾5条记录。如果输入数字,则列出首、尾指定的记录数:

```
>>>ds=pd.Series(np.random.randn(1000))
>>>ds.head(3)              #列出前 3 条
>>>ds.tail(2)              #列出最后 2 条
```

2. 使用 loc[]方法基于行标签和列标签访问数据

loc[]输入的参数是行标签和列标签。

1)访问 Series 数据

```
>>>s=pd.Series(np.random.randn(5))
>>>s
0   -0.946843
1   -1.398243
2   -0.232160
3   -0.430826
4   -0.614967
```

建立 Series 数据时,如果不使用 index 指定标签,默认的标签为 0,1,2,…,这样 loc[]中输入的参数就是 0,1,2,…:

```
>>>s.loc[1]                #也可以直接赋 s[1]
-1.3982431278860032
>>>s.loc[1:3]
1   -1.398243
2   -0.232160
3   -0.430826
dtype: float64
>>>s[1:3]
1   -1.398243
2   -0.232160
dtype: float64
```

要注意 s[1：3] 与 s.loc[1：3] 的区别：s[1：3] 不包括 s[3]；但 s.loc[1：3] 包括 s.loc[3]。

```
>>>s=pd.Series(np.random.randn(5),index=["a","b","c","d","e"])
>>>s
a    0.147438
b   -0.934040
c   -0.468184
d   -0.557639
e   -1.702992
dtype: float64
>>>s.loc["b"]
-0.93403968088563
>>>s["b"]
-0.93403968088563
```

2）访问 DataFrame 数据

```
>>>df=pd.DataFrame(np.random.rand(4,4),index=list('abcd'),columns=list('ABCD'))
>>>df
          A         B         C         D
a  0.196322  0.634943  0.038810  0.654030
b  0.741269  0.995419  0.400403  0.160197
c  0.806908  0.199132  0.465573  0.145633
d  0.266152  0.200861  0.856695  0.271104
>>>df.loc["a","B"]              #loc 先行后列，中间用逗号(,)分隔，返回 0.634942522050629
>>>df.loc['b':'d',:]            #列出 b 行到 d 行的所有列
>>>df.loc['b':'d','C']          #列出 b 行到 d 行 C 列
>>>df.loc['b':'d','A':'C']      #列出 b 行到 d 行，A 到 C 列
>>>df.loc[['a','c'],['A','C']]  #列出 a、c 行，A、C 列
```

3. 使用 iloc[] 方法基于行索引和列索引访问数据

iloc[] 输入的参数是从 0 开始计数的行和列的索引编号。

1）访问 Series 数据

```
>>>s=pd.Series(np.random.randn(5),index=["a","b","c","d","e"])
>>>s
a    0.147438
b   -0.934040
c   -0.468184
d   -0.557639
e   -1.702992
dtype: float64
>>>s.iloc[1]         #访问第 2 行数据 -0.93403968088563
>>>s.iloc[0:2]       #访问第 1、2 行数据
```

2）访问 DataFrame 数据

```
>>>df
          A         B         C         D
a  0.196322  0.634943  0.038810  0.654030
b  0.741269  0.995419  0.400403  0.160197
```

```
c    0.806908    0.199132    0.465573    0.145633
d    0.266152    0.200861    0.856695    0.271104
>>>df.iloc[0,0]              #访问第1行第1列
0.19632152906440814
>>>df.iloc[0,:]              #访问第1行所有列
A    0.196322
B    0.634943
C    0.038810
D    0.654030
Name: a, dtype: float64
>>>df.iloc[0:2,2:4]           #访问第1、2行,第3、4列
        C         D
a    0.038810    0.654030
b    0.400403    0.160197
```

4. 直接使用[]访问数据

1) 访问 Series 数据

```
>>>s=pd.Series(np.random.randn(5),index=["a","b","c","d","e"])
>>>s
a   -0.024309
b    0.215406
c   -1.588884
d   -1.409387
e    0.377863
dtype: float64
>>>s["b"]              #结果 0.21540559377356963
>>>s[1]                #结果 0.21540559377356963
```

2) 访问 DataFrame 数据

```
>>>df=pd.DataFrame(np.random.rand(4,4),index=list('abcd'),columns=list('ABCD'))
>>>df
        A          B          C          D
a    0.177827    0.756414    0.964487    0.543419
b    0.314294    0.682918    0.766346    0.734062
c    0.471293    0.090630    0.594836    0.630282
d    0.799076    0.873672    0.582570    0.448451
>>>df["A"]["a":"c"]
a    0.177827
b    0.314294
c    0.471293
Name: A, dtype: float64
>>>df["A"][0:3]          #也可以写为 df[0:3]["A"]
a    0.177827
b    0.314294
c    0.471293
Name: A, dtype: float64
```

访问 A 列和 C 列、1 行到 3 行的数据:

```
>>>df[0:3][["A","C"]]
```

或者

```
df[["A","C"]][0:3]
```

5. Pandas 查询数据

以 students.xlsx 中 student 工作表中的数据为例(表 5-1),加以说明。

表 5-1 学生信息表

studentNo	studentName	gender	chinese	math
20100523	刘文明	男	87	70
30012035	王云飞	男	92	91
30012086	张雨	女	65	83
40010025	张雷	男	50	74
40012030	张小军	男	79	82
41321059	李孝诚	男	92	96
41340136	马小玉	女	55	77
41355045	孙红武	男	90	92
41355062	王长林	男	74	80
41361045	李将寿	男	83	68
41361258	刘登山	男	58	40
41401007	鲁宇星	男	96	81
41405002	王小月	女	92	89
41405007	张晨露	女	88	92

```
>>>xls=pd.read_excel(r'D:\python\python3.7.1\example\5\students.xlsx', sheet_name='student')
```

说明:read_excel()读取 xls,xlsx 文件时需要调用 xlrd 模块,故要安装模块 pip install xlrd。

(1) 列出性别是"男"的人员:

```
>>>xls[xls["gender"]=="男"]         #列出男性的所有列
xls[xls.gender=="男"]        #xls.gender=="男" 等同于 xls["gender"]=="男",以下类同
xls[xls["gender"]=="男"][["studentName","weight"]]
                            #列出男性的"studentName"和"weight"
```

(2) 列出姓名"张"的"女"性:

```
>>>xls[(xls.studentName.str.contains("张")) & (xls.gender=="女")]
```

书写两个以上条件时,每个条件要用()括起来。& 是"与"运算符,"或"运算符是"|"。
说明:pandas.read_excel()函数格式如下:

```
pandas.read_excel(io, sheet_name=0, header=0, names=None, index_col=None,
usecols=None, squeeze=False, dtype=None, engine=None, converters=None, true_
values=None, false_values=None, skiprows=None, nrows=None, na_values=None,
keep_default_na=True, verbose=False, parse_dates=False, date_parser=None,
thousands=None, comment=None, skipfooter=0, convert_float=True, mangle_dupe_
cols=True, **kwds)
```

可以看出该函数参数众多,说明如下。

io:要读取的 Excel 文件名。

sheet_name:读取的工作表,可以是数字、工作表名、None 或者要打开工作表的列表,0 表示第 1 个工作表,[0,1]表示第 1 个和第 2 个工作表,None 表示打开全部工作表。

skiprows:读取数据时,跳过从 0 开始到指定行。

index_col:指定要作为标记的列。

skipfooter:跳过最后的行数。

5.2.2 操作数据

下面以表 5-1 所列数据为例说明列间的常用操作。

```
>>>df=pd.read_excel(r'D:\python\python3.7.1\example\5\students.xlsx', sheet_
name='student')
```

(1) 列的选择和列间运算。

```
>>>df.studentName# 或者 df["studentName"]    #列出 studentName 列
>>>df[["studentNo","gender"]]                #列出 studentName 和 gender 列
>>>df["total"]=df["chinese"]+df["math"]      #新增加一列"total",计算 chinese+math
```

(2) 删除列。

```
>>>del df["total"]# 或 df.pop("total")       #删除前面新增加的"total"列
```

删除列也可以用 drop()方法,并传入参数 axis=1(即坐标轴列),如:

```
>>>df.drop('total',axis=1)
```

(3) 增加一新列。

```
>>>df["english"]=[100,60,30,97,76,90,88,76,73,81,65,87,74,54]
```

要求数据长度要与原来的一致;否则会出现错误。

(4) 使用 assign()方法建立新的列。

新增加一列 average=(df.math+df.chinese+df.english)/3:

```
>>>df["average"]=round((df.math+df.chinese+df.english)/3,2)
```

也可以写为:

```
>>>df.assign(average=lambda x: (x['math']+x["chinese"]+x["english"]) /3).head()
   studentNo  studentName  gender  chinese  math  total  english  average
0  20100523   刘文明         男       87       70    157    100      85.666667
1  30012035   王云飞         男       92       91    183    60       81.000000
2  30012086   张雨          女       65       83    148    30       59.333333
```

```
3    40010025    张雷       男    50    74    124    97    73.666667
4    40012030    张小军     男    79    82    161    76    79.000000
```

如果 average 列要显示两位小数,也可以写为:

```
>>>pd.set_option('precision', 2)
>>>df.head(2)
   studentNo   studentName   gender   chinese   math   total   english   average
0  20100523    刘文明         男       87        70     157     100       85.67
1  30012035    王云飞         男       92        91     183     60        81.00
```

(5) 分组运算。

Pandas 提供了分组对象 GroupBy,配合相关的运算方法可实现特定的分组运算。示例如下:

```
>>>df=pd.read_excel(r'D:\python\python3.7.1\example\5\students.xlsx', sheet_name='student')
>>>df.groupby("gender")
<pandas.core.groupby.generic.DataFrameGroupBy object at 0x000002246A0EBBE0>
```

df.groupby("gender")后得到一个 DataFrameGroupBy 对象,将其转化为列表:

```
>>>list(df.groupby("gender"))
[('女',  studentNo   studentName   gender   chinese   math
 2      30012086    张雨          女       65        83
 6      41340136    马小玉        女       55        77
 12     41405002    王小月        女       92        89
 13     41405007    张晨露        女       88        92),
 ('男',  studentNo   studentName   gender   chinese   math
 0      20100523    刘文明        男       87        70
 1      30012035    王云飞        男       92        91
 3      40010025    张雷          男       50        74
 4      40012030    张小军        男       79        82
 5      41321059    李孝诚        男       92        96
 7      41355045    孙红武        男       90        92
 8      41355062    王长林        男       74        80
 9      41361045    李将寿        男       83        68
 10     41361258    刘登山        男       58        40
 11     41401007    鲁宇星        男       96        81)]
```

列表由两个元组构成。每个元组的第 1 个元素是组别,第 2 个元素是对应组别下的 DataFrame。利用 groupby 将原来的 DataFrame 按照组别可分成多个 DataFrame。上面 df 的级别只有"男"和"女"两个,故 df 分组后变成了两个 DataFrame。如果要获得某个组,如获得 gender="女"的组,可以写为:

```
>>>df.groupby('gender').get_group("女")
   studentNo   studentName   gender   chinese   math
2  30012086    张雨          女       65        83
6  41340136    马小玉        女       55        77
12 41405002    王小月        女       92        89
```

```
    13   41405007    张晨露         女        88      92
```

学习过SQL(Structured Query Language)就会发现,Pandas的groupby与SQL中的group by的用法是一样的。分组后就可以按照组来统计分析,称之为分组聚合。常用的分组聚合的方法有count(分组的数目,包括默认值)、median(分组的中位数)、head(返回每组的前n个值)、cumcount(对每个分组的组员进行标记)、max(每组最大值)、min(每组最小值)、mean(每组平均值)、sum(每组的和)、size(每组的大小)、std(每组的标准差)、var(方差)。下面是一些分组聚合的应用示例:

```
#分组求和
>>>df.groupby('gender').sum()
        studentNo    chinese   math
gender
女       154162231    300       341
男       378289089    801       774
```

查看df的信息,发现studentNo列的数据类型是int64,故studentNo也被分组求和了。

```
>>>df.info()
<class 'pandas.core.frame.DataFrame'>
RangeIndex: 14 entries, 0 to 13
Data columns (total 5 columns):
studentNo      14 non-null int64
studentName    14 non-null object
gender         14 non-null object
chinese        14 non-null int64
math           14 non-null int64
dtypes: int64(3), object(2)
memory usage: 640.0+bytes
```

可以将studentNo的数据类型由int64转变为object(相当于是str),然后再分组求和:

```
>>>df["studentNo"]=df["studentNo"].astype("object")
>>df.groupby('gender').sum()
        chinese   math
gender
女       300       341
男       801       774
```

也可以在分组求和时指定列,如指定math列和chinese列:

```
>>>df.groupby('gender')[["math","chinese"]].sum()
        math   chinese
gender
女       341    300
男       774    801
```

Pandas对分组默认不排序(sort=False),如果排序可以写为:

```
>>>df.groupby('gender',sort=True)[["math","chinese"]].sum()
```

根据gender分组df,统计math、chinese的平均值:

```
>>>result=df.groupby("gender")[["chinese","math"]].mean()
>>>result
        chinese   math
gender
女        75.0    85.25
男        80.1    77.40
```

列出每个组的数量：

```
>>>df.groupby("gender").size()
gender
女    4
男   10
dtype: int64
```

对每个组的 math 求和：

```
>>>df.groupby("gender")["math"].sum() #也可以 df.groupby("gender")["math"].agg("sum")
gender
女   341
男   774
Name: math, dtype: int64
```

如果要对不同的列求不同的值，如 math 列求和、chinese 列求平均值，可借助字典：

```
>>>df.groupby("gender").agg({"math":"sum","chinese":"mean"})
        math   chinese
gender
女        341    75.0
男        774    80.1
```

(6) apply() 函数作用于 DataFrame 的行和列。

```
>>>df=pd.DataFrame(np.random.randn(4,3),columns=list("ABC"))
>>>df
        A           B           C
0   -0.406777   0.514455   -1.207784
1   -0.235792   0.128665    1.698576
2   -1.592817   0.772820   -0.707485
3    1.848664  -0.609606   -1.126800
>>>fun=lambda x:x.max()
>>>df.apply(fun)
A    1.848664
B    0.772820
C    1.698576
dtype: float64
```

也可以让 apply() 函数应用于 DataFrame 对象的每一行：

```
>>>df.apply(fun,axis=1)
0    0.514455
```

```
1    1.698576
2    0.772820
3    1.848664
dtype: float64
```

5.2.3 数据转换

1. Pandas 数据转换为数组

```
>>>import numpy as np
>>>import pandas as pd
>>>df=pd.DataFrame(np.random.rand(4,5), columns=list('abcde'))
>>>df.values#转换成 array
array([[0.11702199, 0.24888867, 0.56276825, 0.7296855, 0.64655662],
       [0.79874532, 0.58374199, 0.04984609, 0.87391938, 0.61992635],
       [0.02279182, 0.20547433, 0.2510121, 0.71115397, 0.17961342],
       [0.6638396, 0.65534142, 0.55003444, 0.20711303, 0.19333897]])
```

也可以写成：

```
b=np.asarray(df)
```

或者

```
df.to_numpy()
```

2. Pandas 数据转换为矩阵

```
>>>np.asmatrix(df)
matrix([[0.11702199, 0.24888867, 0.56276825, 0.7296855, 0.64655662],
        [0.79874532, 0.58374199, 0.04984609, 0.87391938, 0.61992635],
        [0.02279182, 0.20547433, 0.2510121, 0.71115397, 0.17961342],
        [0.6638396, 0.65534142, 0.55003444, 0.20711303, 0.19333897]])
```

5.3 Pandas 读写数据

Pandas 模块可以读写很多格式的数据，如 CSV、Excel、SQL、JSON、HTML、SAS、Pickling、HDF5 等。在 Pandas 中通常使用类似 pd.read_xxx() 形式的函数读取文件，如读取 Excel 时，使用 pd.read_excel()、读取 CSV 时使用 pd.read_csv()。读取数据后，可以使用 DataFrame 对象的 shape[1] 得到数据的行数，shape[0] 得到数据的列数。

5.3.1 读写 Excel

1. 读取 Excel 的值

使用 Pandas 的 read_excel()、write_excel() 读写 Excel 前，需要安装 xlrd：

```
pip install xlrd
>>>import pandas aspd
```

```
>>>pd.read_excel('c:\ students.xlsx', sheet_name='student').head()
   studentNo  studentName  gender  chinese  math
0  20100523   刘文明         男       87       70
1  30012035   王云飞         男       92       91
2  30012086   张雨          女       65       83
3  40010025   张雷          男       50       74
4  40012030   张小军        男       79       82
```

执行 read_excel() 的第 1 个参数是要读取 Excel 的文件名,第 2 个参数 sheet_name 指定工作表。读取多个工作表时,可以写成:

```
>>>data={}
>>>data=pd.read_excel('c:\students.xlsx', ['student', 'score'])
>>>xlsx=pd.ExcelFile('c:\ students.xlsx')        #与上一语句相同
```

通过以下方式查看 students.xlsx 中工作名:

```
>>>xlsx.sheet_names
['mine', 'gradeRatio', 'student', 'score', 'course', 'teacher', 'person']
>>>df1=pd.read_excel(xlsx, 'mine')              #读 mine 工作表
>>>df2=pd.read_excel(xlsx, 'gradeRatio')         #读 gradeRatio 工作表
>>>df1.shape[1]                                  #得到数据的列数,等同于 len(df1.columns)
>>>df1.shape[0]                                  #得到数据的行数,等同于 len(df1)
```

可以通过上下文的方式读取各工作表:

```
>>>with pd.ExcelFile('c:\ students.xlsx') as xls:
      df1=pd.read_excel(xls, 'mine')
      df2=pd.read_excel(xls, 'gradeRatio')
```

可以使用工作表的索引号读取,如读取第 1 个工作表:

```
pd.read_excel('c:\students.xlsx', 0)
```

如果要读取第 1 个工作表的第 1、2、3 列,可以用 usecols 指定:

```
pd.read_excel('c:\ students.xlsx', 0,usecols=[0, 1, 2])
```

例如,计算 irongray.xlsx 中 price 列与 unitConsumption 的乘积,并求和:

```
>>>df1=pd.read_excel('c:\irongray.xlsx', 0)
>>>result=df1["price"] * df1["unitConsumption"]
>>>result.sum()
```

2. 写入 Excel

要将 DataFrame 对象写入 Excel,可以使用 DataFrame 对象 df 的 to_excel() 方法:

```
df.to_excel('path_to_file.xlsx', sheet_name='Sheet1')
```

扩展名为 xlsx 通过 xlsxwriter 或 openpyxl 写入,扩展名为 xls 通过 xlwt 写入。

```
>>>import pandas as pd
>>>df1=pd.DataFrame({'Data1':[1,2,3,4,5,6,7]})
>>>df1.to_excel("c:/test1.xls",sheet_name='a',index_label='label')
```

代码运行后,在 C:盘根目录下生成了 test1.xls。要将多个 DataFrame 对象如 df1、df2 保存到一个 Excel 文件(如 c:\test1.xls)的多个工作表中,如 Sheet1、Sheet2,可以使用 ExcelWriter:

```
with pd.ExcelWriter('c:/test1.xls') as writer:
    df1.to_excel(writer, sheet_name='Sheet1')
    df2.to_excel(writer, sheet_name='Sheet2')
```

可以将列表数据保存为 Excel 工作表:

```
>>>df1=pd.DataFrame({'Data1':[1,2,3,4,5,6,7]})
>>>df2=pd.DataFrame({'Data2':[8,9,10,11,12,13]})
>>>df3=pd.DataFrame({'Data3':[14,15,16,17,18]})
>>>writer=pd.ExcelWriter('c:/test.xlsx')
>>>df1.to_excel(writer,sheet_name='Data1',startcol=0,index=False)
>>>df2.to_excel(writer,sheet_name='Data1',startcol=1,index=False)
>>>df3=pd.DataFrame({'Data3':[14,15,16,17,18]})
>>>writer=pd.ExcelWriter('c:/test.xlsx')
>>>df1.to_excel(writer,sheet_name='Data1',startcol=0,index=False)
>>>df2.to_excel(writer,sheet_name='Data1',startcol=1,index=False)
>>>df3.to_excel(writer,sheet_name='Data3',index=False)
>>>writer.save()          #将 Excel 文件保存在指定路径中
```

执行后打开 c:/test.xlsx,结果如图 5-1 所示。

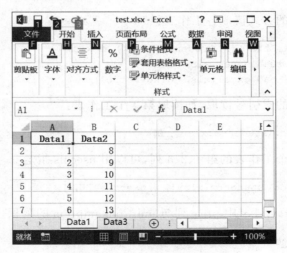

图 5-1 test.xlsx 文件中内容

5.3.2 读取 CSV 文件

Pandas 提供了 read_csv()和 to_csv()读写 CSV 文件。

```
>>>df=pd.read_csv("d:/16Nov22A01.csv", skiprows=3,encoding="gbk",nrows=218)
```

说明如下。

"d:/16Nov22A01.csv":要读取的 CSV 文件。

skiprows:跳过的行数。

encoding：CSV 文件中包含有中文时，编码取值为"gbk"。

nrows：读取的总行数。

5.3.3 读写 JSON

1. 读取 JSON 文件

Pandas 提供了 read_json() 方法读取 json 文件或者字符串，该方法参数较多，第 1 个参数指定 json 的文件名或者字符串，第 2 个参数指定文件格式，根据 json 格式的不同其取值也不同。

如果是 series 转 json，默认的 orient 是"index"，orient 的取值有"split"、"records"、"index"。

如果是 DataFrame 转 json，默认的 orient 是"columns"，"orient" 的取值有"split"、"records"、"index"、"columns"、"values"。

orient 不同取值的含义，可对照后面的 to_json()。

例 5-1 读取 JSON 字符串，并输出到 Excel。

```
#5-2.py
import pandas as pd
pets='[ { "petName":"贵宾犬", "introduction":"活泼,性情优良,极易近人" },\
{ "petName":"哈士奇", "introduction":"耐力和速度惊人,温顺友好" },\
{"petName":"蝴蝶犬", "introduction":"活泼好动、胆大灵活" }]'
df=pd.read_json(pets,orient='records')
df.to_excel('json.xlsx',index=False,columns=["petName","introduction"])
```

2. 生成 JSON 文件

Pandas 提供了 to_json() 方法，将 serial 或 DataFrame 对象生成为指定格式的 JSON。

```
>>>df1=pd.DataFrame([{"姓名":"张三","年龄":"50"},{"姓名":"李卫国","年龄":"60"}])
>>>df1.to_json(orient="columns",force_ascii=False)
'{"姓名":{"0":"张三","1":"李卫国"},"年龄":{"0":"50","1":"60"}}'
>>>df1.to_json(orient="split",force_ascii=False)
'{"columns":["姓名","年龄"],"index":[0,1],"data":[["张三","50"],["李卫国","60"]]}'
>>>df1.to_json(orient="records",force_ascii=False)
'[{"姓名":"张三","年龄":"50"},{"姓名":"李卫国","年龄":"60"}]'
>>>df1.to_json(orient="values",force_ascii=False)
'[["张三","50"],["李卫国","60"]]'
>>>df1.to_json(orient="index",force_ascii=False)
'{"0":{"姓名":"张三","年龄":"50"},"1":{"姓名":"李卫国","年龄":"60"}}'
```

从上面的结果可以看出，orient 取值不同，输出的 JSON 字符串的格式也是不同的。

5.3.4 从数据库中读写数据

1. 从库中读取数据

Pandas 提供了以下方法从数据库中读取数据。

read_sql_table(table_name,con[, schema, ...])：使用连接 con 从库中表 table_table

中读取数据,返回 DataFrame,需要安装 SQLAlchemy。

read_sql_query(sql, con[, index_col, ...]):使用连接 con 应用 SQL 读取数据,返回 DataFrame。

read_sql(sql, con[, index_col, ...]):使用连接 con 通过 SQL 或者表,读取数据,返回 DataFrame。

读取数据时,需要先建立连接对象,根据数据库的不同,需要安装不同的驱动模块,详见数据库部分。Python3 中内嵌有 SQLite,无须单独下载安装。下面以 SQLite 为例,说明 Pandas 访问数据库的方法。

```
>>>import sqlite3
>>>cnn=sqlite3.connect(r"c:\test.db")
>>>pd_student=pd.read_sql("select * from student",cnn)
```

也可以执行:

```
pd_student=pd.read_sql_query("select * from student",cnn)
```

2. 将 DataFrame 数据写入到库中

```
>>>data={"id":[20,30,40],"Date":["2018-10-18","2018-10-16","2018-12-15"],
"gender":["F","M","F"]}
>>>pd_data=pd.DataFrame(data)
>>>pd_data.to_sql("aaaaa",cnn)
```

在 to_sql()方法中,参数 aaaaa 是新生成的表名;cnn 是连接对象名。打开 c:\test.db,浏览 aaaaa 数据表,结果如图 5-2 所示。

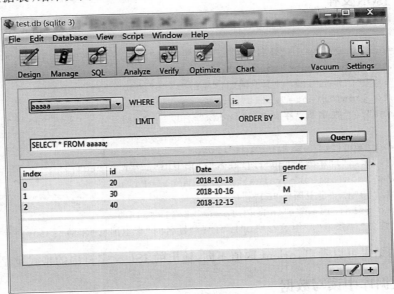

图 5-2 浏览表 aaaaa

有些数据库,当写入到库中的 DataFrame 过大时,会出现错误,此时需要在.to_sql()中设置 chunksize 属性,指定一次性写入的行数,如:

```
pd_data.to_sql("aaaaa",cnn,chunksize=1000)
```

3. 执行 SQL

不建立 DataFrame 对象,可以用以下方式运行 SQL,在表 aaaaa 中增加一条新记录:

```
>>>from pandas.io import sql
>>>sql.execute('INSERT INTO aaaaa VALUES(3, 50, "2019-07-20", "M")',cnn)
>>>cnn.commit()
```

5.4 Pandas 在岩石地球化学数据分析中的应用

夏威夷某熔岩湖 17 块岩石的地球化学分析数据(存放的文件名为 rock.xlsx)见图 5-3。以各样品 SiO_2 含量为 x 轴,Al_2O_3 含量为 y 轴,画出散点图,使用 $y=a+bx$ 建立二者的回归方程,运行结果如图 5-4 所示。

	A	B	C	D	E	F	G	H	I	J	K	L	M	N	O	P	Q	R
1	夏威夷某熔岩湖的岩石化学分析																	
2	样品号	1	2	3	4	5	6	7	8	9	10	11	12	13	14	15	16	17
3	SiO_2	48.29	48.83	45.61	45.50	49.27	46.53	48.12	47.93	46.96	48.12	48.45	47.90	48.45	48.98	48.74	49.61	49.20
4	TiO_2	2.33	2.47	1.70	1.54	3.30	1.99	2.34	2.32	2.01	2.73	2.47	2.24	2.35	2.48	2.44	3.23	2.50
5	Al_2O_3	11.48	12.38	8.33	8.17	12.10	9.49	11.43	11.18	9.90	12.54	11.80	11.17	11.64	12.05	11.60	12.91	12.32
6	Fe_2O_3	1.59	2.15	2.12	1.60	1.77	2.16	2.26	2.46	2.13	1.83	2.81	2.41	1.04	1.39	1.38	1.60	1.26
7	FeO	10.03	9.41	10.02	10.44	9.79	9.46	9.39	9.72	10.02	8.91	9.36	10.37	10.17	10.18	9.68	10.13
8	MnO	0.18	0.17	0.17	0.17	0.17	0.20	0.18	0.18	0.18	0.18	0.18	0.18	0.18	0.18	0.18	0.18	0.18
9	MgO	13.58	11.08	23.06	23.87	10.46	19.26	13.65	14.33	18.31	10.05	12.52	14.64	13.23	11.18	12.35	8.84	10.20
10	CaO	9.85	10.64	6.98	6.79	9.65	8.18	9.87	9.64	8.58	10.55	10.18	9.58	10.18	10.83	10.45	10.96	11.05
11	Na_2O	1.90	2.02	1.33	1.28	2.25	1.54	1.89	1.86	1.58	2.09	1.93	1.82	1.89	1.73	1.67	2.24	2.03
12	K_2O	0.44	0.47	0.32	0.31	0.65	0.38	0.46	0.45	0.37	0.56	0.48	0.41	0.45	0.80	0.79	0.55	0.44
13	P_2O_5	0.23	0.24	0.16	0.15	0.30	0.18	0.22	0.21	0.19	0.26	0.23	0.21	0.23	0.24	0.23	0.27	0.25
14	H_2O+	0.05	0.00	0.00	0.00	0.00	0.08	0.03	0.01	0.00	0.00	0.08	0.00	0.09	0.02	0.04	0.02	0.01
15	H_2O-	0.05	0.03	0.03	0.04	0.10	0.04	0.05	0.00	0.00	0.00	0.02	0.00	0.02	0.00	0.02	0.02	0.00
16	CO_2	0.01	0.00	0.00	0.00	0.11	0.04	0.02	0.00	0.00	0.00	0.00	0.00	0.01	0.00	0.01	0.00	0.00
17	总计	100	99.89	99.83	99.86	99.84	99.93	99.99	100.03	99.97	100.03	100.03	99.95	100.07	100.06	100.06	99.90	99.57

图 5-3 岩石化学分析数据

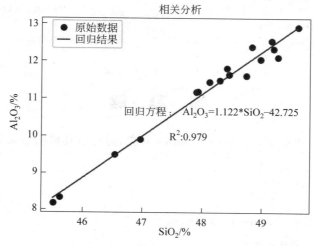

图 5-4 岩石中 SiO_2 与 Al_2O_3 相关分析

```
#5-3.py
import numpy as np
import pandas as pd
import matplotlib.pyplot as plt
from matplotlib.font_manager import FontProperties
font=FontProperties(fname=r"c:\windows\fonts\simsun.ttc",size=10)
#读取数据
xls=pd.read_excel('rock.xlsx',sheet_name='Sheet1',index_col=0,skiprows=1,
skipfooter=1)
df=pd.DataFrame(xls.values.T,index=xls.columns,columns=xls.index)
df1=df.sort_values(by=['SiO2'],ascending=True)          #按照 SiO2 升序
SiO2=df1.iloc[:,0]
Al2O3=df1.iloc[:,2]
#回归
A=np.vstack([SiO2,np.ones(len(SiO2))]).T
m,c=np.linalg.lstsq(A,Al2O3,rcond=None)[0]              #只需要系数和常数项
plt.plot(SiO2,Al2O3,'o',label='原始数据',markersize=8)
plt.plot(SiO2,m*SiO2+c,'r',label='回归结果')
plt.legend(prop={'family':'SimHei','size':8})
plt.title("相关分析",fontproperties=font)
plt.xlabel("SiO$_2$(%)",fontproperties=font)
plt.ylabel("Al$_2$O$_3$(%)",fontproperties=font)
#y=a+bx 中如果系数 b 为负数,防止方程出现类似 y=2*x+-3 的情况
if c>0:
    equation=str(round(m,3))+"*SiO$_2$+"+str(round(c,3))
else:
    equation=str(round(m,3))+"*SiO$_2$"+str(round(c,3))
#计算相关系数 R2
Y=m*SiO2+c
avgY=np.average(Al2O3)
y1=np.sum((Y-avgY)*(Y-avgY))
y2=np.sum((Al2O3-avgY)*(Al2O3-avgY))
r=str(round(y1/y2,3))
#输出回归方程和相关系数
plt.figtext(0.5,0.5,"回归方程:Al$_2$O$_3$="+equation,color="blue",
fontproperties=font)
plt.figtext(0.5,0.4,r"R$^2$:"+r,color="blue",fontproperties=font)
plt.show()
```

练 习 题

5-1 编写程序,使用字典创建一个 Series 对象,运行后其输出结果如下:

```
Java            100
Python           90
C++              80
```

5-2 建立下列 DataFrame,输出结果如下:

```
    书名     价格   热度
0   Python    90    10
1   C++      120     8
2   Java      85     9
```

5-3 使用 Pandas 读取 students.xlsx 文件。

(1) 列出 gender＝"女"的记录。

(2) 列出 gender＝"男"的 math 的平均成绩。

(3) 根据 gender 分组,列出每组中 math 列的最高分和 chinese 列的最低分。

(4) 列出每组 math 和 chinese 的标准差。

5-4 存放在 16Nov22A01.csv 文件中的部分内容见图 5-5。编写程序用 Pandas 读取数据,绘制出图 5-6,用鼠标画出矩形并截取出信号段(图 5-7),如果选择信号段不准确,可单击矩形删除后重新选择。选好信号段后,单击 Calculate 按钮,计算出所在信号段内元素 Li, Be, B······Ca 列的平均值。

	A	B	C	D	E	F	G	H	I	J	K	L	M	N
1	D:\Data\2016.11.22 fluid inclusion five elements.b\16Nov22A01.d													
2	强度 vs ICPS													
3	采集日期	: 11/22/2016 10:27:43 AM 使用批处理 2016.11.22 fluid inclusion five elements.b												
4	时间[s]	Li7	Be9	B11	Na23	Mg24	Al27	Si29	P31	K39	Ca44	Sc45	Ti47	V51
5	0.809	100	0	100	68656.75	0	1400.07	18811.84	4100.56	90173.18	4500.68	0	0	0
6	1.4951	100	0	0	71168.41	0	600.01	20013.4	4600.71	84640.73	3100.33	200	0	500.01
7	2.1811	500.01	0	200	65341.99	0	1400.07	18211.09	4000.54	86652.3	3400.39	100	100	300
8	2.8672	300	0	0	72977.07	0	1400.07	21515.48	5501.01	84238.45	4000.54	200	0	0
9	3.5532	200	0	0	63333.41	0	300	17310.02	3600.43	86350.55	4100.57	200	0	0
10	4.2393	200	0	100	67451.3	0	600.01	19813.13	4600.71	88563.53	5701.1	200	0	0
11	4.9254	100	0	100	58513.89	0	600.01	20113.53	3400.39	86249.97	4300.63	400.01	200	0
12	5.6114	0	0	200	60722.65	0	400.01	18010.85	4600.71	86149.38	3200.35	200	0	0
13	6.2975	200	0	0	60823.05	200	400.01	17109.79	4500.68	84439.6	3700.46	300	0	0
14	6.9835	100	0	0	58112.34	0	200	19312.47	5300.94	81221.71	3800.49	200	0	0
15	7.6696	100	100	0	57409.64	100	600.01	16108.68	5100.87	89368.33	4700.75	0	100	0
16	8.3556	0	0	100	60622.24	100	0	19813.13	4500.68	81523.35	3200.35	100	0	100
17	9.0417	0	0	0	68556.29	100	300	17510.26	4700.74	84540.16	4300.63	100	0	100
18	9.7278	100	0	100	58011.95	0	500.01	17209.91	5000.84	86954.05	4500.68	100	100	100
19	10.4138	200	0	0	55903.97	0	600.01	17109.79	5000.84	84741.3	3900.51	200	100	100
20	11.0999	200	0	0	62329.22	0	300	20113.53	4100.56	80718.97	3400.39	200	0	0
21	11.7859	0	0	0	59015.85	0	200	19312.47	4000.54	85948.22	2800.27	100	0	0
22	12.472	0	0	200	56506.22	100	400.01	17209.91	6501.42	86048.8	4800.78	200	0	0
23	13.158	0	0	0	54599.18	100	400.01	19012.09	4200.59	87457	3600.44	100	0	0

图 5-5 LA-ICP-MS 测试 NIST610 的部分结果

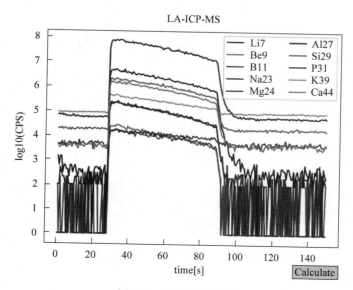

图 5-6 生成的曲线图

Python 基础及应用

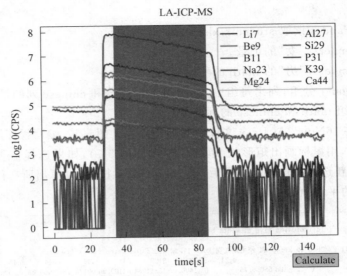

图 5-7　用矩形圈定出 NIST610 的样品信号

第 6 章

图形用户界面

前面涉及的数据输入和输出都是基于字符操作，但目前的软件多是图形用户界面(Graphic User Interface,GUI)的，故使用 Python 从事软件开发，就需要掌握 GUI 开发技术。Python 有着非常多的 GUI 框架，如 wxPython、Qt、tkinter 等，其中 tkinter 是 Python 内置的标准 GUI 库，前面内容中用到的 IDLE 就是用 tkinter 开发的。本章主要介绍 tkinter 与 PyQt5 的使用。

6.1 使用 tkinter

6.1.1 创建窗口

应用 tkinter 时，要先导入该库，格式为：import tkinter 或者 from tkinter import *。库导入成功后，就可以利用库中函数建立窗口、添加部件等。先看一个示例：

```
#6-1.py
import tkinter                               #导入 tkinter 库
win=tkinter.Tk()                             #创建窗口 win
win.title('my first GUI window!')            #设置窗口的标题
win.configure(bg='#40E0D0')                  #设置窗口背景色
win.geometry('600x400+50-200')               #设置窗口的大小和位置
win.resizable(width=False, height=True)      #设置窗口的长、宽是否可以变化
win.iconbitmap('images/spider.ico')          #设置窗口的图标
win.mainloop()         #保持窗口为打开状态,窗口获得控制权,监测窗口上各部件的状态和动作
```

程序运行后，得到图 6-1。

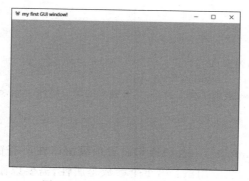

图 6-1　tkinter 建立的空白窗口

设置窗口大小和位置的完整格式：widthxheight±x±y,其中 width 和 height 单位是像素;x 定义窗口在水平方向的位置,＋25 表示窗口左边界距离屏幕左边 25 个像素,－25 表示窗口右边界距离屏幕右边 25 个像素;y 定义窗口在垂直方向的位置,＋50 表示窗口上边界距离屏幕上方 50 个像素,－50 表示窗口下边界距离屏幕下方 50 个像素。以下代码建立一个 600×400 的窗口,并使窗口自动居中。

```python
#6-2.py
import tkinter as tk
window=tk.Tk()
#设置窗口大小
winWidth=600
winHeight=400
#获取屏幕分辨率
screenWidth=window.winfo_screenwidth()
screenHeight=window.winfo_screenheight()
x=int((screenWidth-winWidth)/2)
y=int((screenHeight-winHeight)/2)
#设置主窗口标题
window.title("窗口居中")
#设置窗口初始位置在屏幕居中
window.geometry("%sx%s+%s+%s" %(winWidth, winHeight, x, y))
#设置窗口图标
window.iconbitmap("images/spider.ico")
#设置窗口宽、高保持固定
window.resizable(0, 0)
window.mainloop()
```

代码中 x、y 是图 6-2 所示坐标系的坐标,整个图形区域是屏幕,屏幕左上角是坐标原点(0,0)。

Toplevel(顶级窗口),类似于弹出窗口,具有独立的窗口属性(如标题栏、边框等)。下面的代码使用 create()建立一个顶级窗口,并且在顶级窗口中放置一个标签。程序运行后,自动弹出如图 6-3 所示的顶级窗口。

```python
#6-3.py
from tkinter import *
win=Tk()
def create():
    #创建一个顶级弹窗
    top=Toplevel()
    top.title('我的弹窗')
    top.attributes("-topmost", True)
    Label(top,text='类似于弹出窗口,具有独立的窗口属性。').pack()
create()
win.mainloop()
```

top.attributes("-topmost", True)语句设置顶级窗口在所有窗口的最上层显示。要注意,顶级窗口 attributes 方法的用法：第 1 个参数是属性,需要以添加-(横杠)并用字符串的方式表示,第 2 个参数是属性的取值。

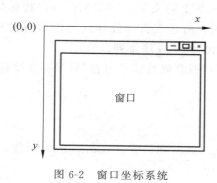

图 6-2 窗口坐标系统

图 6-3 弹出顶级窗口

6.1.2 窗口上增加部件

图 6-1 和图 6-3 所示窗口是空白窗口，上面没有标签、命令、文本框等部件，无法实现指定的功能。需要根据需要，为窗口增加各种部件。下面的代码为窗口增加标签部件和命令按钮部件，运行结果见图 6-4。

```
#6-4.py
import tkinter
win=tkinter.Tk()
win.title('my first GUI window!')
win.geometry('600x400')
win.resizable(width=False, height=True)
win.iconbitmap(' images/spider.ico')
labelA=tkinter.Label(win,text="我原来是这样子")
labelA.pack()
button1=tkinter.Button(win,text="修改标签内容")
button1.pack()
win.mainloop()
```

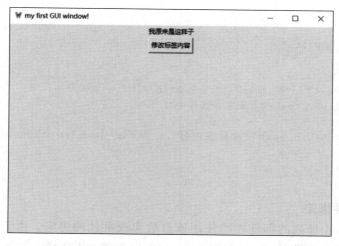

图 6-4 增加部件后的窗口

labelA=tkinter.Label(win,text="我原来是这样子")定义了标签labelA,第1个参数win指定标签所在的窗口,第2个参数text设置标签上的文字。labelA.pack()将标签加入到窗口。命令按钮button1的使用与labelA相同。由于在将部件加入到窗口时没有指定部件的位置,所以从图6-4上看出部件在窗口中由上到下顺序排列。

由于还没有为命令按钮绑定事件,故单击命令按钮"修改标签内容"后标签并没有改变。

6.1.3 部件绑定事件

1. 通过部件的 command 参数绑定

有些部件如 Button、Menu 等有一个参数 command,如果设置 command=函数,当单击部件时就会触发该函数。将 6-4.py 的代码修改为:

```
#6-5.py
import tkinter
win=tkinter.Tk()
win.title('my first GUI window!')
win.geometry('600x400')
win.resizable(width=False, height=True)
win.iconbitmap('images/spider.ico')
labelA=tkinter.Label(win,text="我原来是这样子")
labelA.pack()
def changeLabelA():
    labelA["text"]="我改换面孔了"    #也可以:labelA.config(text="我改换面孔了")
button1=tkinter.Button(win,text="修改标签内容",command=changeLabelA)
button1.pack()
win.mainloop()
```

命令按钮部件 button1 中使用 command 参数,绑定到自定义函数 changeLabelA()。程序运行后,单击命令按钮,触发 changeLabelA()修改标签内容。

许多情况下,在调用自定义函数时需要参数传递,例如将 a、b 的值传递给 changeLabelA(),可使用 lambda:

```
#6-6.py
from tkinter import *
win=Tk()
def changeLabel(a,b):
    labelA["text"]="嘿,{0},{1}".format(b,a)
labelA=Label(win,text="我原来是这样子")
labelA.pack()
button1=Button(win,text="改标签内容",command= lambda: changeLabel("改面孔了","张三"))
button1.pack()
win.mainloop()
```

2. bind()部件绑定

具有 command 参数的部件才能使用该参数实现事件的绑定。由于所有部件都支持 bind()方法实现事件的绑定,故经常使用 bind()绑定事件。语法格式如下:

    部件.bind(event, handler)

其中，第 1 个参数 event 是事件名，如＜Button-1＞表示鼠标左键单击。第 2 个参数 handler 是触发的动作，一般是自定义函数。

button1 如果要鼠标左键单击后触发，则可以写成：

```
def changeLabelA(event):
    labelA["text"]="我改换面孔了"
button1.bind('<Button-1>',changeLabelA)
```

基本上所有部件都能使用 bind 方法，常见 event 有以下几个。

（1）鼠标单击事件：鼠标左键单击为＜Button-1＞，鼠标中键单击为＜Button-2＞，鼠标右键单击为＜Button-3＞，向上滚动滑轮为＜Button-4＞，向下滚动滑轮为＜Button-5＞。

（2）鼠标双击事件：鼠标左键双击为＜Double-Button-1＞，鼠标中键双击为＜Double-Button-2＞，鼠标右键双击为＜Double-Button-3＞。

（3）鼠标释放事件：鼠标左键释放为＜ButtonRelease-1＞，鼠标中键释放为＜ButtonRelease-2＞，鼠标右键释放为＜ButtonRelease-3＞。

（4）鼠标移入部件事件：＜Enter＞。

（5）获得焦点事件：＜FocusIn＞。

（6）鼠标移出部件事件：＜Leave＞。

（7）失去焦点事件：＜FocusOut＞。

（8）鼠标按下移动事件：鼠标左键为＜B1-Motion＞，鼠标中键为＜B2-Motion＞，鼠标右键为＜B3-Motion＞。鼠标相对当前部件的位置会被存储在 event 对象的 x 和 y 字段中传递给回调函数。

（9）键盘按下事件：＜Key＞，event 中的 keysym、keycode、char 都可以获取按下的键。

（10）键位绑定事件：＜Return＞、＜BackSpace＞、＜Escape＞、＜Left＞、＜Up＞、＜Right＞、＜Down＞等。

（11）部件大小改变事件：＜Configure＞，新的部件大小会存储在 event 对象中的 width 和 height 属性传递。有些平台上该事件也可能代表部件位置改变。

event 中的属性说明如下。

（1）widget：产生事件的部件。

（2）x，y：当前鼠标的位置。

（3）x_root，y_root：当前鼠标相对于屏幕左上角的位置，以像素为单位。

（4）char：字符代码（仅限键盘事件），作为字符串。

（5）keysym：关键符号（仅限键盘事件）。

（6）keycode：关键代码（仅限键盘事件）。

（7）num：按钮号码（仅限鼠标按钮事件）。

（8）width、height：小部件的新大小（以像素为单位）（仅限配置事件）。

（9）type：事件类型。

使用 bind() 方法实现事件绑定，也可以使用 lambda 传递参数。下面的示例将 event 和 a 传递给 changeLabelA()。

```
#6-7.py
from tkinter import *
```

```
win=Tk()
def changeLabel(event,a):
    print(event)
    labelA["text"]=a
labelA=Label(win)
labelA.pack()
btn=Button(win,text="修改")
a=[1,2,3]
btn.bind("<Button-1>",lambda event:changeLabel(event,a))
btn.pack()
win.mainloop()
```

3. protocol 协议

tkinter 还提供了 protocol 协议,用于监听窗口的关闭。通过这个协议可以在窗口关闭前提示是否真的要关闭,从而防止用户误触导致数据的丢失。使用的语法格式为:

窗口对象.protocol(protocol,handler)

常见的 protocol 取值如下。

(1) WM_DELETE_WINDOW:最常用的协议。用于定义用户使用窗口管理器明确关闭窗口时发生的情况。如果使用自己的手柄来处理事件窗口将不会自动执行关闭。

(2) WM_TAKE_FOCUS:窗口获得焦点时的协议。

下面是协议 WM_DELETE_WINDOW 的用法:关闭窗口时,会出现询问是否关闭的对话框,确认后窗口才关闭。

```
#6-8.py
from tkinter import *
import tkinter.messagebox as msg          #导入对话框
def callback():
    if msg.askokcancel("Quit", "Do you really wish to quit?"):
        win.destroy()
win=Tk()
win.protocol("WM_DELETE_WINDOW", callback)
btn=Button(win,text="Quit",command=callback)
btn.pack()
win.mainloop()
```

6.1.4 部件的常用布局

tkinter 提供了 pack()、grid()、place()3 种布局方式,这 3 种布局方式不能在同一窗口中混合使用。

1. pack()

这是比较简单的布局方式,默认为自上而下进行布局,窗口 win 下 widget 部件常用的引用格式如下:

```
win.widget.pack(fill='none',side='top',expand='no',anchor='center')
```

其中,fill 为部件填充方向,取值为 x(水平方向填充)、y(垂直方向填充)、both(水平和垂直方向填充)、none(默认,不向任何方向填充)。

side：部件对齐方式，取值为 left、right、top、bottom。
expand：部件是否展开，若 fill 选项为 both，则填充父部件的剩余空间，默认为 no(不展开)。
anchor：当可用空间大于所需求的尺寸时，决定部件被放置于容器的何处，如 n、ne、e、se、s、sw、w、nw、center(默认值为 center)。

2．grid()

grid(网格)布局管理器会将部件放置到一个二维的表格里。窗口被分割成一系列的行和列，表格中的每个单元(cell)都可以放置一个部件。

grid 管理器是 tkinter 里面最灵活的几何管理布局，常用的引用格式如下：

```
win.widget_1.grid(row=2,        #指定行序号
                  column=3,     #指定列序号
                  sticky='E',   #设置部件在窗口中的对齐方式：E(右)、W(左)、N(上)、S
                                #(下)、NE(右上)、SE(右下)、NW(左上)、SW(左下)
                  rowspan=2,    #设置部件所跨的行个数
                  columnspan=2) #设置部件所跨的列个数
```

grid 管理器通过 grid.rowconfigure(row,weight=1)、grid.columnconfigure(column, weight=1)指定按照 weight 权重的比例在 row 行、column 列多余的空间中伸缩、平铺。默认 weight 为 0，表明当用户改变窗口大小时，单元格的大小保持不变。

例 6-1 使用 grid 实现的界面如图 6-5(左)所示，信息填写完成后如图 6-5(中)所示，单击"显示"按钮，出现图 6-5(右)所示界面。

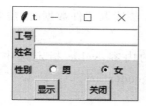

图 6-5 grid 布局示例

```
#6-9.py
from tkinter import *
import tkinter.messagebox as msg
win=Tk()
def showInformation():
    workNo=e1.get()
    name=e2.get()
    gender=genderList.get()
    msg.showinfo('提示',"您输入的信息为：\n 工号："+workNo+"\n 姓名："+name+"\n 性
        别："+gender)
def quit():
    win.destroy()
l=Label(win, text="工号")
l.grid(row=0, column=0)
e1=Entry(win)
e1.grid(row=0, column=1,columnspan=2)
Label(win, text="姓名").grid(row=1, column=0)
```

```
e2=Entry(win)
e2.grid(row=1, column=1,columnspan=2)
genderList=StringVar()
Label(win, text="性别").grid(sticky=E,row=2,column=0)
r1=Radiobutton(win, text="男", value="男",variable=genderList)
r1.grid(row=2,column=1)
r2=Radiobutton(win, text="女", value="女",variable=genderList)
r2.grid(row=2,column=2)
genderList.set("女")
button1=Button(win, text='显示',command=showInformation)
button1.grid(row=3, column=1,sticky=W)
button2=Button(win, text='关闭',command=quit)
button2.grid(row=3, column=2,columnspan=2,sticky=W)
mainloop()
```

示例使用 grid()方法布局,将各种部件放入到表格的单元格。读取文本框 e1 中的值,可以写成:

```
e1=Entry(win)
e1.grid(row=0, column=1,columnspan=2)
workNo=e1.get()
```

虽然可以将创建部件和布局串在一起书写,如上面前两条语句可以写为:

```
e1=Entry(win) .grid(row=0, column=1,columnspan=2)
```

但运行 workNo=e1.get()时会出现错误。故 get()方法读取部件数据时,需要将创建部件的语句和布局的语句分开书写。

选择性别的单选按钮 Radiobutton,text 指定显示的内容,value 指定选中后的值,variable 设置单选按钮的变量是一个 StringVar 类的变量 genderList。

3. place()

通过直接指定部件左上角的坐标来放置部件,但是不同分辨率下可能会导致错位。坐标有绝对坐标和相对坐标,二者不能同时使用。常用的引用格式如下:

```
win.widget.place(x=,    #指定 x 轴的绝对坐标(相对于整个窗口)
    y=,                 #指定 y 轴的绝对坐标(相对于整个窗口)
    relx=,              #指定相对于父对象的相对坐标 x
    rely=               #指定相对于父对象的相对坐标 y
```

6.1.5 部件的使用方法

1. 标签 Label

```
Label_1=tkinter.label(master=,    #master 指定该部件的父容器
    text='',                      #label 所显示的文本,静态
    textvariable=,                #label 所显示的动态文本,内容随赋值不同而不同
    font='',                      #指定字体,从系统字体库来
    justify='',                   #文本对齐方式:center(默认)、left、right
    foreground='',                #字体颜色
    anchor='',                    #文本在内容区的位置:n、s、w、e、ne、nw、sw、se、center
```

```
        height=,                       #label 高度
        weight=,                       #label 宽度
        padx=,                         #label 内容区与右边框的间隔大小,int 类型
        pady=,                         #label 内容区与上边框的间隔大小,int 类型
        background='',                 #label 内容区背景色)
```

通过程序代码,改变标签上的文本,可以写成:

```
abc=StringVar()                    #标签上要显示默认值: abc=StringVar(value="默认值")
labelA=Label(win, textvariable=abc)
abc.set("标签上要显示的内容")
```

也可以直接写成:

```
labelA=Label(win,text="默认值")
labelA["text"]="标签上要显示的内容"
```

还可以写成:

```
labelA.config(text="值")
```

例 6-2 编写一个简单的电子时钟,将时间动态地显示在标签上。

```
#6-10.py
import tkinter
import time                             #输入 time 模块
win=tkinter.Tk()                        #创建一个 tk 窗口,变量名为 win
lb0=tkinter.Label()                     #在 tk 窗口内部创建标签,变量名为 lb0
lb0.grid(row=0, column=0)               #标签 lb0 的位置
def run():                              #run()函数功能:
    t=time.strftime('%H:%M:%S')         #获取本地时间,变量名为 t
    lb0.config(text=t)                  #标签 label0 的文本内容为 t
    lb0.after(1000, run)                #每隔 1 秒执行 run()函数
run()
win.mainloop()
```

例 6-3 以标签为例,演示部件重叠时,如何将部件置前或置后,运行结果如图 6-6 所示。

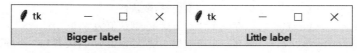

图 6-6 运行开始(左图)和 2 秒后(右图)显示的效果

当多个窗口或者部件在屏幕同一位置出现时,上面的部件将会遮盖住下面的部件。利用 lift()或者 lower()方法,将窗口或者部件置前或者置后:

```
#6-11.py
from tkinter import *
win=Tk()
little=Label(win, text="Little label")
bigger=Label(win, text="Bigger label")
```

```
little.grid(column=0,row=0)
bigger.grid(column=0,row=0)
win.after(2000, lambda: little.lift())
win.mainloop()
```

程序运行后,开始时标签 Bigger 在标签 Little 的上面,2 秒后,二者交换了前后顺序。

2. Button 部件

Button 与 Label 相似,只不过多了一个参数,即 command=函数名。该参数通常可以和自定义函数搭配使用,如:

```
#6-12.py
import tkinter
import tkinter.messagebox
win=tkinter.Tk()
def helloCallBack():
    tkinter.messagebox.showinfo("information", B.cget("text"))
B=tkinter.Button(win, text="点我", command=helloCallBack)
B.pack()
win.mainloop()
```

B.cget("text")用于获取命令按钮 B 的 text 属性的值,故单击命令按钮后,弹出的消息框中显示"点我"。

3. Entry 部件

Entry()用于制作单行文本框。需要注意的是,Entry()中 text 属性是无效的,若要在 Entry()中预先就输入好文本,需要使用 Variable 类型的变量。如果希望输入 Entry()的字符是自定义的,如输密码时的暗码,可使用 show="规定。

若想将通过 Entry()输入的值赋给一个变量,则可以采取以下方式:

```
v=tkinter.StringVar(value="默认值")   #定义一个字符变量作为容器 v,value 设置为默认值
entry_1=tkinter.Entry(win, textvariable=v)   #将通过 Entry()输入的内容赋值给容器 v
value=v.get()                         #从容器 v 中提取内容并将其给予一个新容器 value
```

tkinter 包中的 Variable 类型的变量有:

```
v=tkinter.StringVar()      #保存一个 string 类型变量,默认值为""
v=tkinter.IntVar()         #保存一个整型变量,默认值为 0
v=tkinter.DoubleVar()      #保存一个浮点型变量,默认值为 0.0
v=tkinter.BooleanVar()  #保存一个布尔型变量,返回值为 0(代表 False)或 1(代表 True)
```

Variable 类型的变量,如果要设置其保存的变量值,则使用它的 set()方法;如果要得到其保存的变量值,则使用它的 get()方法。下面的代码运行后,虽然文本框设置的默认值是 10,但运行后可利用 v.set(50)将文本框的值改为 50。

```
#6-13.py
import tkinter
win=tkinter.Tk()
v=tkinter.IntVar(value=10)
e1=tkinter.Entry(win, textvariable=v)
v.set(50)
```

```
e1.pack()
win.mainloop()
```

4. Frame 部件

Frame 的作用是创造一个形状为矩形的父类，作为容器承装其他部件，多用于实现不同类部件间的分组：

```
frame_1=Frame(master=,OPTIONS,...)          #Frame 的用法与其他部件类似
#6-14.py
import tkinter
win=tkinter.Tk()
win.title("诗诗欣赏")
win.geometry('250x100')
one=tkinter.Label(win,text="江南好，风景旧曾谙").pack()
frame1=tkinter.Frame(win,height=2, bd=1, relief="sunken")
frame1.pack(fill="x", padx=6, pady=6)
two=tkinter.Label(win,text="日出江花红胜火").pack()
frame2=tkinter.Frame(win,height=2, bd=1, relief="sunken")
frame2.pack(fill="x", padx=6, pady=6)
three=tkinter.Label(win,text="春来江水绿如蓝").pack()
win.mainloop()
```

代码运行后效果如图 6-7 所示。

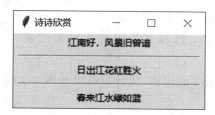

图 6-7　Frame 示例

5. Checkbutton 部件

Checkbutton 用于对一个陈述进行 Yes 或 No 的选择，其基本用法与上述部件相似，但是增加了勾选动作的参数。

```
checkbutton_1=tkinter. checkbutton (master=,
    command=,        #指定勾选后执行的函数
    onvalue=,        #指定 checkbutton 处于勾选状态时的值，通常取 1
    offvalue=,       #指定 checkbutton 处于非勾选状态时的值，通常取 0
    variable=,       #指定跟踪 checkbutton 状态的变量
```

例 6-4　用 Checkbutton 执行自定义函数，用标签显示选择结果。运行结果如图 6-8 所示。

```
#6-15.py
import tkinter
win=tkinter.Tk()
def showInformation():
```

```
        if(c1.get()==1) & (c2.get()==1):
            text.set('我喜欢游泳和唱歌')
        elif(c1.get()==0) & (c2.get()==1):
            text.set('我只喜欢唱歌')
        elif(c1.get()==1) & (c2.get()==0):
            text.set('我只喜欢游泳')
        else:
            text.set('我什么都不喜欢')
c1=tkinter.IntVar()                    #数字标识复选
c2=tkinter.IntVar()
text=tkinter.StringVar()
#c1.set(1) #设置默认值
tkinter.Label(win,text="你的爱好:").grid(row=0,column=0)
check1=tkinter.Checkbutton(win,text="游泳",variable=c1,onvalue=1,offvalue=0,
command=showInformation).grid(row=0,column=1)
check2=tkinter.Checkbutton(win,text="唱歌",variable=c2,onvalue=1,offvalue=0,
command=showInformation).grid(row=0,column=2)
label_1=tkinter.Label(win, bg='yellow', width=20,
            text='等着选择......', textvariable=text).grid(row=1,columnspan=2)
win.mainloop()
```

6. Radiobutton 部件

Radiobutton 部件与 Checkbutton 部件非常相似，为了实现其"单选"行为，确保一组中所有按钮的 variable 选项都使用同一个变量，并使用 value 选项来指定每个按钮代表的值。

图 6-8 复选框的示例

例 6-5 示例 Radiobutton 的用法，执行后结果如图 6-9 所示。

```
#6-16.py
import tkinter as tk
win=tk.Tk()
def printRadio():
    l["text"]='you have selected'+' '+v.get()
l=tk.Label(win,bg='yellow',width=20,text="you have selected:B")
l.pack()
v=tk.StringVar()                                          #定义变量
r1=tk.Radiobutton(win, text="one", value="A", variable=v,command=printRadio)
                                                          #单选框
r1.pack()
r2=tk.Radiobutton(win, text="two", value="B", variable=v,command=printRadio)
r2.pack()
r3= tk. Radiobutton (win, text =" three", value =" C", variable = v, command =
printRadio)
r3.pack()
v.set("B")                                                #设置第二个默认
win.mainloop()
```

如果选项多，可以采用循环添加选择项，运行结果如图 6-10 所示。

```
#6-17.py
from tkinter import *
win=Tk()
language=("Java","C#","Delphi","C++","Python")
v=IntVar()
v.set(1)
for num,lang in enumerate(language):
    b=Radiobutton(win, text=lang, variable=v, value=num)
    b.pack(anchor="w")
mainloop()
```

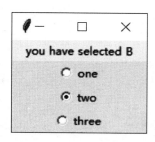
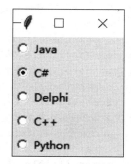

图 6-9　Radiobutton 示例　　　　图 6-10　利用循环为 Radiobutton 增加选项

7. Menu 部件

使用 Menu 可以创建顶层菜单、下拉菜单、弹出菜单。Menu 不需要进行布局操作。

例 6-6　顶层菜单示例，运行结果见图 6-11。

```
#6-18.py
import tkinter as tk
win=tk.Tk()
def callback():
        print("调用菜单")
#创建一个顶级菜单
menubar=tk.Menu(win)
menubar.add_command(label="文件", command=callback)
menubar.add_command(label="退出", command=win.quit)
#显示菜单
win.config(menu=menubar)          #也可以写为：win['menu']=menubar
win.mainloop()
```

上述代码使用 menu 类创建一个菜单 menubar，menubar.add_command 用于添加菜单项，如果该菜单是顶层菜单，则添加的菜单项依次向右添加。如果该菜单是顶层菜单的一个菜单项，则它添加的是下拉菜单的菜单项。add_command 中的参数说明如下。

label：指定菜单的名称。

command：被单击时调用的方法。

acceletor：快捷键。

underline：是否拥有下画线。

创建下拉菜单与顶层菜单基本相同，最主要的区别是下拉菜单要添加到主菜单上，而不是窗口上。

例 6-7 下拉菜单的示例，运行结果见图 6-12。

```python
#6-19.py
import tkinter as tk
win=tk.Tk()
def callback():
        print("调用菜单")
#创建一个顶级菜单
menubar=tk.Menu(win)
#创建一个下拉菜单"文件"，然后将它添加到顶级菜单中
filemenu=tk.Menu(menubar, tearoff=False)
filemenu.add_command(label="打开", command=callback)
filemenu.add_command(label="保存", command=callback)
filemenu.add_separator()#在菜单项间建立分隔线
filemenu.add_command(label="退出", command=win.quit)
menubar.add_cascade(label="文件", menu=filemenu)
#创建另一个下拉菜单"编辑"，然后将它添加到顶级菜单中
editmenu=tk.Menu(menubar, tearoff=False)
editmenu.add_command(label="剪切", command=callback)
editmenu.add_command(label="拷贝", command=callback)
editmenu.add_command(label="粘贴", command=callback)
menubar.add_cascade(label="编辑", menu=editmenu)
#显示菜单
win.config(menu=menubar)
win.mainloop()
```

图 6-11 顶层菜单

图 6-12 下拉菜单

menu 类里有一个 post() 方法，它接收两个参数，即 x 和 y 坐标，它会在相应的位置弹出菜单。

例 6-8 建立右键菜单的示例，运行结果见图 6-13。

```python
#6-20.py
from tkinter import *
#在win窗口生成一个标签并布局上去
def showInfo():
```

```
        Label(win,text='I love Python').pack()
win=Tk()
#生成一个顶级菜单实例
menubar=Menu(win)
#生成顶级菜单实例的菜单项
for x in ['vb','vc','java','python','php']:
    menubar.add_command(label=x)
#增加顶级菜单项的同时绑定一个事件
menubar.add_command(label='C#',command=showInfo)
#定义一个事件
def popup(event):
    menubar.post(event.x_root,event.y_root)
#在win大窗口绑定一个右键事件(在当前坐标上弹出一个菜单)
win.bind("<Button-3>",popup)
win.mainloop()
```

建立菜单时,可以将上述代码的 add_command 改为 add_radiobutton 或 add_checkbutton,使菜单项前面出现单选框或复选框。

8. Canvas 部件

tkinter 提供的 Canvas 部件,可绘制直线、圆、矩形、图片、文字等。

例 6-9 在 Canvas 中绘制椭圆和矩形,运行结果见图 6-14。

图 6-13 弹出菜单

```
#6-21.py
from tkinter import *
#创建窗口
win=Tk()
#创建并添加 Canvas
cv=Canvas(win, background='white')
cv.pack(fill=BOTH, expand=YES)
cv.create_rectangle(40, 40, 200, 200,
    outline='green',                    #边框颜色
    stipple='gray12',                   #填充的位图
    fill="red",                         #填充颜色
    width=5                             #边框宽度
)
cv.create_oval(240, 30, 330, 200,
    outline='yellow',                   #边框颜色
    fill='pink',                        #填充颜色
    width=4                             #边框宽度
)
win.mainloop()
```

程序利用 Canvas 提供的 create_rectangle()、create_oval()方法绘制矩形、椭圆。表 6-1

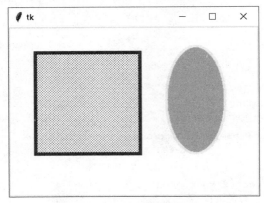

图 6-14 Canvas 绘矩形和椭圆

列出了部分 Canvas 的绘图方法。

表 6-1 Canvas 主要绘图方法

功　能	绘　图　方　法	参　数　意　义
画线	create_line(x0,y0,...,xn,yn, * options)	x0 到 yn 指定显示中一系列的两点或多点坐标
画矩形	create_rectangle(x0,y0,x1,y1, * options)	(x0,y0),(x1,y1) 指定显示中长方形对坐标(左上角和右下角)
画多边形	create_polygon(x0,y0,x1,y1, * options)	x0 到 yn 指定显示中一系列的三点或多点坐标,来描述一个封闭多边形
画椭圆	create_oval(x0,y0,x1,y1, * options)	(x0,y0),(x1,x2) 给出椭圆的矩形的对角坐标
画弧形	create_arc(x0,y0,x1,y1, * options)	(x0,y0),(x1,y1) 给出包含定义弧的椭圆的矩形对角坐标
画位图	create_bitmap(x,y, * options)	(x,y) 指定显示中用来定位位图的点的坐标
画文字	create_text(x,y,text, * options)	(x,y) 指定显示文本的点的坐标。text 是文字内容

各绘图方法中都有参数 * options,表示绘图时的一些其他属性,如 stipple、fill、outline、width 等。以下代码画位图,运行结果见图 6-15。

```
#6-22.py
from tkinter import *
win=Tk()
cv=Canvas(win)
bitmaps=["error", "gray75", "gray50", "gray25", "gray12",
"hourglass", "info", "questhead", "question", "warning"]
for i in range(len(bitmaps)):
    cv.create_bitmap((i+1) * 30,30,bitmap=bitmaps[i])
cv.pack()
mainloop()
```

图 6-15　画位图

6.1.6　tkinter 的消息框

tkinter 提供了消息框的库函数，使用前需要导入库函数：

import tkinter as tk
import tkinter.messagebox as msg #消息框库

（1）提示消息框

msg.showinfo('提示','记录被成功删除')

（2）消息警告框

msg.showwarning('警告','删除的记录不可恢复')

（3）错误消息框

msg.showerror('错误','出错了')

（4）对话框

msg.askokcancel('提示','要执行此操作吗')　　　　#确定/取消,返回值 True/False
msg.askquestion('提示','要执行此操作吗')　　　　#是/否,返回值 yes/no
msg.askyesno('提示','要执行此操作吗')　　　　　 #是/否,返回值 True/False
msg.askretrycancel('提示','要执行此操作吗')　　 #重试/取消,返回值 True/False

（5）文件对话框

import tkinter.filedialog
a=tkinter.filedialog.asksaveasfilename()　　　#返回文件名
a=tkinter.filedialog.asksaveasfile()　　　　　#会创建文件
a=tkinter.filedialog.askopenfilename()　　　　#返回文件名
a=tkinter.filedialog.askopenfile()　　　　　　#返回文件流对象
a=tkinter.filedialog.askdirectory()　　　　　 #返回目录名
a=tkinter.filedialog.askopenfilenames()　　　 #可以返回多个文件名
a=tkinter.filedialog.askopenfiles()　　　　　 #多个文件流对象

如果出现对话框或者消息框，而不想出现窗口，可以写成：

```
import tkinter as tk
import tkinter.messagebox as msg              #消息框库
win=tk.Tk()
win.withdraw()                                #隐藏窗口
msg.showinfo('提示','记录被成功删除')
win.destroy()
```

(6) 颜色选择器

```
from tkinter import colorchooser
color=colorchooser.askcolor(initialcolor='#ff0000')
```

initialcolor 指定颜色选择器初始值，返回的 color 是一个二元组（triple，color），如选择蓝色，则返回 color 值((0.0, 0.0, 255.99609375), '#0000ff')，列表的第 1 个参数是由 RGB 表示的颜色列表，第 2 个参数是由 16 位数字表示的颜色。

6.1.7 tkinter 的进阶库 ttk

ttk 是 tkinter 的进阶部件，除了涵盖 tkinter 的部件外，还提供了 Combobox、Tree。ttk 的方法名和属性名与 tkinter 相同，方法和属性的使用方法基本上也相同：

```
import tkinter
from tkinter import ttk
```

ttk 将会覆盖与 tkinter 共有的部件；ttk 有而 tkinter 没有的属性和方法，将采用 ttk 的属性和方法。ttk 与 tkinter 也有一些区别，如 tkinter 中的 fg、bg 在 ttk 中不支持，ttk 需通过 style 实现 fg、bg。

若在 tkinter 中有：

```
labelA=tkinter.Label(text="Test", fg="black", bg="white")
```

在 ttk 中需改为：

```
style=ttk.Style()
style.configure("TLabel", foreground="black", background="white")
labelA=ttk.Label(text="Test", style="TLabel")
```

1. Combobox 部件

Combobox 建立一个简易的下拉列表，可以为菜单中的选项设置动作：

```
#6-23.py
import tkinter
from tkinter import ttk
win=tkinter.Tk()
#定义一个用来与每个选项相对应的函数，并以 * arg 作为可变参数
def show_msg(* arg) :
    #combobox.get()为从选中的选项中提取内容
    print('Your favorite fruit is:',combobox.get())
#定义 Combobox 部件:
fruits=tkinter.StringVar()
combobox= ttk.Combobox(win, textvariable= fruits)            # 建立 Combobox 并以
```

```
combobox['values']=('Orange','Apple','Banana', 'Peach')    #为下拉选项命名,填充空容器 fruits作为选项名称
combobox.bind("<<ComboboxSelected>>",show_msg)             #当选中任何一项时,触发函数show_msg
combobox.pack()
win.mainloop()
```

2. Treeview 部件

ttk 的 Treeview 可以显示并浏览 item 的层次结构,可以将每个 item 的一个或者多个属性显示为右侧的列,如同 Windows 资源管理器显示文件一样。创建 Treeview 的语句为:

```
tree=ttk.Treeview(parent)
```

以实现图 6-16 为例,说明在 Treeview 中如何添加项目。

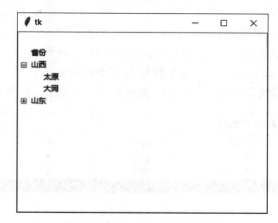

图 6-16 Treeview 中添加项目

```
#6-24.py
import tkinter as tk
from tkinter import ttk
win=tk.Tk()
win.geometry("400x300")
tree=ttk.Treeview(win,height=300)
tree.insert("",0,"root",text="省份")
tree.insert("","end","shanxi",text="山西", values="1",open="True")
tree.insert("","end","shandong",text="山东", values="2")
tree.insert("shanxi","end","ty",text="太原",values="11")
tree.insert("shanxi","end","dt",text="大同",values="12")
tree.insert("shandong","end","jinan",text="济南", values="21")
aa=tree.insert("shandong","end","qindao",text="青岛",values="22")
tree.pack(fill="both")
#鼠标选中一行时,输入该行的记录
def selectTree(event):
    for item in tree.selection():
        item_text=tree.item(item, "text")          #用 tree.item(item, "values")获取 item 的值
```

```
        print(item_text)
tree.bind('<<TreeviewSelect>>', selectTree)    #选中行
win.mainloop()
```

使用insert()方法向tree添加item。添加时需要知道添加的item在tree中的位置，即当前item的父item及在父item下的子item中的位置。insert添加item的语句为：

```
tree.insert(parent, index, iid=None, **kw)
```

说明如下。

parent：要插入item所属的父item；Treeview自动建立根item，其id是{}（即空字符串），作为要添加item的第一个item。

index：当前item在parent下的位置。0是第1个位置，1是第2个位置。使用"end"表示当前item位于parent所有子item的最后位置。

iid：要插入item的id。aa＝tree.insert("shandong","end","qindao",text＝"青岛")中"qindao"为item的id，结果返回aa就是"qindao"。

**kw：其他可选参数，如text、values、open、image、tags等。

程序中<<TreeviewSelect>>事件当选择行发生变化时触发。

Treeview除了显示树状结构外，还能以表格形式显示数据，如图6-17所示。

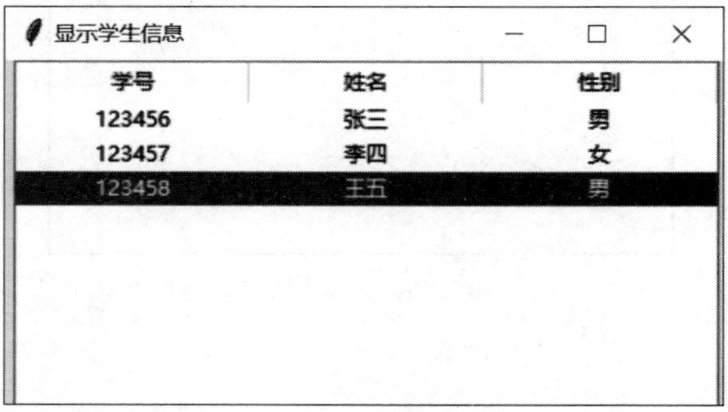

图6-17 用Treeview以表格形式显示数据

```
#6-25.py
import tkinter as tk
from tkinter import ttk
win=tk.Tk()
win.title('显示学生信息')
win.geometry("400x200")
#获取当前单击行的值
def treeviewClick(event):         #单击
    for item in tree.selection():
        item_text=tree.item(item, "values")
        print(item_text)
li=[{'sno':'123456','sname':'张三','gender':'男'},{'sno':'123457','sname':'李四',
'gender':'女'},{'sno':'123458','sname':'王五','gender':'男'}]
columns=('sno', 'sname','gender')
tree=ttk.Treeview(win,columns=columns,show='headings')
```

```
#设置表格文字居中
tree.column('sno',width=130,anchor='center')
tree.column('sname',width=130,anchor='center')
tree.column('gender',width=130,anchor='center')
#设置表格头部标题
tree.heading('sno',text='学号')
tree.heading('sname',text='姓名')
tree.heading('gender',text='性别')
#设置表格内容
i=0
for aa in li:
    tree.insert('',i,values=(aa.get("sno"),aa.get("sname"),aa.get("gender")))
    i+=1
tree.grid(padx=5)
#鼠标左键抬起
tree.bind('<ButtonRelease-1>', treeviewClick)
win.mainloop()
```

3. Panedwindow 部件

Panedwindow（窗格）部件是一个空间管理部件，当需要提供一个可供用户调整的多空间框架的时候，可以使用 Panedwindow 部件。Panedwindow 部件会为每个子部件生成一个独立的窗格，用户可以自由调整窗格的大小。图 6-18 是一个 Panedwindow 部件，其包含有两个垂直排列的 Pane，光标置于 Pane1 和 Pane2 间分隔线上，可调整二者上下空间的大小。

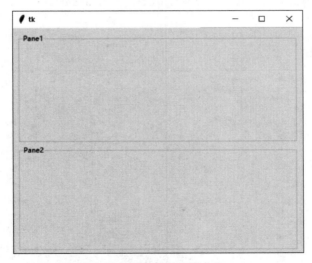

图 6-18　垂直方向的两个 Pane

```
#6-26.py
import tkinter as tk
from tkinter import ttk
win=tk.Tk()
win.geometry("500x400")
p=ttk.Panedwindow(win, orient="vertical")
```

```
f1=ttk.Labelframe(p, text='Pane1', width=480, height=190)    #first pane
f2=ttk.Labelframe(p, text='Pane2', width=480, height=190)    #second pane
p.add(f1)
p.add(f2)
p.grid(row=0,column=0,padx=10,pady=10)
win.mainloop()
```

代码中先用 p=ttk.Panedwindow(win, orient="vertical")建立 Panedwindow，orient 参数取值为"vertical"、"horizontal"，将窗口垂直/水平分割。ttk.Labelframe()建立 Pane 后，使用 add 方法加入到 Panedwindow。

下面代码将窗口分为 3 部分，运行结果如图 6-19 所示。

```
#6-27.py
import tkinter as tk
from tkinter import ttk
win=tk.Tk()
win.geometry("500x400")
p1=ttk.Panedwindow(win, orient="vertical")
f1=ttk.Labelframe(p1, text='Pane1', width=200, height=180)   #first pane
f2=ttk.Labelframe(p1, text='Pane2', width=200, height=180)   #second pane
p1.add(f1)
p1.add(f2)
p1.grid(row=0,column=0,padx=10,pady=10)
p2=ttk.Panedwindow(win, orient="horizontal")
f3=ttk.Labelframe(p2, text='Pane3', width=260, height=360)
p2.add(f3)
p2.grid(row=0,column=1,rowspan=2)
win.mainloop()
```

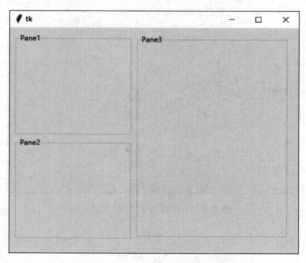

图 6-19 用 3 个 Panel 分割窗口

4. Notebook 部件

Notebook(笔记本)部件类似于页框，通过单击各页的标签选择不同的页框。图 6-20 所示的 Notebook 中包含两个选项卡，第 1 个选项卡的背景色是蓝色，第 2 个是绿色。

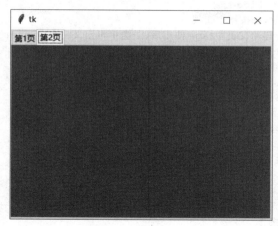

图 6-20　包含有两页的页框

```
#6-28.py
import tkinter as tk
from tkinter import ttk
win=tk.Tk()
win.geometry("400x300")
tab=ttk.Notebook(win,width=400,height=300)
tab1=tk.Frame(tab,bg='blue')
tab2=tk.Frame(tab,bg="green")
tab.add(tab1, text='第 1 页')
tab.add(tab2, text='第 2 页')
tab.pack()
win.mainloop()
```

代码中页框 tab 是 ttk 建立的，而页是由 tkinter 建立的，将建立的页通过 add 方法加入到页框中。

6.1.8　tkinter 面向对象编程

前面介绍 tkinter 编程时，都采用的是面向过程，下面简要介绍 tkinter 面向对象的编程。

```
#6-29.py
from tkinter import *
from tkinter import messagebox
class Application(Frame):
    '''GUI 程序经典写法'''
    def __init__(self,master=None):
        super().__init__(master)
        #super()表示父类的定义,父类使用 master 参数
        self.master=master
        #子类定义一个属性接收传递过来的 master 参数
        self.pack()
```

```
            #.pack 设置布局管理器
            self.createWidget()
            #在初始化时,将按钮也实现
            #master 传递给父类 Frame 使用后,子类中再定义一个 master 对象
        def createWidget(self):
            '''创建部件'''
            self.btn1=Button(self)
            #self 为部件容器
            self.btn1["text"]="鼓励自己"
            #按钮的内容为 btn1["text"]定义的内容
            self.btn1.pack()
            #设置 btn1 的 command 属性
            self.btn1["command"]=self.hello
            #响应函数
            self.btnQuit=Button(self,text="退出",command=win.destroy)
            #设置退出操作
            self.btnQuit.pack()
        def hello(self):
            messagebox.showinfo("加油","继续努力,你是最棒的!")
if __name__=='__main__':
    win=Tk()
    #定义主窗口对象
    win.geometry("200x200+200+300")
    #创建大小
    win.title("GUI 经典写法")
    app=Application(master=win)
    #传递 master 参数为主窗口对象
    win.mainloop()
```

6.2 使用 PyQt5

　　tkinter 是 Python 自带的 GUI 库,简单易学,一般用于开发小型的应用程序。如果要开发复杂的应用程序,tkinter 就显得难以应对。另外,目前 tkinter 还缺少可视化操作软件,不能像使用 Visual Studio 开发应用程序那样,以可视化的方式拖动部件、设置部件的属性、事件等完成界面的设计和代码的编写。

　　wxPython 是用 Python 语言开发的一套优秀的 GUI 图形库。允许 Python 程序员很方便地创建完整的、功能健全的 GUI 用户界面。wxPython 作为优秀的跨平台 GUI 库 wxWidgets,用 Python 封装后以 Python 模块的方式提供给用户。其功能要强于 tkinter,适合大型程序的开发。支持 wxPython 的 GUI 工具有很多,如 wxFormBuilder、wxDesigner 等。

　　PyQt5 是图形程序框架 Qt5 为 Python 提供的接口,它包含了 620 多个类、600 多个方法和函数。它是一个多平台的工具套件,可以运行在包括 UNIX、Windows 和 Mac OS 等所有的主流操作系统中。PyQt5 采用双重许可模式,开发者可以在 GPL 和社区授权之间选择。PyQt5 的类被划分在几个模块中,包括 QtCore、QtGui、QtWidgets、QtMultimedia、QtBluetooth、QtNetwork、QtPositioning 等诸多模块。

　　PyQt5-tools 是基于 PyQt5 的一款 GUI 工具,它可以可视化地开发 GUI。PyQt5 及

PyQt5-tools 使用前需要安装,语句为 pip install PyQt5,然后安装工具,语句为 pip install PyQt5-tools。

与使用 tkinter 库编写 GUI 一样,使用 PyQt5 也要经过创建窗口、添加部件、事件与信号处理(相当于 tkinter 中部件的事件绑定)。

下面以实现图 6-21 为例,说明使用 PyQt5 创建 GUI 的方法。图 6-21 中窗体位于屏幕中央,有一个"退出"命令按钮,单击后弹出"是否退出"对话框,确认后关闭窗口。完整的代码如下:

图 6-21　PyQt5 窗口

```
#6-30.py
import sys
from PyQt5.QtWidgets import QApplication, QWidget, QPushButton, QMessageBox,
QDesktopWidget
if __name__=='__main__':
    app=QApplication(sys.argv)
    screen=QDesktopWidget().screenGeometry()
    win=QWidget()
    win.resize(400, 200)
    win.move((screen.width()-400)/2, (screen.height()-200)/2)      #窗口移动到屏幕中央
    win.setWindowTitle('PyQt第1个界面')            #设置窗口标题
    def closeWin():
        reply=QMessageBox.question(win, '确认', '确认退出吗', QMessageBox.Yes |
            QMessageBox.No, QMessageBox.No)
        if reply==QMessageBox.Yes:
            win.close()
    btn1=QPushButton("退出",win)
    btn1.setGeometry(150, 120, 100,50)             #参数为(x,y,width,height)
    btn1.clicked.connect(closeWin)
    win.show()
    sys.exit(app.exec_())
```

代码中导入了 sys 模块和 QtWidgets 模块的 QApplication、QWidget、QPushButton、QMessageBox、QDesktopWidget 等类。QtWidgets 模块包含一整套用于构建界面的一系列 UI 元素部件。

6.2.1　创建窗口

```
app=QApplication(sys.argv)
```

每个 PyQt5 程序都需要有一个 QApplication 对象。sys.argv 是从命令行传入的参数列表。Python 脚本可以从 Shell 中运行，这是一种通过参数来选择启动脚本的方式。

```
win=QWidget()
```

QWidget 类是 PyQt5 中所有用户界面的父类，创建 QWidget()对象 win 成为一个应用的顶层窗口。这里使用了没有参数的默认构造函数，它没有父类，通常称没有父类的部件为窗口。

```
win.show()
```

show()方法显示内存中画出来的窗口。

```
app.exec_()
```

进入应用程序的主循环（main loop），开始事件处理，与 tkinter 编程时的 mainloop()相似。主循环从窗口系统接收事件，并将它们分派到应用程序的小部件。如果调用 exit()方法或者主窗口小部件被破坏，那么主循环就会结束。sys.exit()方法确保能够干净地退出程序。

引入相关类库后，本小节上面前 3 条语句就可以完成窗体的创建：窗口居中，默认的大小是宽 640 像素、高 480 像素。如果要更改窗口的大小、位置、标题、图标等，需要添加以下代码：

```
win.resize(400, 200)
```

更改窗口大小为宽 400 像素、高 200 像素；

```
win.move(x,y)
```

移动窗口位置到坐标点(x,y)，窗口坐标系见图 6-2。

```
screen=QDesktopWidget().screenGeometry()
```

窗口大小调整后，要想使窗口居中，除知道窗口大小外，还需要知道屏幕的大小。screen 是一个 PyQt5.QtCore.QRect(0,0,屏幕宽,屏幕高)，screen.width()和 screen.height()可以得到屏幕的宽和高。

如果要设置窗口的图标，需要再添加代码：

```
from PyQt5.QtGui import QIcon
```

然后添加：

```
win.setWindowIcon(QIcon('窗口图标.ico'))          #图标文件与当前程序文件在同一文件夹
```

6.2.2　窗口上增加部件

```
btn1=QPushButton("退出",win)
```

增加命令按钮。第 1 个参数是命令按钮上的标题，win 参数是所在的窗口。

```
btn1.setGeometry(150, 120, 100,50)            #(x,y,width,height)
```

设置命令按钮 btn1 在窗口中的坐标位置(150,120)，这里的坐标原点是窗口的左上角

（不是屏幕的左上角）。100 和 50 是按钮的宽度和高度。

想增加其他部件,如标签、文本框,可先导入：

```
from PyQt5.QtWidgets import QLabe,QTextEdit
```

然后像使用 QPushButton 一样,使用它们：

```
#创建标签和文本框
lblA=QLabel("这是标签",win)
txtA=QTextEdit("这是文本框",win)
#改变标签和文本框的位置
lblA.setGeometry(0, 0, 100,50)
txtA.setGeometry(0, 50, 100,50)
```

6.2.3 事件与信号的处理

GUI 应用程序由事件驱动,事件模型中涉及事件来源（发送者）、事件对象、事件目标（接收者）三方面。PyQt5 具有独特的信号和插槽机制来处理事件。信号（signal）和槽（slot）用于对象之间的通信,发生特定事件时发出信号,槽可以是任何 Python 可调用的函数,当向事件目标发送连接的信号时会调用一个槽。

```
btn1.clicked.connect(closeWin)
```

按钮 btn1 是发送器。单击（clicked）按钮后,发出单击信号。单击信号连接（connect）到槽。槽可以是 Qt 的槽函数,也可以是任何 Python 可调用的函数,如自定义的 closeWin,事件的目标是窗口 win,通过 win.close() 关闭窗口。

```
QMessageBox.question(win, '确认', '确认退出吗', QMessageBox.Yes | QMessageBox.No,
QMessageBox.No)
```

询问对话框。第 1 个参数是对话框的父窗口,第 2 个参数是对话框的标题,第 3 个参数是确认对话框出现的按钮,有 QMessageBox.Yes、QMessageBox.No、QMessageBox.Abort、QMessageBox.Cancel、QMessageBox.Ignore、QMessageBox.Retry 等值,同时出现多个按钮时,值间用"|"分隔;第 4 个参数是焦点默认的按钮,直接按回车键时就相当于单击该按钮。

6.2.4 PyQt5 面向对象编程

前面介绍的 PyQt5 都采用的是面向过程的编程,下面介绍 PyQt5 采用面向对象的编程,实现上面同样的功能,程序代码如下：

```
#6-31.py
import sys
from PyQt5.QtWidgets import QApplication, QWidget,QPushButton,QMessageBox,
QDesktopWidget
class mainWindow(QWidget):
    def __init__(self):
        super().__init__()
        self.initUI()
    def initUI(self):
```

```
            #窗口
            self.resize(400, 200)
            screen=QDesktopWidget().screenGeometry()
            self.move((screen.width()-400)/2, (screen.height()-200)/2)
            #窗口移动到屏幕中央
            self.setWindowTitle('PyQt第1个界面')
            #按钮
            self.btn1=QPushButton("退出",self)
            self.btn1.setGeometry(150, 120, 100,50)#(x,y,width,height)
            self.btn1.clicked.connect(self.closeWin)
            self.show()
        def closeWin(self):
            self.close()
        def closeEvent(self, event):
            reply=QMessageBox.question(self, 'Message',
                "Are you sure to quit?", QMessageBox.Yes |
                QMessageBox.No, QMessageBox.No)
            if reply==QMessageBox.Yes:
                event.accept()
            else:
                event.ignore()
if __name__=='__main__':
    app=QApplication(sys.argv)
    ex=mainWindow()
    sys.exit(app.exec_())
```

本程序中下面语句定义 mainWindow 类:

```
class mainWindow(QWidget):
    def __init__(self):
        super().__init__()
        self.initUI()
```

QWidget 是 PyQt5 中所有用户界面对象的基类，所有的部件都直接或者间接继承了该基类，新建立的 mainWindow 类继承 QWidget。mainWindow 中定义了初始化方法 __init__，如需使用父类 __init__ 中的变量，则需要在子类 mainWindow 的 __init__ 中通过 super().__init__() 显式地调用。

```
def initUI(self)
```

用于创建程序用户界面。self.resize()、self.move()、self.setWindowTitle() 这 3 个方法从 QWidget 类中继承而来。

增加命令按钮，使用 self.btn1.clicked.connect(self.closeWin) 完成信号和槽的构建：当单击 btn1 时，执行自定义的 closeWin 函数关闭窗口。

```
def closeEvent(self, event)
```

当鼠标单击窗口右上角的关闭按钮时，要触发 closeEvent(self，event) 函数。如果没有重写 virtual closeEvent(QCloseEvent * event) 这个虚函数，默认下系统接受关闭事件，窗体会被关闭,但如果重写该虚函数,event.ignore()会忽略窗口的关闭,而 event.accept()会接受窗口的关闭。判定是关闭窗口还是忽略关闭窗口,由 QMessageBox.question()返回值确定:当在 QMessageBox.question()对话框中单击"是"按钮,则关闭窗口;单击"否"按钮,则放弃窗口的关闭。

6.2.5 PyQt5 布局

在窗口上增加部件,部件的位置在前面都是用 move()方法,是 PyQt5 的布局方法之一。PyQt5 共有 4 种布局方式。

1. 绝对位置

以像素为单位,使用 move(x,y)方法将部件移动到窗口坐标的(x,y)位置,前面 PyQt5 示例使用的就是这种布局方式。下面以此布局方式为例,在窗口上放置 3 个标签和 2 个文本框和 1 个单选按钮,效果如图 6-22 所示,完整的代码如下:

图 6-22 使用绝对定位布局

```
#6-32.py
import sys
from PyQt5.QtWidgets import QApplication,QWidget,QPushButton,QLineEdit,QLabel,
QRadioButton,QButtonGroup
from PyQt5.QtGui import QPixmap
class mainWindow(QWidget):
    def __init__(self):
        super().__init__()
        self.initUI()
    def initUI(self):
        #窗口
        self.resize(400, 320)
        self.setWindowTitle('学生基本情况')
        #增加标签
        self.labelA=QLabel("学号",self)
        self.labelB=QLabel("姓名",self)
        self.labelC=QLabel("性别",self)
        #设置标签位置
```

```python
        self.labelA.move(70,0)
        self.labelB.move(70,40)
        self.labelC.move(70,80)
        #增加文本框
        self.textA=QLineEdit("输入学号",self)
        self.textB=QLineEdit("输入姓名",self)
        #设置文本框位置
        self.textA.move(110,0)
        self.textB.move(110,40)
        #增加单选按钮
        self.rbMale=QRadioButton('男',self)
        self.rbFemale=QRadioButton('女',self)
        #默认性别为"男"
        self.rbMale.setChecked(True)
        #增加单选组
        self.bg1=QButtonGroup(self)
        #将单选按钮加入到组中,并设置单选按钮表示的值
        self.bg1.addButton(self.rbMale, 0)
        self.bg1.addButton(self.rbFemale,1)
        #设置单选按钮位置
        self.rbMale.move(140,80)
        self.rbFemale.move(200,80)
        #标签上显示照片
        self.pm=QPixmap("./images/cartoon.jpg")
        self.lblpic=QLabel(self)
        self.lblpic.setPixmap(self.pm)
        self.lblpic.resize(180,220)
        self.lblpic.move(100,100)
        #让图片自适应label大小
        self.lblpic.setScaledContents(True)
        #显示窗口
        self.show()
if __name__=='__main__':
    app=QApplication(sys.argv)
    ex=mainWindow()
    sys.exit(app.exec_())
```

采用绝对位置布局,虽然可以用move(x,y)将部件放在窗口任意地方,但有以下不足。

(1) 窗口大小发生改变时,部件的大小和位置不会自动改变。

(2) 程序在不同的平台上运行,可能会有所不同。

(3) 应用程序中字体更改可能会影响布局。

(4) 页面上部分地方要更改布局,需要彻底重做布局,比较麻烦。

上面程序中使用 QPixmap 类用于显示图片。QPixmap 类用于绘图设备的图像显示,它可以作为一个 QPaintDevice 对象,也可以加载到一个部件中,通常是标签或按钮,用于在标签或按钮上显示图像。QPixmap 可以读取的图像文件类型有 BMP、GIF、JPG、JPEG、PNG、PBM、PGM、PPM、XBM、XPM 等。

2. 箱式布局

下面以实现图 6-23 为例，说明箱式布局的使用方法，代码如下：

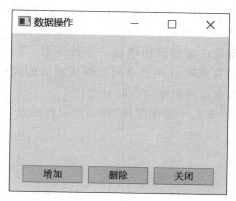

图 6-23　箱式布局

```
#6-33.py
import sys
from PyQt5.QtWidgets import QWidget, QPushButton, QApplication, QHBoxLayout, QVBoxLayout
class mainWindow(QWidget):
    def __init__(self):
        super().__init__()
        self.Init_UI()
    def Init_UI(self):
        self.setGeometry(300,300,400,300)
        self.setWindowTitle('数据操作')
        #增加 3 个按钮
        bt1=QPushButton('增加', self)
        bt2=QPushButton('删除', self)
        bt3=QPushButton('关闭', self)
        #创建一个水平框布局，并添加 2 个拉伸因子和 3 个按钮。这 2 个拉伸在第 1 个按钮左边，
         第 3 个按钮右边各增加了一个可伸缩的空间
        hbox=QHBoxLayout()
        hbox.addStretch(1)
        hbox.addWidget(bt1)
        hbox.addWidget(bt2)
        hbox.addWidget(bt3)
        hbox.addStretch(1)
        #水平布局放置在垂直布局中。垂直框中的拉伸因子将按钮的水平框推到窗口的底部
        vbox=QVBoxLayout()
        vbox.addStretch(1)
        vbox.addLayout(hbox)
        #设置窗口的主要布局
        self.setLayout(vbox)
        #显示窗口
        self.show()
if __name__=='__main__':
    app=QApplication(sys.argv)
```

```
        ex=mainWindow()
        app.exit(app.exec_())
```

程序运行后,左右拉伸窗口时,3个按钮大小不会改变,但距离窗体左右的位置会改变;上下拉伸窗口,3个按钮同步上下移动。

addStretch函数的作用是在布局器中增加一个伸缩量,里面的参数表示QSpacerItem的个数,默认值为零,会将放在layout中的空间压缩成默认的大小。例如,用addStretch函数实现将QHBoxLayout的布局器的空白空间分配。

hbox.addWidget(bt1)在布局中添加部件,可以指定伸缩量,默认是0,如:

```
hbox.addWidget(bt1,1)
```

将代码中的以下语句:

```
hbox.addWidget(bt1)
hbox.addWidget(bt2)
hbox.addWidget(bt3)
```

改为以下语句:

```
hbox.addWidget(bt1,1)
hbox.addWidget(bt2,1)
hbox.addWidget(bt3,1)
```

程序运行后,左右拉伸窗口,由于加入了伸缩量,命令按钮也会自动缩放。

3. 表单布局

QFormLayout管理输入型部件和关联的标签组成的那些Form表单。QFormLayout是一个方便的布局类,其中的部件以两列的形式被布局在表单中。左列包括标签,右列包含输入部件,如QLineEdit、QSpinBox、QTextEdit等。下面以实现图6-24为例,说明QFormLayout的使用方法,代码如下:

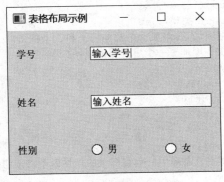

图6-24 表格布局示例

```
#6-34.py
import sys
from PyQt5.QtWidgets import QApplication, QWidget,QPushButton,QLineEdit,QLabel,
QRadioButton,QButtonGroup,QFormLayout,QHBoxLayout
from PyQt5.QtGui import QPixmap
class mainWindow(QWidget):
```

```python
    def __init__(self):
        super().__init__()
        self.initUI()
    def initUI(self):
        #窗口
        self.resize(400, 200)
        self.setWindowTitle('学生基本情况')
        #创建一个表单布局
        formlayout=QFormLayout()
        #增加部件
        labelA=QLabel("学号",self)
        textA=QLineEdit("输入学号",self)
        labelB=QLabel("姓名",self)
        textB=QLineEdit("输入姓名",self)
        labelC=QLabel("性别",self)
        rbMale=QRadioButton('男',self)
        rbFemale=QRadioButton('女',self)
        #默认性别为"男"
        rbMale.setChecked(True)
        #向表单中增加行,内容是我们定义的小部件
        formlayout.addRow(labelA,textA)
        formlayout.addRow(labelB,textB)
        #定义水平框布局
        genderLayout=QHBoxLayout()
        #将单选按钮加入水平框布局
        genderLayout.addWidget(rbMale)
        genderLayout.addWidget(rbFemale)
        #向表单中增加行,将标签labelC水平布局加入
        formlayout.addRow(labelC,genderLayout)
        pm=QPixmap("./images/cartoon.jpg")
        lblpic=QLabel(self)
        lblpic.setPixmap(pm)
        formlayout.addRow(lblpic)
        self.setLayout(formlayout)
        self.show()
if __name__=='__main__':
    app=QApplication(sys.argv)
    ex=mainWindow()
    sys.exit(app.exec_())
```

代码中定义了表单布局 formlayout = QFormLayout(),使用 formlayout.addRow(标签,部件)将标签和部件加入到表单中。由于"性别"单选按钮是 2 个,先定义水平框布局 genderLayout = QHBoxLayout(),将两个单选按钮加入到 genderLayout,然后再将 genderLayout 加入到 formlayout。

4. 网格布局

将窗口分成网格,效果如图 6-24 所示。

```
#6-35.py
import sys
from PyQt5.QtWidgets import (QWidget, QPushButton, QApplication, QLabel,
```

```
QRadioButton,QLineEdit,QGridLayout)
class mainWindow(QWidget):
    def __init__(self):
        super().__init__()
        self.Init_UI()
    def Init_UI(self):
        self.setGeometry(300,300,400,300)
        self.setWindowTitle('表格布局示例')
        #创建 QGridLayout 的实例,并将其设置为应用程序窗口的布局
        grid=QGridLayout()
        self.setLayout(grid)
        grid.setSpacing(50)
        #增加部件
        labelA=QLabel("学号",self)
        textA=QLineEdit("输入学号",self)
        labelB=QLabel("姓名",self)
        textB=QLineEdit("输入姓名",self)
        labelC=QLabel("性别",self)
        rbMale=QRadioButton('男',self)
        rbFemale=QRadioButton('女',self)
        #向网格添加部件
        grid.addWidget(labelA,0,0,1,1)
        grid.addWidget(textA,0,1,1,2)
        grid.addWidget(labelB,1,0,1,1)
        grid.addWidget(textB,1,1,1,2)
        grid.addWidget(labelC,2,0,1,1)
        grid.addWidget(rbMale,2,1,1,1)
        grid.addWidget(rbFemale,2,2,1,1)
        self.show()
if __name__=='__main__':
    app=QApplication(sys.argv)
    ex=mainWindow()
    app.exit(app.exec_())
```

向网格添加窗口部件时,可以指定部件的行跨度和列跨度。grid.addWidget(labelA,0,0,1,1)中的参数依次为部件名、部件所在行、部件所在列、行跨度、列跨度。

例 6-10 用 PyQt5 的 QTimer 类实现电子时钟,效果如图 6-25 所示。

实现方式有两种:QTimer 类的定时器信号/槽;QTimer 类的定时器事件。QTimer 使用时首先要创建一个 QTimer,然后使用 start()开启时钟,并把它的 timeout()连接到适当的槽。当指定的时间过去了,它将会发出 timeout()信号。

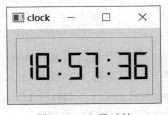

图 6-25 电子时钟

(1)定时器信号/槽方式。

```
#6-36.py
import sys
import time
from PyQt5.QtCore import QTimer
from PyQt5.QtWidgets import QApplication, QWidget,QVBoxLayout,QLCDNumber
```

```python
class MyTimer(QWidget):
    def __init__(self):
        super().__init__()
        self.resize(300, 150)
        self.setWindowTitle("clock")
        self.lcd=QLCDNumber()
        self.lcd.setDigitCount(8)
        self.lcd.setMode(QLCDNumber.Dec)
        self.lcd.setSegmentStyle(QLCDNumber.Flat)
        self.lcd.display(time.strftime("%X",time.localtime()))
        #布局
        layout=QVBoxLayout()
        layout.addWidget(self.lcd)
        self.setLayout(layout)
        #初始化一个定时器
        self.timer=QTimer(self)
        #self.timer.setInterval(1000)
        #self.timer.start()
        #设置计时间隔并启动，相当于上面注释的两条语句
        self.timer.start(1000)
        #信号连接到槽
        self.timer.timeout.connect(self.onTimerOut)#计时结束调用operate()方法
    def onTimerOut(self):
        self.lcd.display(time.strftime("%X",time.localtime()))
app=QApplication(sys.argv)
t=MyTimer()
t.show()
sys.exit(app.exec_())
```

（2）定时器事件方式。

```python
#6-37.py
import sys
import time
from PyQt5.QtCore import QBasicTimer
from PyQt5.QtWidgets import QApplication, QWidget,QVBoxLayout,QLCDNumber
class MyTimer(QWidget):
    def __init__(self):
        super().__init__()
        self.resize(300, 150)
        self.setWindowTitle("clock")
        self.lcd=QLCDNumber()
        self.lcd.setDigitCount(8)
        self.lcd.setMode(QLCDNumber.Dec)
        self.lcd.setSegmentStyle(QLCDNumber.Flat)
        self.lcd.display(time.strftime("%X",time.localtime()))
        layout=QVBoxLayout()
        layout.addWidget(self.lcd)
        self.setLayout(layout)
        #初始化一个定时器
        self.timer=QBasicTimer()
```

```
        self.timer.start(1000, self)
        #重写计时器事件处理函数 timerEvent()
    def timerEvent(self, event):
        if event.timerId()==self.timer.timerId():
            self.lcd.display(time.strftime("%X",time.localtime()))
app=QApplication(sys.argv)
t=MyTimer()
t.show()
sys.exit(app.exec_())
```

例 6-11　将会议信息存放在字典 meetData 中,并用 tableWidget 显示出来,如图 6-26 所示。

```
#6-38.py
meetData={
    'status':200,
    'message':'获取信息成功!',
    'data':{
        'userInfo':{
            'name':"老胡",
            'sex':'男'
        },
        'meetInfo':[
            {'id': 220,
            'name': '项目启动会',
            'meet_date': '2020-06-08',
            'meet_time': '08:30:00',
            'meet_address': '会议室 A'},
            {'id': 223,
            'name': '项目验收会',
            'meet_date': '2018-08-20',
            'meet_time': '14:30:00',
            'meet_address': '会议室 B'},
            {'id': 226,
            'name': '项目论证会',
            'meet_date': '2018-10-19',
            'meet_time': '09:30:00',
            'meet_address': '会议室 C'}
        ]
    }
}
```

图 6-26　tableWidget 应用示例

```python
#6-39.py
import sys
from PyQt5.QtWidgets import QApplication, QWidget, QPushButton, QTableWidget,
    QTableWidgetItem,QVBoxLayout,QHeaderView
meetData={
#数据见上
}
class mainWindow(QWidget):
    def __init__(self):
        super().__init__()
        self.Init_UI()
    def Init_UI(self):
        self.setGeometry(300,300,800,300)
        #增加部件 QTableWidget
        self.tableWidget=QTableWidget(self)
        self.tableWidget.setGeometry(30, 60, 800, 211)
        #设置 tableWidget 的列数
        self.tableWidget.setColumnCount(5)
        #设置标题
        self.tableWidget.setHorizontalHeaderLabels(['会议号', '名称', '日期',
            '时间','地点'])
        #自动调整列宽度
        self.tableWidget.horizontalHeader().setSectionResizeMode
            (QHeaderView.Stretch)
        #手动可以调整第 0 列的列宽
        self.tableWidget.horizontalHeader().setSectionResizeMode(0,
            QHeaderView.Interactive)
        userName=meetData["data"]['userInfo']['name']
        self.setWindowTitle(userName+"收到的会议信息")
        #取得字典键 meetInfo 的值
        meetInfo=meetData["data"]['meetInfo']
        #设置 tableWidget 的总行数
        self.tableWidget.setRowCount(len(meetInfo)+1)
        for i, item in enumerate(meetInfo):
            #为 table 增加数据
            mId=QTableWidgetItem(str(item['id']))
            self.tableWidget.setItem(i, 0, mId)
            mTitle=QTableWidgetItem(item['name'])
            self.tableWidget.setItem(i, 1, mTitle)
            mDate=QTableWidgetItem(item['meet_date'])
            self.tableWidget.setItem(i, 2, mDate)
            mTime=QTableWidgetItem(item['meet_time'])
            self.tableWidget.setItem(i, 3, mTime)
            mAddress=QTableWidgetItem(item['meet_address'])
            self.tableWidget.setItem(i, 4, mAddress)
        #布局
        layout=QVBoxLayout()
        layout.addWidget(self.tableWidget)
        self.setLayout(layout)
app=QApplication(sys.argv)
win=mainWindow()
```

```
win.show()
sys.exit(app.exec_())
```

上面的代码中,设置表格的列数:

```
tableWidget.setColumnCount(5)
```

设置表格的行数:

```
tableWidget.setRowCount(100)
```

表格填充数据:

```
mTitle=QTableWidgetItem('name')
tableWidget.setItem(row,column, mTitle)
```

如果设置表格不可编辑,如设置第 i 行第 j 列不可编辑:

```
mId=QTableWidgetItem(str(item['id']))
tableWidget.setItem(i,j, mId)
mId.setFlags(Qt.ItemIsSelectable | Qt.ItemIsEnabled)
```

6.2.6 使用 Qt Designer

以上介绍的各种布局方法,相比借助各种可视化工具直接拖放设计界面,其复杂度高且不直观。支持 PyQt 可视化的开发工具有 PyQt5 designer、qt creator。下面简要介绍用 PyQt5 designer 可视化地设计用户界面。

安装 PyQt5 和 PyQt5-tools 成功后,在 python\Lib\site-packages\pyqt5-tools 文件夹,找到 designer.exe,双击进入 PyQt5 的 Designer 界面,如图 6-27 所示。

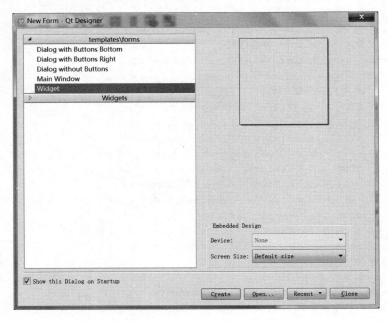

图 6-27　PyQt5 的 Designer 界面

图 6-27 中出现的模块对话框中,有 Widget、Dialog、MainWindow 等选项。MainWindow 是完整的窗体,在上面可以加入 Widget,适合于完整的项目,它封装了 toolbar、statusbar、central widget、docking area 等;Widget 也可以容纳其他的 Widget,但 setCentralWidget 是只能由 MainWindow 类调用;Dialog 派生于 QWidget,是顶级窗口,功能也最基础。从功能上看,MainWindow→Widget→Dialog。

选择 MainWindow 后,进入 MainWindow 界面,如图 6-28 所示。

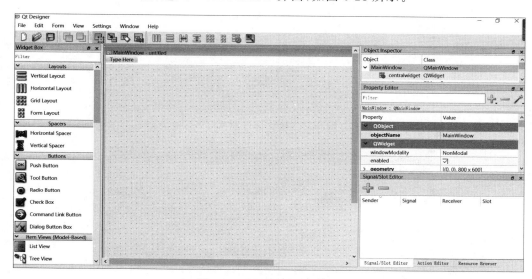

图 6-28　MainWindow 界面

图 6-28 中整个界面由以下几部分构成。

① 左侧的 Widget Box 就是各种可以自由拖动的部件,包括 Layout、Spacers、Buttons、Items Views、Item Widgets、Containers、Input Widgets、Display Widgets 等。

② 中间的 MainWindow-untitled 窗体就是画布,窗体左上角 Type Here 可以增加菜单。

③ 右上方的 Object Inspector 可以查看当前 ui 的结构。

④ 右侧中部的 Property Editor 可以设置当前选中部件的属性。

⑤ 右下方的 Resource Browser 可以添加各种素材,如图片、背景等。

使用 PyQt5 Designer 的主要步骤如下。

(1) 窗口布局。

与前面介绍的布局相对应,Qt Designer 提供了 4 种布局,下面只对垂直布局和水平布局做简单的介绍。

从图 6-28 中的部件中随意拖放标签、单行文本框、单选按钮、复选按钮、命令按钮等到窗口中,如图 6-29 所示。

选中窗口上第 1 行的标签和文本框,右击,选择 lay out→lay out horizontally 命令,对窗口第 2 行、第 3 行、第 4 行执行同样的命令,显示图 6-30,选中窗口中所有部件,右击,选择 lay out→lay out vertically 命令,图 6-30 变为图 6-31。

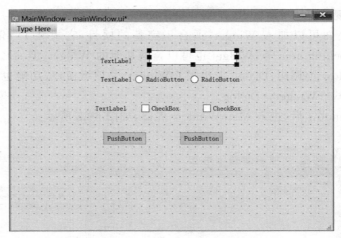

图 6-29 拖放部件到窗口

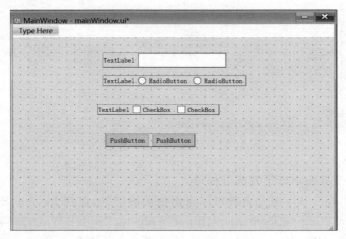

图 6-30 水平布局

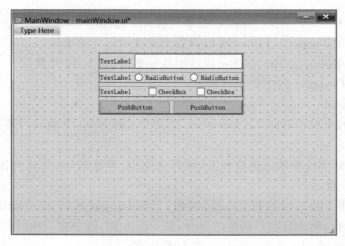

图 6-31 垂直布局

图 6-31 中希望命令的长、宽保持固定值,选中命令按钮,设置 minimumSize 下的 width、height 为 80、40,maximumSize 下的 width、height 为 80、40(图 6-32),在窗口空白处右击,选择 lay out→lay out vertically 命令,窗口变为图 6-33。

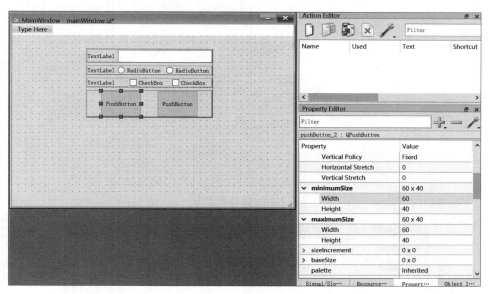

图 6-32 设置部件的 minimumSize 和 maximumSize

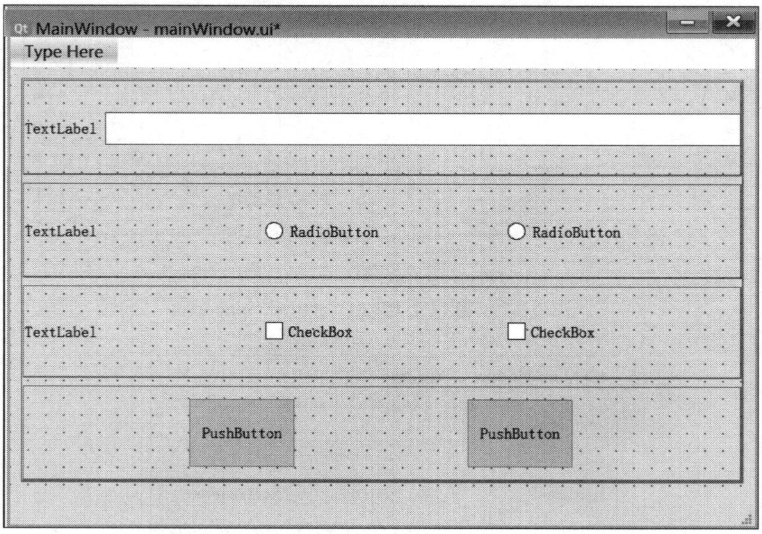

图 6-33 窗口空白处右击并执行 lay out→lay out vertically 命令后的结果

执行菜单中的 Form→Preview 命令,显示结果如图 6-34 所示。用鼠标左、右调整窗口大小,窗口上的部件大小和位置也随着调整。如果觉得图中部件行间的间隔太小,可在图 6-34 所示的各行间增加部件 Vertical Spacer,如图 6-35 所示。再次预览窗口,发现行间距变大了,如图 6-36 所示。

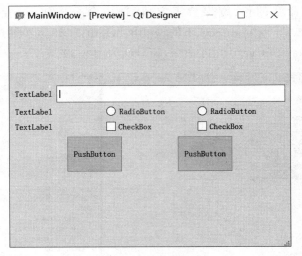

图 6-34 窗口预览图

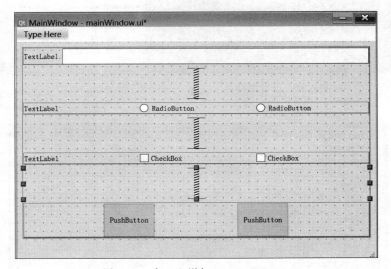

图 6-35 窗口上增加 Vertical Spacer

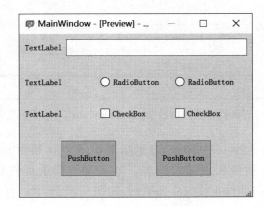

图 6-36 增加 Vertical Spacer 调整行间距

(2) 信号与槽操作。

选中命令按钮 PushButton，在 Signal/Slot Editor 控制面板中单击"＋"图标后面板中出现一条记录，Sender 中选择 pushButton、Signal 中选择 clicked( )、Receiver 中选择 MainWindow、Slot 中随便选择如 close( )，选择菜单中的 Edit→Edit Signals/Slot 命令，出现图 6-37。图中双击发射源与接收者间的连接线，出现 Configure Connection 对话框，在对话框中单击 Edit 后，出现 Signals/Slots of MainWindow 对话框，单击 Slots 下面的"＋"，输入 hello( )后单击 OK 按钮后返回，Signal/Slot Editor 控制面板变为图 6-38 所示。hello( )是我们需要编辑的槽，即用户自己定义的函数。

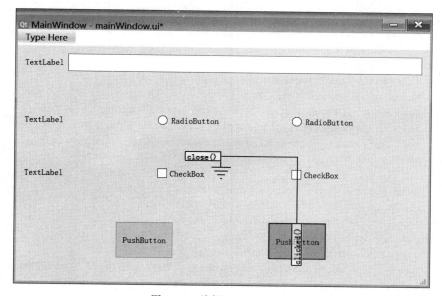

图 6-37　编辑 Signals/Slots

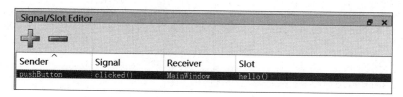

图 6-38　编辑后的 Signals/Slots Editor

(3) 执行菜单中的 File→Save 命令，将设计的界面保存为扩展名为 ui 的文件，如 mainwindow，假设保存的路径在 d:\下。

(4) 生成的文件格式为 *.ui，使用时需要将其转换为 *.py，以 d:\mainwindow.ui 转化生成 d:\mainwindow.py 为例，在命令窗口执行命令，如图 6-39 所示。

```
pyuic5 -od:\mainwindow.py d:\mainwindow.ui
```

pyuic5.exe 在 Python 安装文件夹下的 Scripts 文件夹中。

用 IDLE 打开 mainwindow.py，其内容如下：

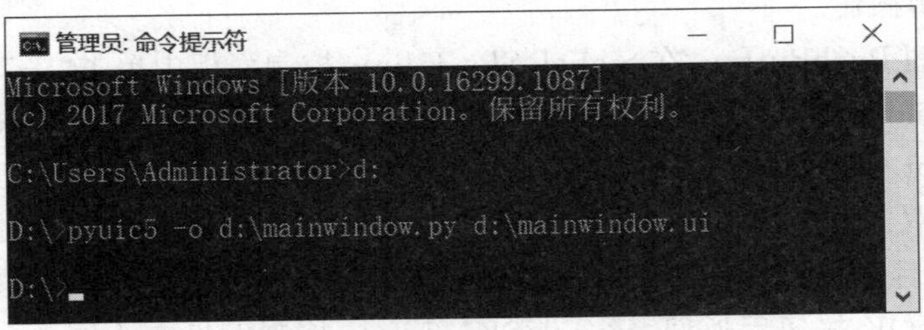

图 6-39 命令窗口下执行 pyuic5 命令

```
#6-40.py
from PyQt5 import QtCore, QtGui, QtWidgets
class Ui_MainWindow(object):
    def setupUi(self, MainWindow):
        MainWindow.setObjectName("MainWindow")
        MainWindow.resize(430, 274)
        self.centralwidget=QtWidgets.QWidget(MainWindow)
        self.centralwidget.setObjectName("centralwidget")
        self.verticalLayout=QtWidgets.QVBoxLayout(self.centralwidget)
        self.verticalLayout.setObjectName("verticalLayout")
        ...
        self.pushButton.clicked.connect(MainWindow.hello)
        ...
        self.retranslateUi(MainWindow)
    def retranslateUi(self, MainWindow):
        _translate=QtCore.QCoreApplication.translate
        MainWindow.setWindowTitle(_translate("MainWindow", "MainWindow"))
        self.label.setText(_translate("MainWindow", "TextLabel"))
        ...
```

由于没有程序入口,故还不能直接运行。打开 mainwindow.py,找到：

```
self.pushButton.clicked.connect(MainWindow.hello)
```

将其修改为：

```
self.pushButton.clicked.connect(self.hello)
```

在程序最后增加以下代码：

```
    def hello(self):
        print("会用 PyQt5 designer 了")
if __name__=='__main__':
    import sys
    app=QtWidgets.QApplication(sys.argv)
    widgets=QtWidgets.QMainWindow()
    ui=Ui_MainWindow()
    ui.setupUi(widgets)
    widgets.show()
```

修改和增加代码后,虽然 mainwindow.py 可以运行了,但如果界面重新调整,还需要重新生成和修改 py 文件,要做到界面设计和业务逻辑的分开处理,可以在界面设计阶段,不增加 signals/slots 的设计,将 mainwindow.ui 文件转换成 mainwindow.py 后,新建立 main.py 文件,输入:

```
#6-41.py
import sys
from PyQt5.QtWidgets import QApplication, QMainWindow,QMessageBox
import mainwindow
def hello():
    QMessageBox.information(MainWindow,"提示","终于学会使用PyQt5 designer了")
if __name__=='__main__':
    app=QApplication(sys.argv)
    MainWindow=QMainWindow()
    ui=mainwindow.Ui_MainWindow()
    ui.setupUi(MainWindow)
    ui.pushButton.clicked.connect(hello)
    MainWindow.show()
    sys.exit(app.exec_())
```

代码 ui.pushButton.clicked.connect(hello) 中的 pushButton 就是界面文件 mainwindow 要发射信号的按钮。当界面文件 mainwindow.py 重新生成时,由于业务处理文件 main.py 与其分开,可避免业务代码的修改。

6.3 GUI 上使用 matplotlib

正如第 3 章介绍 matplotlib 程序时,默认情况下 matplotlib 给出的图形输出到屏幕或者文件中,全部的 matplotlib 的前端编程。matplolib 还包含一个后端(backend),用于实现绘图和不同应用程序间的接口。通过编写后端代码,可以将图像绘制到 png、pdf、svg 等格式的文件上,也可以输出到网页上或者 GUI。

配置后端有 3 种方法(https://matplotlib.org/tutorials/introductory/usage.html?highlight=tkagg),其中方法之一是使用 matplotlib.use(backend)。

后端有两种类型:用户界面后端(也称为交互式后端,取值有 GTK3Agg、GTK3Cairo、MacOSX、nbAgg、Qt4Agg、Qt4Cairo、Qt5Agg、Qt5Cairo、TkAgg、TkCairo、WebAgg、WX、WXAgg、WXCairo 等)和硬拷贝后端(也称为非交互式后端,可生成 png、svg、pdf 等格式的图像文件)。

6.3.1 tkinter 窗口上应用 matplotlib

要在 tkinter 上使用 matplotlib 需要将后端设置成 TkAgg,语句为 matplotlib.use("TkAgg")。下面代码示例了实现过程。

```
#6-42.py
import matplotlib
matplotlib.use('TkAgg')#TkAgg 不区分大小写
from matplotlib.backends.backend_tkagg import FigureCanvasTkAgg
```

```
from matplotlib.figure import Figure
from tkinter import *
win=Tk()
win.title("tkinter and matplotlib")
figure=Figure(figsize=(2.52, 2.56), dpi=100)  #figsize定义图像大小,dpi定义像素
ax=figure.add_subplot(111)  #定义画布中的位置
def draw_picture():
    ax.clear()
    x=[1, 2, 3, 4, 5, 6, 7, 8, 9, 10]
    y=[3, 6, 9, 12, 15, 18, 21, 24, 27, 30]
    ax.plot(x, y)
    canvas.draw()
canvas=FigureCanvasTkAgg(figure, win)      #figure是定义的图像,win是tkinter中画
                                            布的定义位置
canvas.get_tk_widget().pack(side=TOP, fill=BOTH, expand=1)
                                 #将图形显示在tkinter的画布中
Button(win, text='画图', command=draw_picture).pack()
win.mainloop()
```

6.3.2 PyQt5 窗口上应用 matplotlib

下面代码示例了在 PyQt5 窗口上使用 matplotlib,许多代码与在 tkinter 的窗体上是相同的。

```
#6-43.py
import sys
from PyQt5 import QtCore, QtWidgets,QtGui
import matplotlib
matplotlib.use('Qt5Agg')                    #Qt5Agg 不区分大小写
from matplotlib.backends.backend_qt5agg import FigureCanvasQTAgg as FigureCanvas
from matplotlib.figure import Figure

if __name__=='__main__':
    app=QtWidgets.QApplication(sys.argv)
    screen=QtWidgets.QDesktopWidget().screenGeometry()
    win=QtWidgets.QWidget()
    win.resize(400, 200)
    #窗口移动到屏幕中央
    win.move((screen.width()-400)/2, (screen.height()-200)/2)
    win.setWindowTitle('PyQt第1个界面')   #设置窗口标题
    figure=Figure(figsize=(2.52, 2.56), dpi=100)
    ax=figure.add_subplot(111)            #定义画布中的位置
    def draw_picture():
        ax.clear()
        x=[1, 2, 3, 4, 5, 6, 7, 8, 9, 10]
        y=[3, 6, 9, 12, 15, 18, 21, 24, 27, 30]
        ax.plot(x, y)
        canvas.draw()
    btn1=QtWidgets.QPushButton("画图",win)
    btn1.setGeometry(150, 120, 100,50)      #参数为(x,y,width,height)
```

```
canvas=FigureCanvas(figure)          #figure是定义的图像
#设置布局
layout=QtWidgets.QVBoxLayout()
layout.addWidget(canvas)
layout.addWidget(btn1)
win.setLayout(layout)
btn1.clicked.connect(draw_picture)
win.show()
sys.exit(app.exec_())
```

练 习 题

6-1 使用 tkinter 编写一个简易计算器,如图 6-40 所示。

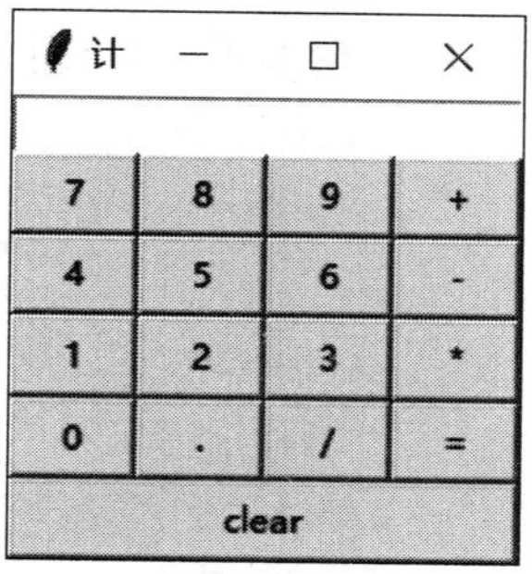

图 6-40 计算器

6-2 images 文件夹下有 13 张扑克,命名分别为 1.jpg、2.jpg、…、13.jpg,应用 PyQt5 编写代码,随机播放这些图片。

6-3 使用 PyQt5 Designer 设计出图 6-41 所示界面,上面有一个 table widget、一个命令按钮。要求窗口大小改变时,table widget 的大小和位置随之改变,命令按钮始终水平居中,但大小保持不变。

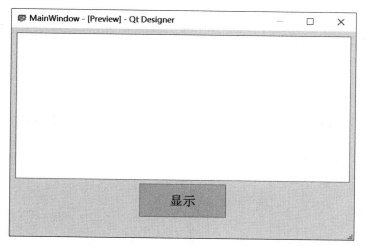

图 6-41 PyQt5 Designer 设计的界面

6-4 窗口上放置一个命令按钮,单击该按钮,可用弹出的颜色选择器选择颜色,改变窗口的背景色。

6-5 用 tkinter 生成一宽 400、高 100 的窗口,上面增加一个标签控件 lb0,实现图 6-42 所示界面。

图 6-42 实现界面

(1) lb0 上显示文字"欢迎学习 Python"。
(2) lb0 由左向右从窗口上不停地移动位置,移出窗口后再从窗口左边进入。

第 7 章

数　据　库

数据库(DataBase,DB)是存储在计算机内、有组织、可共享的数据集合。数据库中的数据按照一定的数据模型组织、描述和存储,其特点是具有较小的冗余度、较高的独立性和可扩展性,并且数据库中的数据可供各种合法的用户使用。

数据库管理系统(DataBase Management System,DBMS)是一个软件系统,主要用来定义和管理数据库,处理应用程序和数据库间的关系。使用 DBMS 可以帮助我们建立、管理和维护数据库。DBMS 有关系型和非关系型,建立的数据库就是关系型和非关系型的数据库。主流的关系型数据库大型的有 Oracle、MySQL、Informix、SQL Server,小型的有 Access、SQLite 等。操作访问数据库有一种通用的语言 SQL(Structured Query Language)。

Python 对关系型数据库提供了数据库访问的接口 Python DB-API,访问不同的数据库需要下载不同的 DB-API 模块。如果要访问 SQLite,可以使用 Python 3.x 中内置的 SQLite3;如果要访问 MySQL,需要下载安装 Pymysql;如果要访问 SQL Server,需要下载安装 Pymysql;如果要访问 Oracle,需要下载安装 cx_Oracle。

Python 借助 DB-API 访问数据库的步骤:①引入 DB-API 模块;②建立与数据库的连接;③执行 SQL 和存储过程;④关闭数据库的连接。

7.1　连接数据库

1. 连接 MySQL

```
import pymysql
cnn=pymysql.connect(host='localhost', port=3306, user='root', password=
'abc123', db='test')
```

连接字符串中 host 为要访问的数据库服务器,值 localhost 表示当地安装的 MySQL,也可以写为 127.0.0.1,如果要访问远程计算机,需要将 localhost 改写为远程数据库服务器的 IP。port 是 MySQL 的端口号;user 是用户名;password 是密码;db 是要访问的数据库。也可以先配置连接信息:

```
config={
    'host':'localhost',
    'port':3306,          #MySQL 默认端口
    'user':'root',        #MySQL 默认用户名
    'password':'abc123',
    'db':'test'           #test 是数据库
}
```

然后创建连接：

```
cnn=pymysql.connect(**config)
```

2. 连接 SQL Server

```
import pymssql
cnn=pymssql.connect(host='localhost',user='sa',password=' abc123',database='test')
```

连接字符串中 database 表示要访问的数据库，其余参数与前面相同。

3. 连接 SQLite

```
import sqlite3
import os
cnn=sqlite3.connect(os.path.join(os.getcwd(),"test.db"))
```

在调用 connect() 函数时指定库名称，如果指定的数据库存在就直接打开这个数据库，不存在就创建一个新库后打开。命令 cnn = sqlite3.connect(":memory:")在内存中建库。

连接数据库后就可以通过 SQL 操作数据库了。虽然关系型数据库都支持 SQL，但各个数据库中 SQL 会稍有差异，编程时要注意这些变化，如从 student 表中选择前 5 条记录，Access 和 SQL Server 中语句为：

```
select top 5 * from student
```

但在 MySQL 和 SQLite 中却是：

```
select * from student limit 5
```

本章以访问 SQLite 的 students.db 为例，说明 Python 对 SQLite 的各种操作，操作其他数据库的方法与 SQLite 相似。为了可视化地操作 SQLite，可安装 SQLiteManager 软件。用 SQLiteManager 打开 students.db，其有 student、score、course、teacher 4 个表，分别存放"学生信息""成绩信息""课程信息"和"教师信息"，4 个表中的字段名见图 7-1 至图 7-4。

Name	Type
student_no	TEXT
student_name	TEXT
gender	TEXT
telephone	TEXT

图 7-1　student 中的字段

Name	Type
student_no	TEXT
course_no	TEXT
score	integer

图 7-2　score 中的字段

Name	Type
course_no	TEXT
course_name	TEXT
course_address	TEXT
course_time	TEXT
teacher_ID	TEXT

图 7-3　course 中的字段

Name	Type
teacher_ID	TEXT
teacher_name	TEXT
teacher_gender	TEXT
teacher_phone	TEXT

图 7-4　teacher 中的字段

7.2 连接对象

建立的 cnn 对象就是数据库的连接对象,其主要方法有:
commit()——事务提交。
rollback()——事务回滚。
close()——关闭一个数据库连接。
cursor()——创建一个游标。

(1) 事务的概念。

假设银行要从 account 表中执行转账操作:从卡号为 2001203198 的账户 A 上转账 500 元到卡号 2001256742 的账户 B 上。在账户 A 余额足够的情况下,首先从账户 A 上减去 500 元,然后将这 500 元加到账户 B。如果没有事务控制,500 元从账户 A 减去后,在钱还没有转移到账户 B 的一刹那,发生意外,账户 A 的 500 元就会不翼而飞。数据库的事务可以保证:如果这两个动作同时完成,就执行事务提交;如果两个动作中有任何一个出现意外,就执行事务回滚,返回到动作执行前的状态。

(2) 在建立连接对象时,不传入 isolation_level 参数。

```
cnn=sqlite3.connect(os.path.join(os.getcwd(),"test.db"))
```

在执行 DML(Data Modification Language)操作(主要包括 insert、update、delete)时,会自动打开一个事务,需要使用 cnn.commit() 提交事务,才能完成对记录的操作;在执行 DDL(Data Definition Language,如 create、alter、drop 等)语句时,会隐式执行 commit() 方法。

```
>>> import sqlite3
>>> import os
>>> cnn=sqlite3.connect(os.path.join(os.getcwd(),"test.db"))
>>> cnn.execute("create table IF NOT EXISTS account (cardID text, accountBalance double)")
```

上面语句执行的是 create table 建立数据表,属于 DDL 操作。虽然没有运行 cnn.commit(),但会自动完成事务提交,即 account 表已经在 test.db 中建立。

```
>>> cnn.execute("insert into account(cardID,accountBalance) values('2001203198',5000)")
>>> cnn.execute("insert into account(cardID,accountBalance) values('2001256742',2000)")
```

正确执行两条增加记录的语句后,此时使用 SQLiteManager 打开 test.db 库,浏览 account 表,并没有出现新增加的记录。但继续执行:>>> cnn.commit(),浏览 account 表,事务提交后表中出现了两条新增加的记录。

(3) 在建立连接对象时,传入 isolation_level=None 参数。

```
>>> cnn=sqlite3.connect(os.path.join(os.getcwd(),"test.db"),isolation_level=None)
```

这种情况下对数据库的任何操作都会自动提交。如果要使用事务,需要:

```
>>>cnn.execute("begin transaction ")
>>>cnn.execute("commit")           #或者 cnn.commit()均可提交事务
```

例 7-1　事务的简单应用。

```
>>>cnn=sqlite3.connect(os.path.join(os.getcwd(),"test.db"),isolation_level=None)
>>>cnn.execute("begin transaction")   #开始事务
>>>cnn.execute("drop table student")  #运行删除表 student 的命令,但表 student 还在
                                       库中
>>>cnn.commit()                        #表从库中删除
```

不使用事务情况下,任何命令都自动提交。

```
>>>cnn=sqlite3.connect(os.path.join(os.getcwd(),"test.db"),isolation_level=None)
>>>cnn.execute("create table IF NOT EXISTS student (sno text, sname text, gender
text)")                                 #建表
>>>cnn.execute("insert into student(sno,sname,gender) values('12345','张三',
'男')")                                 #表中输入 1 条记录
```

例 7-2　银行转账中事务的应用。

下面的代码从账户 A 中减去 500 的语句是正确的,但加到账户 B 的语句是错误的(将 accountBalance 误写为 accountBalanc,表示突然发生的意外)。

```
#7-1.py
import sqlite3
cnn=sqlite3.connect("c:/test.db")      #对 DML 操作默认有事务
try:
    cnn.execute("update account set accountBalance=accountBalance-500 where
    cardID='2001203198'")
    cnn.execute("update account set accountBalanc=accountBalanc+500 where
    cardID='2001256742'")
    cnn.commite()
except:
    print("账户 B 的资金没有到账。转账双方的资金都没有变动!")
finally:  #无论是否出现异常都要执行 finally 中程序块
    cnn.close()
```

建立连接对象 cnn 时没有传入 isolation_level=None 参数,执行更新、删除、插入时会自动打开一个事务。cnn.execute("update account set accountBalance=accountBalance－500 where cardID='2001203198'")语句能正确执行,但 cnn.execute("update account set accountBalanc=accountBalanc+500 where cardID='2001256742'")出现错误,不能正确执行,错误捕捉后在执行事务提交 cnn.commite()前,程序转到 except 语句块,输出错误提示。由于事务没有提交,故两个账户上的余额都保持不变。

```
#7-2.py
import os
import sqlite3
cnn=sqlite3.connect(os.path.join(os.getcwd(),"test.db"),isolation_level=None)
try:
```

```
        cnn.execute("update account set accountBalance=accountBalance-500 where
        cardID='2001203198'")
         cnn.execute("update account set accountBalanc=accountBalanc+500 where
        cardID='2001256742'")
except:
    print("转账时账户A的金额被扣除,但账户B并没有到账。编程有问题!")
finally: #无论是否出现异常都要执行finally中程序块
    cnn.close()
```

上面的代码在建立cnn对象时传入isolation_level=None,表明对数据库的所有操作都自动提交,立即生效。第1条更新语句正确执行后,账户A的余额立即被扣500元,但第2条更新语句出现错误,更新账户B的余额失败。用SQLiteManager打开test.db库浏览account后发现,由于编程错误,账户A的500元被扣除,但被扣的钱并没有加到账户B上。

```
#7-3.py
import sqlite3
cnn=sqlite3.connect(os.path.join(os.getcwd(),"test.db"),isolation_level=None)
try:
    cnn.execute("begin transaction")          #开始事务
    cnn.execute("create table xxx(sno text)")
    cnn.execute("update account set accountBalance=accountBalance-500 where
    cardID='2001203198'")
     cnn.execute("update account set accountBalanc=accountBalanc+500 where
    cardID='2001256742'")
    cnn.commite()
except:
    cnn.rollback()
    print("转账时虽然账户B出现问题,但两个账户的资金都没有发生变动!")
finally: #无论是否出现异常都要执行finally中程序块
    cnn.close()
```

上面代码增加了cnn.execute("begin transaction")后,在执行事务提交cnn.commite()命令前都不会立即作用在数据库上,包括任何DDL如程序中的语句cnn.execute("create table xxx(sno text)")和DML操作,当执行到错误的更新语句时,cnn.rollback()完成事务回滚,数据库恢复到事务前的状态。

总结:编程中采用事务,能够保证对数据库的多个操作一定会同时完成,事务提交。当多个操作中有任何一个失败时,事务回滚,数据库恢复到事务开始前的状态。

7.3 查询记录

7.3.1 使用游标获取数据

除了使用连接cnn.execute()执行SQL外,还可以使用游标执行SQL并获取数据。

```
#7-4.py
import sqlite3
cnn=sqlite3.connect("students.db",isolation_level=None)
```

```
cur=cnn.cursor()          #定义了一个游标
sql="select * from student"
try:
    #执行 SQL 语句
    cur.execute(sql)
    #得到表中所有行
    data=cur.fetchall()
    for r in data:
        sno=r[0]
        sname=r[1]
        print("学号=%s,姓名=%s" %(sno, sname))
except:
    print("error")
cur.close()
cnn.close()
```

(1) cur.fetchall()：以列表形式返回表中符合查询条件的记录。

```
[('30012036', '张雨', '女', '3455654'), ('40010025', '张雷', '男', '13545615673'),
('40012030', '赵三', '男', '13030454385'), ..., ('41405007', '张晨露', '女',
'13555678930')]
```

列表中每个元素是一个元组，对应于 students.db 库中 student 表的一条记录。如果只是读取第 1 条记录，可以使用 cur.fetchone()，代码如下：

```
cur.execute(sql)
data=cur.fetchone()
print(data)
```

输出结果：('30012035', '楚云飞', '男', '13523567823')，是一个元组，如果要输出"姓名"，可以 print(data[1])。

(2) 判断获得的记录数，可以使用 len(data)。

(3) 游标对象可执行的操作如下。

execute()——执行 SQL 语句。

executemany——执行多条 SQL 语句。

close()——关闭游标。

fetchone()——从结果中取一条记录，并将游标指向下一条记录。

fetchmany()——从结果中取多条记录。

fetchall()——从结果中取出所有记录。

scroll()——游标滚动。

7.3.2 查询语句

从数据库中查询记录使用的 SQL（Structured Query Language，结构化查询语句）是 select，语句格式如下：

```
Select 字段1,字段2,... from 表名 where 查询条件
```

不指定 where 查询条件，将从表中查询到所有记录，如果要列出所有字段，可以用 * 代

替字段 1,字段 2,…,如 7-4.py 中 select * from student 语句。如果要从 student 中查询出 gender＝"男"的记录,列出所有字段,语句为：select * from student where gender＝"男"；如果查询条件是多个,可以使用 or 或者 and,如要查询出 gender＝"男"并且 student_name 姓"张"的记录,代码如下：

```
select * from student where gender="男" and student_name like "张%"
```

当查询的内容来自多个表时,查询的字段名要写为"表名.字段名",如查询 student_no、student_name、course_no、score,查询的内容来自 student 和 score 两个表,而且这两个表是通过 student_no 相关联的(关联分左关联、右关联和内部关联),用得最多的是内部关联,这两个表内部关联的 select 语句为：

```
select student.student_no, student.student_name, score.course_no, score.score from student, score where student.student_no=score.student_no
```

查询结果将列出 student 表中的 student_no 与 score 表中的 student_no 相等的那些记录。上面的 select 等效于：

```
select student.student_no, student.student_name, score.course_no, score.score from student inner join score on student.student_no=score.student_no
```

在 SQLiteManager 中直接运行内部关系的 select 语句,可查询到 14 条记录,如图 7-5 所示。将上面 select 中的 inner join 改为 left join,表示是左关联,写在 Select 语句 left join 左侧的表是 student,右侧的表是 score,查询结果是 student 中所有记录及 score 表中的 student_no 与 student 表中 student_no 相等的那些记录,查询到 20 条记录,如图 7-6 所示。

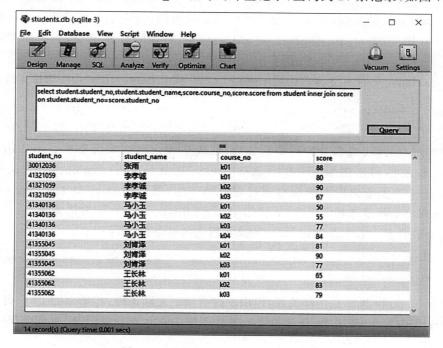

图 7-5　student inner join score 的结果

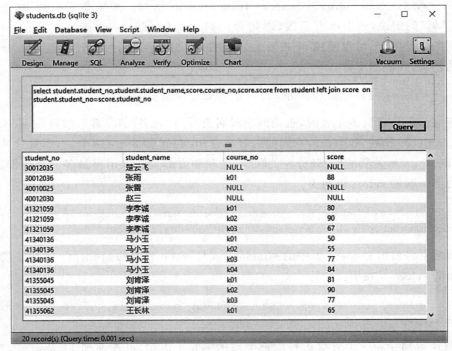

图 7-6 student left join score 的结果

由于 student 中有些学生没有学习课程,图 7-6 中虽然列出了这些学生的信息,但这些学生的 course_no 和 score 是 Null。将图 7-6 中的 select 语句的 student 和 score 交换位置:score 位于 left join 的左侧,student 位于 left join 的右侧,查询结果显示出 score 中所有记录和 student 中 student_no 与 score 中 student_no 相等的那些记录,运行结果与图 7-5 相同。

SQLiteManager 暂不支持右关联 right join,但 SQL Server、MySQL 却是支持的:

```
select student.student_no,student.student_name,score.course_no,score.score
from student right join score on student.student_no=score.student_no
```

程序中用左关联、内部关联还是右关联,取决于查询对结果的要求。student 和 score 这两个表,如果在列出的 student.student_no、student.student_name、score.course_no、score.score 中,需要查询出那些没有选过课程的学生,就使用 student left join score 左关联;如果只列出学习过课程的学生,就使用 student inner join score 内部关联。

从两个表或多个表中查询记录时,如果不指定关联条件,如:

```
Select student.student_no,student.student_name,score.course_no,score.score
from student, score
```

student 和 score 虽然是内部关联,但由于没有指定关联条件,如果 student 中有 10000 条记录,score 表中有 50 条记录,查询的结果将会产生 10000×50 条记录,查询结果一般没有实际意义。

7.3.3 查询结果返回的形式

7-4.py 中 cur.execute(sql)后,执行 cur.fetchone()后查询到的结果是一个元组,对应于表中的第一条记录;cur.fetchall()以列表形式返回符合条件的记录。如果需要查询的结果是字典,对于 MySQL 可以通过命令返回字典:

```
cur=cnn.cursor(pymysql.cursors.DictCursor)
cur.execute(sql)
cur.fetchall()              #或者 cursor.fetchone()
```

但对于 SQLite3 虽然不能在定义 cursor 时指定 sqlite3.cursors.DictCursor,但在官方文档里预留了相应的实现方案:

```
def dict_factory(cursor, row):
    d={}
    for idx, col in enumerate(cursor.description):
        d[col[0]]=row[idx]
    return d
```

下面的代码将 student 表中记录以字典形式返回。

```
#7-5.py
import sqlite3
import os
def dict_factory(cursor, row):
    d={}
    for idx, col in enumerate(cursor.description):
        d[col[0]]=row[idx]
    return d
cnn=sqlite3.connect(os.path.join(os.getcwd(),"test.db"),isolation_level=None)
cnn.row_factory=dict_factory
cur=cnn.cursor()
sql="select * from student where gender='男'"
try:
    cur.execute(sql)
    data=cur.fetchall()
    print(data)
except:
    print("error")
cur.close()
```

运行结果如下:

```
[{'sno': '123456', 'sname': '张三', 'gender': '男'}, {'sno': '123457', 'sname': '王五', 'gender': '男'}, {'sno': '200805', 'sname': '邓超前', 'gender': '男'}]
```

7.3.4 使用 Pandas 获取和分析数据

可以使用 Pandas 的.read_sql_query("select 语句",连接对象)从数据表中读取数据:

```
#7-6.py
import pandas as pd
```

```
import sqlite3
import os
cnn=sqlite3.connect(os.path.join(os.getcwd(),"students.db"),isolation_level=
None)
pd_student=pd.read_sql_query("select * from student",cnn)
print(pd_student.head())
#显示性别="男"的记录
print(pd_student[pd_student.gender=="男"])
#按照性别统计
print(pd_student.groupby("gender").size())
```

7.4 建立数据表

建立数据表的 SQL：

create table 表名(字段名 1 数据类型,字段名 2 数据类型,...)
>>>cnn=sqlite3.connect(os.path.join(os.getcwd(),"test.db"),isolation_level=
None)
>>>cur=cnn.cursor()
>>>sql="create table tmp4(sname varchar(10),gender char(10))"

可以在建立新表 tmp4 时先判断该表是否存在：

>>>sql="create table if not exists tmp4(sname varchar(10),gender char(10))"
>>>cnn.execute()   #或者 cur.execute()
>>>cur.close()
>>>cnn.close()

7.5 插入记录

插入单条记录的 SQL 语句：

insert into 表名(字段 1,字段 2)values(值 1,值 2)

批量插入的 SQL 语句：

insert into 表名 1(字段 1,字段 1)select 字段 1,字段 2 from 表名 2 where 条件
>>>cnn=sqlite3.connect(os.path.join(os.getcwd(),"test.db"),isolation_level=None)
>>>cur=cnn.cursor()
>>>values=("200102","王五","男")
>>>cur.execute("insert into student(student_no,student_name,gender) values
(?,?,?)",values)

插入记录时以"?"形式出现的数值都会被 values 中的数值替代。第一个"?"将会被 values 中的第一个数值替代，其他以此类推。这个方式对任何形式的查询指令都有用。如此就创建了一个 SQLite 带参数形式的查询指令，它能有效避免 SQL 注入攻击的问题。

7.6 其他 SQL

(1) 删除记录,格式为:

`delete from 表名 where 删除条件`

(2) 更新记录,格式为:

`update 表名 set 字段1=值1,字段2=值2 where 更新条件`

(3) 删除记录表,格式为:

`drop table 表名`

(4) 更改表结构。

增加字段,格式为:

`alter table 表名 add 字段名 数据类型`

删除字段,格式为:

`alter table 表名 drop 字段名`

Python 中所有这些语句的用法与 insert 语句类似,不再一一详述。

7.7 GUI与数据库

借助前面的 GUI 编程技术,编写出图形界面,完成对数据库中数据的输入、查询、删除、更新等工作。

例 7-3 结合 tkinter 的 GUI 编程,实现一个简单的数据输入,完成对 student 数据的输入。运行结果如图 7-7 所示。

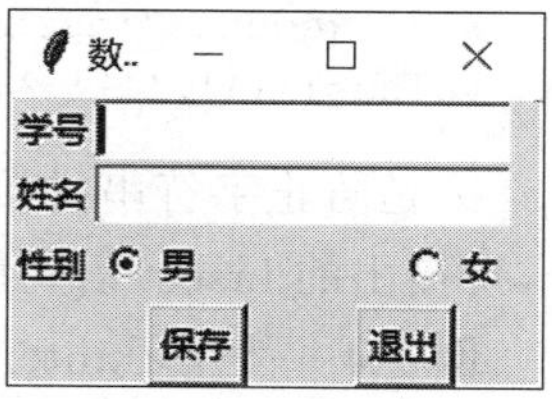

图 7-7 数据输入

```
#7-7.py
from tkinter import *
import tkinter.messagebox
import sqlite3
import os
win=Tk()
win.title('数据输入')              #设置窗体名称
snoTxt=StringVar()
snameTxt=StringVar()
genderTxt=StringVar()
genderTxt.set("男")                #设置初始值
def saveInformation():
    sno=snoTxt.get()
    sname=snameTxt.get()
    gender=genderTxt.get()
    cnn=sqlite3.connect(os.path.join(os.getcwd(),"students.db"))
```

```
            values=(sno,sname,gender)
            cnn.execute("insert into student(student_no,student_name,gender) values
            (?,?,?)",values)
            cnn.commit()
            cnn.close()
            tkinter.messagebox.showinfo('提示',"保存到数据库中的信息为: \n 学号:"+sno+"\n
            姓名:"+sname+"\n 性别:"+gender)
        def closeWin():
            win.destroy()
Label(win, text="学号").grid(row=0,column=0,sticky=E)
Entry(win,textvariable=snoTxt).grid(row=0,column=1,columnspan=2)
Label(win, text="姓名").grid(row=1,column=0,sticky=E)
Entry(win,textvariable=snameTxt).grid(row=1,column=1,columnspan=2)
Label(win, text="性别").grid(sticky=E,row=2,column=0)
Radiobutton(win, text="男", variable=genderTxt, value="男").grid(row=2,
column=1,sticky=W)
Radiobutton(win, text="女", variable=genderTxt, value="女").grid(row=2,
column=2,sticky=E)
button1=Button(win, text='保存',command=saveInformation)
button1.grid(row=3, column=1)
button2=Button(win, text='退出',command=closeWin)
button2.grid(row=3, column=2,columnspan=2)
mainloop()
```

说明：insert 语句输入记录时没有采用字符串拼接的写法。

```
cnn.execute("insert into student(sno,sname,gender)
values('"+sno+"','"+sname+"','"+gender+"')")
```

或者

```
cnn.execute("insert into student(sno,sname,gender)
values('{}','{}','{}')".format(sno,sname,gender))
```

一是防止字符串拼接错误；二是防止 SQL 注入攻击，如程序运行后输入的姓名中有'号，拼接出的 insert 语句就会出现错误。

例 7-4 使用 tkinter 的 treeview 控件显示出表中的数据，效果如图 7-8 所示。

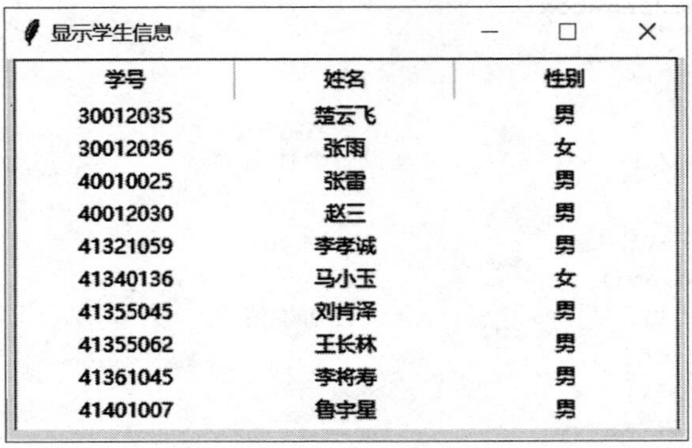

学号	姓名	性别
30012035	楚云飞	男
30012036	张雨	女
40010025	张雷	男
40012030	赵三	男
41321059	李孝诚	男
41340136	马小玉	女
41355045	刘肯泽	男
41355062	王长林	男
41361045	李将寿	男
41401007	鲁宇星	男

图 7-8 用 treeview 显示 students.db 中 student 表中的数据

```python
#7-8.py
import tkinter as tk
from tkinter import ttk
import sqlite3
import os
def showData():
    win=tk.Tk()
    win.title('显示学生信息')
    win.geometry("400x200")
    columns=("sno","name","gender")
    tree=ttk.Treeview(win,columns=columns,show='headings')
    #设置表格文字居中
    tree.column('sno',width=130,anchor='center')
    tree.column('name',width=130,anchor='center')
    tree.column('gender',width=130,anchor='center')
    #设置表格头部标题
    tree.heading('sno',text='学号')
    tree.heading('name',text='姓名')
    tree.heading('gender',text='性别')
    #设置表格内容
    i=0
    for aa in data:
        tree.insert('',i,values=(aa[0],aa[1],aa[2]))
        i+=1
    tree.grid(padx=5)
    win.mainloop()
cnn=sqlite3.connect(os.path.join(os.getcwd(),"students.db"),isolation_level=None)
cur=cnn.cursor()
sql="select student_no,student_name,gender from student"
try:
    cur.execute(sql)
    data=cur.fetchall()
    showData()
except:
    print("error")
cur.close()
```

7.8 利用 ORM 模型访问数据库

通过上面介绍的 Python 使用 DB-API 操作数据库看出,直接使用 SQL 完成数据的增加、删除、查询、更新等操作,比较烦琐。如果借助 ORM(Object Relational Mapping,对象关系映射)工具,编程时面对的是对象而不是 SQL,编写出来的 Python 程序具有以下优点。

① 简洁易读:将数据表抽象为对象(数据模型),更直观易读。

② 可移植:封装了多种数据库引擎,面对多个数据库,操作基本一致,代码易维护。

③ 更安全:能有效避免 SQL 注入攻击。

ORM 框架有多种,最有名的是 SQLAlchemy。本节简要介绍使用 SQLAlchemy 访问 SQLite 的方法。访问别的数据库,除创建数据库连接与 SQLite 不一样外,其他步骤基本上都一样。

(1) SQLAlchemy 的安装。

在 Windows 命令窗口,执行:

```
pip install sqlalchemy
```

(2) 创建数据库连接。

① 创建与 SQLite 的连接。

```
from sqlalchemy import create_engine
#数据库test.sqlite在当前文件夹下,使用相对路径的写法
engine=create_engine('sqlite:///test.db')
#Windows下绝对路径的写法:
engine=create_engine('sqlite:///C:\\path\\to\\test.db ')
#SQLite可以创建内存数据库:
engine=create_engine('sqlite://')
#或者
engine=create_engine('sqlite:///:memory:', echo=True)
```

② 创建与 MySQL 的连接。

```
engine = create_engine('mysql://root: abc123@localhost: 3306/sqlalchemy_db?charset=utf8')
```

③ 创建与 SQL Server 的连接。

```
engine=create_engine('mssql+pymssql://sa:abc123@localhost/sqlalchemy_db')
```

在②、③中,abc123 是密码;sqlalchemy_db 是数据库名。

(3) 定义映射。

先建立基本映射类,后边真正的映射类都要继承该映射。

```
from sqlalchemy.ext.declarative import declarative_base
Base=declarative_base()
```

然后创建真正的映射类,这里以 Student 映射类为例,设置它映射到 test.db 的 student 表。首先引入类库:

```
from sqlalchemy import Column, Integer, String
```

定义映射类 Student,其继承上一步创建的 Base。

```
class Student(Base):
    #指定本类映射到users表
    __tablename__='student'
    #指定sno映射到sno字段;sname映射到字段sname;gender映射到字段gender
    #根据表中字段的数据类型,定义sno、sname、gender的类型:
    sno=Column(String(20),primary_key=True)
    sname=Column(String(32))
    gender=Column(String(32))
```

(4) 建立会话。

需要建立会话,完成数据的增、查、改、删(CRUD):

```python
from sqlalchemy.orm import sessionmaker
Session=sessionmaker(bind=engine)
session=Session()
```

(5) 增加记录。

向 student 表中插入记录：

```python
add_student=Student(sno="201002",sname='李玉霞', gender='女')
session.add(add_student)
#会话提交,将更改更新到数据库中
session.commit()
```

(6) 查询记录。

```python
#查询满足 sname='李四'的第一条记录
searched_student=session.query(Student).filter_by(sname='李四').first()
#查询满足 sname='李四'的全部记录
searched_student=session.query(Student).filter_by(sname='李四').all()
#查询满足 sname 中姓'张'的全部记录
searched_student=session.query(Student).filter(Student.sname.like("张%")).all()
#使用正则表达式查询
session.query(Student).filter(Student.sname.op("regexp")("^张三")).all()
#统计查询结果,如女生的数量
searched_student=session.query(Student).filter_by(gender="女").count()
#遍历查看,列出全部 sno
for student in session.query(Student):
    print(student.sno)
```

(7) 修改记录。

```python
#先找到要修改的记录,一般是根据主键查找
mod_student=session.query(Student).filter_by(sno='12345').first()
#然后再修改
mod_student.sname='王三'
#确认修改
session.commit()
```

(8) 删除记录。

```python
#先找到要删除的记录,一般是根据主键查找
del_student=session.query(Student).filter_by(sno='12345').first()
#将记录删除
session.delete(del_student)
#确认删除
session.commit()
```

7.9 编程中注入 SQL 攻击的问题

使用 GUI 编写访问数据库程序时，通过界面获得输入的数据，如输入查询的条件、输入要保存的数据，为安全起见，一般不采用字符串拼接的方式构成 select 和 insert 语句，因为字符串拼接 SQL 语句时有潜在注入 SQL 攻击的风险。

设计图 7-9 所示的查询界面，输入要查询的学号，将查询结果显示在 Treeview 中，如图 7-10 所示。

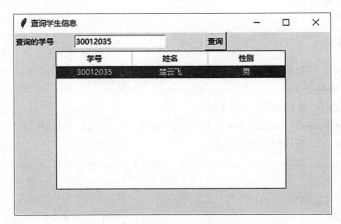

图 7-9　查询界面

图 7-10　查询界面中注入攻击

```
#7-9.py
import tkinter as tk
from tkinter import ttk
import sqlite3
def dict_factory(cursor, row):
    d={}
    for idx, col in enumerate(cursor.description):
```

```python
            d[col[0]]=row[idx]
        return d
    def delTree(tree):
        x=tree.get_children()
        for item in x:
            tree.delete(item)
    def get_data():
        delTree(tree)                    #删除表格中内容
        sno=e1.get()
        cnn=sqlite3.connect("students.db",isolation_level=None)
        cnn.row_factory=dict_factory
        cur=cnn.cursor()
        try:
            cur.execute("select * from student where student.student_no=?",(sno,))
            cur.execute("select * from student where student_no='%s'"%sno)
            cur.execute("select * from student where student_no='"+sno+"'")
            data=cur.fetchall()
            i=0
            for aa in data:
                tree.insert('',i,values=(aa.get("student_no"),aa.get("student_
                    name"),aa.get("gender")))
                i+=1
            tree.grid()
        except:
            print("error")
        finally:
            cur.close()
win=tk.Tk()
win.title('查询学生信息')
win.geometry("500x300")
LabelA=tk.Label(win,text="查询的学号")
LabelA.grid(row=0, column=0)
e1=tk.Entry(win)
e1.grid(row=0, column=1)
button1=tk.Button(win, text='查询',command=get_data)
button1.grid(row=0, column=2)
columns=('sno', 'sname', 'gender')
tree=ttk.Treeview(win,columns=columns,show='headings')
tree.grid(row=1, column=1, columnspan=3)
tree.column('sno',width=120,anchor='center')
tree.column('sname',width=120,anchor='center')
tree.column('gender',width=120,anchor='center')
#设置表格头部标题
tree.heading('sno',text='学号')
tree.heading('sname',text='姓名')
```

```
tree.heading('gender',text='性别')
win.mainloop()
```

上述代码中 cursor 执行 select 的语句为：

```
cur.execute("select * from student where student_no=?",(sno,))
```

这种参数输入的写法可以防范 SQL 注入攻击。

如果将该语句改为：

```
cur.execute("select * from student where student_no='"+sno+"'")
```

或者

```
cur.execute("select * from student where student_no='%s'"%sno)
```

虽然语句正确，但存在 SQL 注入攻击的风险：在查询框中输入图 7-10 所示的内容，程序会列出所有的记录。

获取输入内容的变量 sno 取 1' or 'a'='a 时，"select * from student where sno='"+sno+"'"或者"select * from student where sno='%s'"%sno 变为 select * from student where sno='1' or 'a'='a，查询条件对任何记录都成立，查询结果就会显示出表中全部记录，这样用户就非法获得了数据。如果用户身份和密码验证采用这种方式编程，攻击者可以轻易地绕开密码防护进入到网络中。这种由于程序编码问题，程序开发者未预期地将 SQL 代码传入到应用程序的过程，就是注入 SQL 攻击。注入 SQL 攻击是与数据库交互的应用程序面临的最严重的风险之一。

注入攻击可以有更加复杂的形式，如对于 SQL Server，攻击者可以使用两个连接符"--"注释掉 SQL 语句的剩余部分；对 MySQL 使用"#"、Oracle 使用"；"。另外，攻击者还可以执行含有任意 SQL 语句的批处理命令。对于 SQL Server 攻击者只需要在新命令前加上"；"，攻击者可以采取这种方式删除其他表的内容，甚至调用 SQL Server 的系统存储过程 xp_cmdshell 命令行执行任意的程序。

如果访问的是 SQL Server，且查询文本框中输入图 7-11 所示的内容，student 表将会被删除！

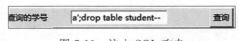

图 7-11 注入 SQL 攻击

注入 SQL 攻击对应用程序的威胁如此之大，应加强防范，具体措施如下。

（1）限制用户文本框中输入内容的长度。

（2）对于文本框中输入的内容，通过正则表达式，禁止单引号、空格、--等的输入；如果文本框中一定要有特殊字符需要输入，用此方法控制就比较麻烦。

（3）最好的解决方法是使用参数化的命令或者是存储过程，防止注入 SQL 的攻击。

（4）为用户设置数据库的访问权限，限制用户访问操作数据库或者执行扩展的系统存储过程。此方法能够预防删除表，但不能阻止攻击者偷看别人的信息。

练 习 题

7-1 填空。

已经建立一个 SQLite 数据库 minerals.db,其中有表 copper,包含字段为日期、地点、价格、字段类型全部为 text。

(1) 要将下面一条记录插入到 copper 中,阅读程序,完成填空。

字段	日期	地点	价格
需要插入的记录	2019-11-05	北京	47200~47500

```
import sqlite3
cnn=sqlite3.Connection("minerals.db")
values=("2019-11-05","北京","47200-47500")
cnn.execute("_____",values)
cnn.commit()
cnn.close()
```

(2) 如果要删除"日期"为"2019-10-20"的全部记录,阅读程序,完成填空。

```
import sqlite3
cnn=sqlite3.Connection("minerals.db")
cur=cnn.cursor()
sql=_____
cur.execute(sql)
cnn.commit()
cur.close()
cnn.close()
```

(3) 要将日期是"2019-11-05",地点是"北京"的铜矿价格更改为 48000,阅读程序,完成填空。

```
import sqlite3
cnn=sqlite3.Connection("minerals.db")
cur=cnn.cursor()
sql=_____
cur.execute(sql)
cnn.commit()
cur.close()
cnn.close()
```

7-2 使用 PyQt5 的 tableWidget 控件,显示 test.db 中 student 表的全部记录。

7-3 编写程序,根据 student 表中的 student_no 字段查询学生课程成绩的信息,用 tkinter 的 TreeView 显示出查询结果,如图 7-12 所示。

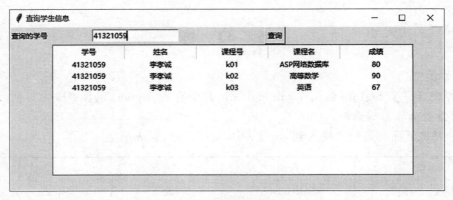

图 7-12　查询学生的课程信息

7-4　编写程序，用 tkinter 的 TreeView 以树状结构列出教师的姓名和该教师的课程，如图 7-13 所示。

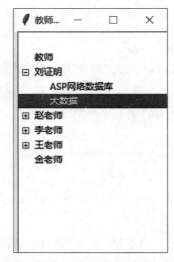

图 7-13　以树状结构显示教师上课信息

第 8 章

网络爬虫

网络爬虫是一种按照一定规则自动爬取网页信息的程序或者脚本。爬虫一般分为数据采集、处理和存储 3 个部分。

爬虫原理：爬虫是一段程序或者脚本，爬虫系统由控制器、解析器和资源库组成。控制器主要负责给多线程中的各个爬虫线程分配工作任务。爬虫发出访问某网站或页面的请求后，页面如果能够访问，会自动下载保存其中的内容；爬虫的解析模块可自动分析网页的结构，解析网页中的脚本、CSS、各种 HTML 标签等。资源库是用来存放下载到的网页资源，一般将解析后的特定数据存放到 SQL Server、MySQL、MongoDB 等数据库中。

爬虫工作时将要爬取的所有网页的链接视为树状结构，从一个 URL 开始，顺着网页中的超链接不断爬取，直到爬完所有的超链接。爬取链接的方式有深度优先算法和广度优先算法。

8.1 爬虫需要安装的库文件

1. requests

requests 库的作用是请求网站获取网页信息。使用 pip 安装的命令：

```
pip install requests
```

2. beautiful soup

beautiful soup 是 Python 的一个 HTML 或 XML 的解析库，可以方便地解析 requests 库请求得到的网页，将网页内容转变为 soup 文档，以便提取相关信息。使用 pip 安装的命令：

```
pip install beautifulsoup4
```

3. lxml

lxml 是 Python 的一个解析库，可以解析 HTML 或 XML，支持 XPath 解析方式，解析效率要比 beautiful soup 库高。使用 pip 安装的命令：

```
pip install lxml
```

该库安装时出现如缺少 libxml2 库等错误信息时，可采用 wheel 方式安装：到网站 http://www.lfd.uci.edu/~gohlke/pythonlibs/#lxml 下载与自己计算机相匹配的 whl 文件，如 64 位 Windows，Python 3.6 版本下载的文件 lxml4.3.5cp36cp36mwin_amd64.whl，使

用 pip 命令安装该文件：

```
pip install lxml4.3.5cp36cp36mwin_amd64.whl
```

4. selenium

selenium 是一个自动化测试工具，利用它可以驱动浏览器执行指定的动作，如填写表单、模拟鼠标在浏览器中单击等。使用 pip 安装命令：

```
pip install selenium
```

5. 爬虫框架 scrapy 的安装

scrapy 是一个功能强大的爬虫框架，安装前需要安装 Twisted、lxml、pyOpenSSL、pywin32。

8.2 爬虫步骤

1. 观察要爬取网站的 URL

如果要从 https://ys.zh818.com 爬取铜矿的市场价格，观察后发现北京铜矿市场价格分页显示，其 URL 为：

```
https://ys.zh818.com/html/tongprice/index_1.html
https://ys.zh818.com/html/tongprice/index_2.html
...
https://ys.zh818.com/html/tongprice/index_90.html
```

在浏览器地址栏改变 index_ 后的数字，就跳转到相应的页面，图 8-1 所示为跳转到 57 页的页面。程序中可以构建 URL，通过循环不断访问这些 URL。

图 8-1 有色金属价格网上铜市场价格的分页显示

2. 使用 requests 库请求构建好的 URL

requests 可以请求指定的网站，获取网页的信息，代码为：

```
import requests        #导入 requests
headers={"User-Agent": "Mozilla/5.0 (Windows NT 6.1; WOW64) AppleWebKit/537.36 
(KHTML, like Gecko) Chrome/78.0.3904.70 Safari/537.36"}
res=requests.get(url,headers=headers)
print(res.text)
```

requests.get()函数中，url 是要访问的网址，res 返回得到的网页。有时爬虫需要加入请求头来伪装成浏览器，以便更好地爬取数据。在 Chrome 浏览器中按 F12 键打开 Chrome 开发者工具，单击竖着的 3 个点，找到 More tools→Network conditions，从中找到 User-Agent 后复制 headers 的值。

由于下载的网页内容 res.text 没有进行结构化处理，直接解析出指定的信息比较费力，需要采用 lxml 或者 beautiful soup 将 res.text 的内容转换后再解析。

3. 解析网页中的数据

解析的库主要有 beautiful soup 和 lxml，这两个库都可以解析 HTML 和 XML，lxml 解析的速度更快些。

用 beautiful soup 解析时的代码如下：

```
#8-1.py
import bs4        #导入 beautiful soup
import requests
url="https://ys.zh818.com/html/tongprice/index_57.html "
headers={"User-Agent": "Mozilla/5.0 (Windows NT 6.1; WOW64) AppleWebKit/537.36 
(KHTML, like Gecko) Chrome/78.0.3904.70 Safari/537.36"}
res=requests.get(url,headers=headers)
soup=bs4.BeautifulSoup(res.text,'html.parser')   #转换请求得到的网页内容 res.text
elements=soup.select("body>section.t_main_list>div.article_list>div>div>
ul>li:nth-of-type(1)>div>p.classify>a")          #查找到第 1 个列表下的所有超链接
print(elements[0].get_text())                    #列出第 1 个超链接的内容
```

选中网页上某个超链接单击右键，选择"检查"命令，显示出该链接对应的 HTML 代码，在该代码处执行操作：右击，选择 copy→copy selector 命令，Chrome 会复制出 soup.select()中需要的查找符：

body>section.t_main_list>div.article_list>div>div>ul>li:nth-child(1)>div>p.classify>a

将上面的内容粘贴到 soup.select()的引号中，并将 li:nth-child(1)更改为 li:nth-of-type(1)，li:nth-child(1)在 Python 中运行会出现错误。为了获得所有超链接，查找符更改为：

body>section.t_main_list>div.article_list>div>div>ul>li>div>p.classify>a

同理，显示为日期的查询符为：

body>section.t_main_list>div.article_list>div>div>ul>li>div>p.rTime

如果使用 lxml 解析,代码如下:

```
#8-2.py
from lxml import etree
import requests
headers={"User-Agent": "Mozilla/5.0 (Windows NT 6.1; WOW64) AppleWebKit/537.36 (KHTML, like Gecko) Chrome/78.0.3904.70 Safari/537.36"}
res=requests.get("https://ys.zh818.com/list.aspx?list=tongspotprice&list1=youse-beijing&pageindex=57",headers=headers)
selector=etree.HTML(res.text)
result=selector.xpath("/html/body/section[2]/div[1]/div/div/ul/li/div/p[1]/a/text()")
print(result[0])
```

获取 selector.xpath() 中的路径表达式,操作同"3. 解析网页中的数据",只是在该 html 代码处需要执行以下操作:右击,选择 copy→copy XPath 命令,得到的路径表达式为:

/html/body/section[2]/div[1]/div/div/ul/li[1]/div/p[1]/a/text()

为了获得所有超链接,将上面的路径表达式改为:

/html/body/section[2]/div[1]/div/div/ul/li/div/p[1]/a/text()

4. 存储解析后的数据

一般将解析后的数据存储到大型数据库,如 SQL Server、MySQL 或者 MongoDB 中。本示例只是将标题和日期存储到 price.csv 文件中。

下面是使用 beautiful soup 解析时爬虫的完整代码。

```
#8-3.py
import bs4 #导入 beautiful soup
import requests
def get_links(url):
    headers={"User-Agent": "Mozilla/5.0 (Windows NT 6.1; WOW64) AppleWebKit/537.36 (KHTML, like Gecko) Chrome/78.0.3904.70 Safari/537.36"}
    res=requests.get(url ,headers=headers)
    soup=bs4.BeautifulSoup(res.text,'html.parser')       #转换请求得到的网页内容 res.text
    titles=soup.select("body>section.t_main_list>div.article_list>div>div>ul>li>div>p.classify>a")
    hrefs= soup.select("body>section.t_main_list>div.article_list>div>div>ul>li>div>p.rTime")
    for i in range(len(titles)):
        apifile.write(titles[i].get_text()+",");
        apifile.write(hrefs[i].get_text()+"\n")
if __name__=="__main__":
    #只下载前 20 页
    url=["https://ys.zh818.com/html/tongprice/index_{}.html".format(number) for number in range(1,21)]
    apifile=open("price.csv","a")
    apifile.write("标题,日期\n")
    for page in url:
```

```
        get_links(page)
    apifile.close()
```

代码中使用列表推导式构建爬虫的 URL,爬取结束后,生成 price.csv 文件。

8.3 webbrowser

webbrowser 的 open()函数可以自动启动一个浏览器,并打开指定的 URl,如:

```
>>>import webbrowser
>>>webbrowser.open('http://www.163.com') #输出 True
```

8.4 用 requests 模块从 Web 上下载文件

使用 requests 的 get()下载网页,代码如下:

```
import requests
headers={"User-Agent": "Mozilla/5.0 (Windows NT 6.1; WOW64) AppleWebKit/537.36 
(KHTML, like Gecko) Chrome/78.0.3904.70 Safari/537.36"}
res=requests.get('https://ys.zh818.com/html/tongprice/index_1.html',headers=
headers);
print(res.status_code)
print(len(res.text))
print(res.text[:250])
```

运行结果:

```
200
25714
<!DOCTYPE html>
<html><head><meta http-equiv="Content-Type" content="text/html; charset=
utf-8">
<meta name="renderer" content="webkit">
<meta http-equiv="X-UA-Compatible" content="IE=edge,chrome=1">
<title>金属矿产价格--中国有色金属价格网</title>
<meta name="
```

代码中 requests.get()接收一个要下载网页的 URL,返回一个 Response 对象。该对象有一个 status_code 属性,该属性值为 200 时,表示成功;值为 404 时表示没有找到网页。

检查是否成功还有一个简单的方法,就是在 Response 对象上调用 raise_for_status()方法。如果下载文件出错,将抛出异常,如果下载成功,就什么也不做。可以使用 try 和 except 语句,将 raise_for_status()代码行包起来,处理这一错误:

```
#8-4.py
import requests
headers={"User-Agent": "Mozilla/5.0 (Windows NT 6.1; WOW64) AppleWebKit/537.36 
(KHTML, like Gecko) Chrome/78.0.3904.70 Safari/537.36"}
try:
```

```
        res = requests.get ('https://ys.zh818.com/html/tongprice/index_1.html',
            headers=headers)
    res.raise_for_status()
    print(res.text)
    print(len(res.text))
except Exception as exc:
    print("发生错误!")
```

保存下载的文件到 save.txt:

```
#8-5.py
import requests
headers={"User-Agent": "Mozilla/5.0 (Windows NT 6.1; WOW64) AppleWebKit/537.36 
(KHTML, like Gecko) Chrome/78.0.3904.70 Safari/537.36"}
res=requests.get('https://ys.zh818.com/html/tongprice/index_1.html', headers=
headers);
res.raise_for_status()
file=open("save.txt","wb")
for chunk in res.iter_content(1000000):
    file.write(chunk)
```

使用 open() 和 write() 将 Web 页面保存到硬盘中的一个文件中。为了以 Unicode 编码的格式保存, open() 的第 2 个参数要取 wb。iter_content() 方法在循环的每次迭代中, 返回一段指定字节的 bytes 数据。

8.5 解析库的使用

使用 requests.get() 请求网页得到网页内容后, 可以使用正则表达式提取所需要的信息, 但比较烦琐, 而且有的地方写错了, 可能导致匹配不成功。故解析网页上的内容, 一般不使用正则表达式, 而是使用专门的解析库。

下面以 books.xml 和 books.html 文件为例, 说明 beautiful soup 和 lxml 两个解析库的使用方法。使用解析库定位网页中的元素时, 有绝对定位和相对定位两种方法。绝对定位类似于 8.2 节的 3 中使用 beautiful soup:

```
soup.select("body>section.t_main_list>div.article_list>div>div>ul>li:nth-
of-type(1)>div>p.classify>a")
```

或者 selector.xpath("/html/body/section[2]/div[1]/div/div/ul/li/div/p[1]/a") 那样, 先从 html 或者 xml 的最外层节点开始, 逐层填写路径直到找到要找的元素。绝对定位在 Chrome 中"检查"窗口下的 Copy 菜单, 可以粘贴完成。绝对定位方法如果路径有变化就会影响定位, 故一般使用相对定位。下面针对 books.xml 和 books.html 两个文件, 介绍 beautiful soup 和 lxml 两个库解析的方法, 使用的都是相对定位。

books.xml 内容如下:

```
<?xml version="1.0" encoding="utf-8"?>
<books>
```

```xml
    <book name="jQuery" star="3">
      <classification>computer</classification>
      <author>Ryan Benedetti</author>
      <price>78.0</price>
    </book>
    <book name="C#" star="4">
      <classification>computer</classification>
      <author>Andrew Troelsen</author>
      <price>159.0</price>
    </book>
    <book name="红楼梦" star="5">
      <classification>literature</classification>
      <author>曹雪芹</author>
      <price>60.0</price>
    </book>
    <book name="三国演义" star="5">
      <classification>literature</classification>
      <author>罗贯中</author>
      <price>50.0</price>
    </book>
</books>
```

books.html 内容如下：

```html
<html>
  <head><title>我喜爱的书</title></head>
  <style>
    .computerBook{color:blue}
    .literatureBook{color:red}
  </style>
  <body>
    <ul>
      <li class='computerBook'><a href='java.html'>Java</a></li>
      <li class='computerBook'><a href='python.html'>Python</a></li>
      <li class='literatureBook'><a href='stone.html'>红楼梦</a></li>
      <li class='literatureBook'><a href='threeKingdoms.html'>三国演义</a></li>
    </ul>
  </body>
</html>
```

8.5.1 beautiful soup 解析库

beautiful soup 可轻松解析 requests 库请求的网页，并将网页源代码解析为 Soup 文档，以便过滤提取数据。requests 请求得到的网页，经过 beautiful soup 解析，按照标准格式缩进，转为结构化的数据。

安装 beautifulsoup 模块的名称是 bs4，使用命令 pip install BeautifulSoup4，虽然安装时的名称是 BeautifulSoup4，但要导入它，需要使用命令 import bs4。

```
#8-6.py
import requests,bs4
```

```
headers={"User-Agent": "Mozilla/5.0 (Windows NT 6.1; WOW64) AppleWebKit/537.36
(KHTML, like Gecko) Chrome/78.0.3904.70 Safari/537.36"}
res=requests.get("https://ys.zh818.com/list.aspx?list=metalkprice&list1=
&pageindex=1", headers=headers);
res.raise_for_status()
metalSoup=bs4.BeautifulSoup(res.text,'html.parser')
elements=metalSoup.select('.blue')
print(len(elements))
print(elements[0].getText())
```

beautifulsoup除支持Python标准库中的HTML解析器外,还支持一些第三方的解析器。表8-1列出了其支持的主要解析器及其优点和缺点。

表8-1 beautifulsoup支持的解析器

解析器	使用方法	优点	缺点
Python标准库	BeautifulSoup(markup, 'html.parser')	Python内置标准库,执行速度适中,文档容错能力强	Python 2.7.3及Python 3.2.2之前的版本文档容错能力差
lxml HTML解析器	BeautifulSoup(markup, 'lxml')	速度快,文档容错能力强	需要安装C语言库
lxml XML解析器	BeautifulSoup(markup, 'xml')	速度快,唯一支持XML的解析器	需要安装C语言库
html5lib	BeautifulSoup(markup, 'html5lib')	最好的容错性能,以浏览器的方式解析文档,生成HTML5格式的文档	速度慢,不依赖外部扩展

1. select()方法

解译得到的Soup文档,可以使用select()方法返回一个对象的列表,这是beautifulsoup表示一个HTML元素的方式。针对beautifulsoup对象中HTML的每次匹配,列表中都有一个Tag对象,Tag值可以传递给str()函数,显示它们代表的HTML标签,Tag值也可以有attrs属性,它将该Tag的所有HTML属性作为一个字典。

例8-1 列出books.html中class='computerBook'的a标记。

```
#8-7.py
import bs4
myFile=open('books.html',encoding="utf-8")
mySoup=bs4.BeautifulSoup(myFile.read(),'html.parser')
elements=mySoup.select('.computerBook a')
print(elements)
```

运行后输出结果:

```
[<a href="java.html">Java</a>, <a href="python.html">Python</a>]
```

beautifulsoup要解译本地文件,需要先使用open()方法打开文件,然后将读取的内容作为第1个参数传入。打开文件中有中文时,需要用第2个参数指定编码方式为utf-8。

mySoup.select('.computerBook a')中参数使用的是 CSS 选择器。常用 CSS 选择器见表 8-2。

表 8-2 常用 CSS 选择器示例及含义

选择器示例	含 义
soup.select('div ')	所有名为＜div＞的元素
soup.select('♯ blue ')	带有 id 属性为 blue 的元素
soup.select('♯ blue a ')	带有 id 属性为 blue 下面的超链接 a
soup.select('.blue a')	blue 类下面的超链接 a
soup.select('.blue ')	所有使用 CSS class 属性等于 blue 的元素
soup.select('div span')	所有在＜div＞元素之内的＜span＞元素
soup.select('div＞span')	所有直接在＜div＞元素之内的＜span＞元素，中间无其他元素
soup.select('input[name]')	所有名为＜input＞并有一个 name 属性的元素
soup.select('input[type="button"]')	所有名为＜input＞并且有一个 type 属性，其值为 button 的元素

select()方法除了可以使用 CSS 选择器外，还可以采用标签选择器，标签选择器可以由 Chrome 自动给出。浏览器自动获得标签选择器的操作方法如下。

（1）用 Chrome 浏览器打开网页 books.html 后，选中内容如"红楼梦"，右击，选择"检查"命令，出现相应位置的 HTML。

（2）在 HTML 位置上，右击，选择 copy→copy selector 命令，Chrome 自动将标签选择器复制并粘贴到剪贴板。

（3）修改粘贴的选择器。

Chrome 复制的选择器为：body＞ul＞li:nth-child(3)＞a，该选择器在 Python 中不能直接使用，需将 li:nth-child(3)更改为 li:nth-of-type(3)。如果要列出 ul 下所有的 a 标签，可将选择器改为（"＞"符号左右各有一个空格）：body＞ul＞li＞a。

例 8-2 使用标签选择器，列出 books.html 中 class='computerBook'的 a 标记。

```
#8-8.py
import bs4
myFile=open('books.html',encoding="utf-8")
mySoup=bs4.BeautifulSoup(myFile.read(),'html.parser')
elements=mySoup.select("li[class='computerBook']>a")
print(elements)
```

从代码中可看出，限定标签的属性，语法格式：标签[属性='值']。

例 8-1 或例 8-2 中，如果要得到 a 的文本，可以使用 getText()：

```
text=[elements[i].getText() for i in range(len(elements))]
print(text)              #输出为：['Java', 'Python']
```

例 8-1 和例 8-2 使用 select()返回元素 a 的集合到 elements 列表中。elements[0]返回集合中第 1 个元素，elements[0].getText()返回第 1 个元素的文本，即＜a＞＜/a＞间的内

容。str(elements[0])返回一个字符串,串包括开始和结束的标签、标签的属性、标签间的文本。elements[0].attrs 使用字典的形式,列出该元素的全部属性及属性值。使用 elements[0].get("href")或 elements[0]["href"]可获得 a 元素 href 属性的值。

2. find()和 find_all()方法

Soup 文档也可以使用 find()和 find_all()方法定位需要的元素,语法格式:

```
Soup.find(name,attribute,recursive,text, keywords)
Soup.findall(name,attribute,recursive,text,limit,keywords)
```

这两个方法的区别在于 find_all 返回文档中符合条件的所有标签,而 find 只返回一个标签。

```
Soup.find('div', 'blue')                          #查找 div 标签,class='blue'
Soup.find('div',class='blue')                     #查找 div 标签,class='blue'
Soup.find('div',attrs={'class':'blue'})           #查找 div 标签,class='blue'
```

例 8-3 打开 https://ys.zh818.com/html/tongprice/index_1.html 的前 5 个超链接,并读取其中内容(用 beautiful soup 解析)。

```
#8-9.py
import requests,bs4
headers={"User-Agent": "Mozilla/5.0 (Windows NT 6.1; WOW64) AppleWebKit/537.36 (KHTML, like Gecko) Chrome/78.0.3904.70 Safari/537.36"}
res=requests.get('https://ys.zh818.com/html/tongprice/index_1.html', headers=headers)
soup=bs4.BeautifulSoup(res.text,'html.parser')
linkElements=soup.select('.blue')
for i in range(min(5,len(linkElements))):
    res1= requests.get('https://ys.zh818.com/'+linkElements[i].get('href'),headers= headers)
    soup1=bs4.BeautifulSoup(res1.text,'html.parser')
    elements=soup1.select('.message_table tr td')
    for j in range(len(elements)):
        print(elements[j].getText())
```

8.5.2 lxml 库及 XPath 语法

通过分析网页的结构可以看出,网页中各元素节点间存在着层次关系,在解析网页时,可以使用 XPath 或者 CSS 选择器,定位一个或者多个节点。

XPath(XML Path Language)是关于 XML 路径的语言,借助它可以在 XML 文档中快速定位各节点。其最初是搜索 XML 文档的,但也支持 HTML 文档的搜索。

1. XPath 语法规则

XPath 通过路径表达式定位 XML 或 HTML 中各节点,表 8-3 列出了 XPath 常用的节点选择规则。

表 8-3　XPath 节点选择

表达式	描　　述
nodename	选择该节点的所有子节点
/	从根节点选择
*	表示所有元素，如/*根节点下所有元素、//*当前节点下所有元素
//	从匹配选择的当前节点开始，选择文档的节点
.	选取当前节点
..	选择当前节点的父节点
@	选择属性

2. XPath 语法示例

以 books.html 和 books.xml 为例，说明 XPath 用法，两个文件的编码格式均为 utf-8。
1）列出所有节点

```
#8-10.py
from lxml import etree
html=etree.parse('books.xml',etree.HTMLParser(encoding='utf-8'))
#html=etree.parse('books.html',etree.HTMLParser(encoding='utf-8'))
result=html.xpath("//*")
print(result)
```

说明：from lxml import etree 导入 lxml 库的 etree 模块，使用 etree.parse()直接接受 books.xml 文档；由于 books.xml 有中文，故在 etree.HTMLParser(encoding='utf-8')中要指明编码方式是 utf-8；否则会出现乱码。

注意 result = html.xpath("//*")、result = html.xpath("//books/*")、result = html.xpath("//book/*")三者的差异。

2）列出子节点及子节点的文本

列出 books.xml 所有 author 子节点及其文本：

```
#8-11.py
from lxml import etree
html=etree.parse('books.xml',etree.HTMLParser(encoding='utf-8'))
result1=html.xpath("//author")           #列出 author 子节点
result2=html.xpath("//author/text()")    #列出 author 子节点的内容
print(result1,result2)
```

输出结果：

```
[<Element author at 0x30bf908>, <Element author at 0x30bf948>, <Element author at0x30bf988>, <Element author at 0x30e6b08>]
['Ryan Benedetti', 'Andrew Troelsen', '曹雪芹', '罗贯中']
```

列出 books.html 中所有的 li 节点及节点内文本，代码如下：

```
#8-12.py
from lxml import etree
```

```
html=etree.parse('books.html',etree.HTMLParser(encoding='utf-8'))
resultA=html.xpath("//li")
resultB=html.xpath("//li/a/text()")          #不能写作 resultB=html.xpath("//li/text()")
print(resultA)
print(resultB)
```

输出结果如下:

```
[<Element li at 0x303f908>, <Element li at 0x303f948>, <Element li at 0x3066ac8>,
<Element li at 0x3066b08>]
['Java', 'Python', '红楼梦', '三国演义']
```

3. 单属性匹配的子节点及其文本

例如,列出 books.xml 中红楼梦的作者:

```
#8-13.py
from lxml import etree
html=etree.parse('books.xml',etree.HTMLParser(encoding='utf-8'))
result=html.xpath("//book[@name='红楼梦']/author/text()")
print(result)
```

要注意,如果使用语句:

```
result=html.xpath("//book[@name='红楼梦']/text()")  #此句得不到文本
```

由于 text()前面是/,而此处/是选取直接子节点,而 book 的子节点是 classification、author、price,故只得到了 4 个换行符。下面列出 books.html 中 class='computerBook'的节点及文本:

```
#8-14.py
from lxml import etree
html=etree.parse('books.html',etree.HTMLParser(encoding='utf-8'))
resultA=html.xpath("//li[@class='computerBook']")
resultB=html.xpath("//li[@class='computerBook']/a/text()")
                               #不能写作 resultB=html.xpath("//li/text()")
print(resultA)
print(resultB)
```

4. 属性获取

列出 books.xml 中 book 的 name 属性:

```
#8.15.py
from lxml import etree
html=etree.parse('books.xml',etree.HTMLParser(encoding='utf-8'))
result=html.xpath("//book/@name")
print(result)
```

输出结果如下:

```
['jQuery', 'C#', '红楼梦', '三国演义']
```

列出 books.xml 中 star>4 的书名,代码如下:

```
#8-16.py
from lxml import etree
html=etree.parse('books.xml',etree.HTMLParser(encoding='utf-8'))
result=html.xpath("//book[@star>4]/@name")
print(result)
```

列出 books.html 中 class='computerBook'的 li 节点的子节点 a 的 href 属性值,代码如下:

```
#8-17.py
from lxml import etree
html=etree.parse('books.html',etree.HTMLParser(encoding='utf-8'))
resultA=html.xpath("//li[@class='computerBook']/a/@href")
print(resultA)
```

输出结果如下:

['java.html', 'python.html']

5. 根据节点值定位节点

列出罗贯中写的书名,代码如下:

```
#8-18.py
from lxml import etree
html=etree.parse('books.xml',etree.HTMLParser(encoding='utf-8'))
resultA=html.xpath("//author[text()='罗贯中']/../@name")
print(resultA)
```

"//author[text()='罗贯中']"定位到节点<author>罗贯中</author>,"//author[text()='罗贯中']/.."中的..表示当前节点的父节点,即定位到节点<author>罗贯中</author>的父节点<book name="三国演义" star="5">。

例 8-4 打开 https://ys.zh818.com/html/tongprice/index_1.html 的前 5 个超链接,并读取其中内容(用 lxml 解析),代码如下:

```
#8-19.py
import requests
from lxml import etree
headers={"User-Agent": "Mozilla/5.0 (Windows NT 6.1; WOW64) AppleWebKit/537.36 (KHTML, like Gecko) Chrome/78.0.3904.70 Safari/537.36"}
res=requests.get('https://ys.zh818.com/html/tongprice/index_1.html', headers=headers)
selector=etree.HTML(res.text)
linkElements=selector.xpath("//a[@class='blue']")
for i in range(min(5,len(linkElements))):
    res1=requests.get('https://ys.zh818.com/'+linkElements[i].get('href'))
    selector=etree.HTML(res1.text)
    province=selector.xpath("//*[@id='text']/table/tbody/tr/td[3]/text()")
    grade=selector.xpath("//*[@id='text']/table/tbody/tr/td[4]/text()")
    lowPrice=selector.xpath("//*[@id='text']/table/tbody/tr/td[5]/text()")
    highPrice=selector.xpath("//*[@id='text']/table/tbody/tr/td[6]/text()")
    for j in range(len(province)):
        print("产地:{},品位:{},最低价:{},最高价{}\n".format(province[j],grade[j],
```

```
lowPrice[j],highPrice[j]))
```

输出结果如下:

产地:内蒙古,品位:20%-25%,最低价:41330,最高价 42100
产地:云南,品位:23%,最低价:41320,最高价 41890
……
产地:内蒙古,品位:50%-55%,最低价:13090,最高价 13540

代码中使用 etree.HTML()解析 res.text 中的内容。res.text 返回的是 HTML 文档,LXML 可以自动修正 HTML 中的代码(如 HTML 不闭合)。

8.5.3 爬取图片示例

以 http://jandan.net/ooxx/zoo 上爬取动物的图片为例,图 8-2 是该网站首页。网站虽然是分页设计,但单击图中页码(如 22)时,URL 变为 http://jandan.net/zoo/MjAyMTA2MTYtMjI=#comments,不容易发现分页时 URL 变化的规律。将鼠标指针移动到"下一页"按钮,然后右击选择"检查"命令,出现如图 8-3 所示网页。

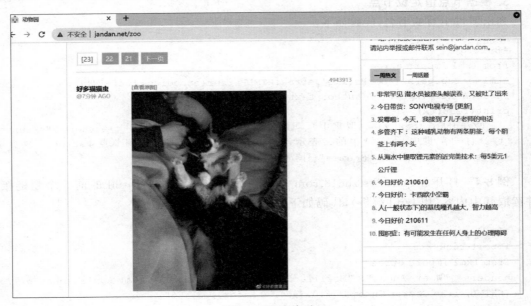

图 8-2 网站首页

从图 8-3 看出"下一页"的元素为:

```
<a title="Older Comments" href="//jandan.net/zoo/MjAyMTA2MTYtMjI=#comments" class="previous-comment-page">下一页</a>
```

其 class 始终是"previous-comment-page"。我们可以利用 url='http:'+selector.xpath("//a[@class='previous-comment-page']/@href")[0]找到该 URL,其中,

```
res=requests.get('http://jandan.net/ooxx/zoo, headers=headers)
selector=etree.HTML(res.text)
```

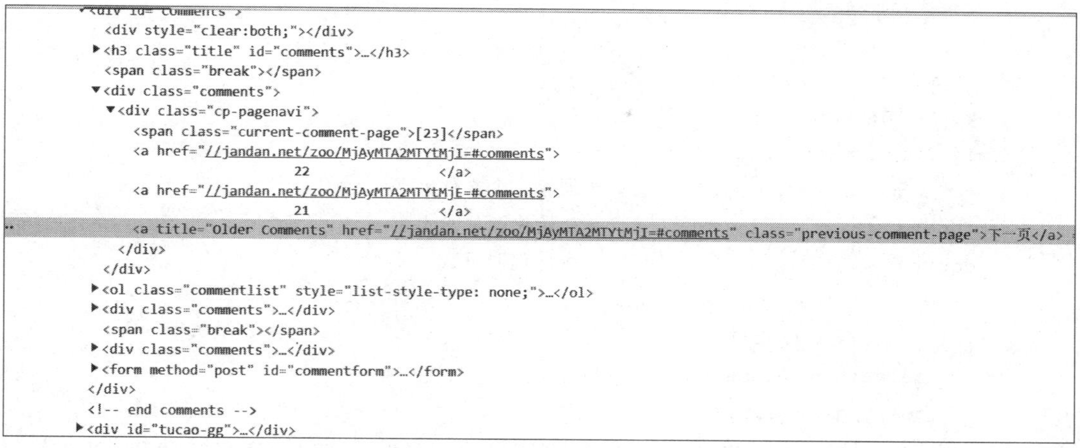

```
▼<div id="comments">
  <div style="clear:both;"></div>
 ▶<h3 class="title" id="comments">…</h3>
  <span class="break"></span>
 ▼<div class="comments">
  ▼<div class="cp-pagenavi">
     <span class="current-comment-page">[23]</span>
     <a href="//jandan.net/zoo/MjAyMTA2MTYtMjI=#comments">
                         22                  </a>
     <a href="//jandan.net/zoo/MjAyMTA2MTYtMjE=#comments">
                         21                  </a>
     <a title="Older Comments" href="//jandan.net/zoo/MjAyMTA2MTYtMjI=#comments" class="previous-comment-page">下一页</a>
   </div>
  </div>
 ▶<ol class="commentlist" style="list-style-type: none;">…</ol>
 ▶<div class="comments">…</div>
  <span class="break"></span>
 ▶<div class="comments">…</div>
 ▶<form method="post" id="commentform">…</form>
 </div>
 <!-- end comments -->
▶<div id="tucao-gg">…</div>
```

图 8-3 “下一页”的元素

将鼠标指针移动到图片上方的超链接“查看原图”按钮，然后右击“检查”命令，显示出其对应的元素为：

```
<a href="//wx4.sinaimg.cn/large/007uWeI8ly8grkcoe5o0gj30u0140dkf.jpg" target="_
blank" class="view_img_link" referrerpolicy="no-referrer">[查看原图]< /a>
```

分析后发现所有“查看原图”超链接的 class 均为 view_img_link，据此我们可以获得其 href 的值，'http:'+href 的值就是图片所在的位置。下面是完整的程序代码，程序运行后将下载的动物图片保存在计算机的 D:\images 文件夹中，图片名用 1.jpg，2.jpg，…，n.jpg 命名。

```
#8-20.py
import requests
import os
from lxml import etree
headers={"User-Agent": "Mozilla/5.0 (Windows NT 10.0; WOW64) AppleWebKit/537.36
(KHTML, like Gecko) Chrome/81.0.4044.129 Safari/537.36"}
#返回 etree.HTML
def get_selector(url):
    res=requests.get(url, headers=headers)
    return etree.HTML(res.text)
#获取原图超链接并将图片保存到本地
def get_jpg(selector):
    global index
    for href in selector.xpath("//a[@class='view_img_link']/@href"):
        #保存数据,写入要用二进制
        with open('{}{}.jpg'.format(path, index), 'wb') as f:
            f.write(requests.get('http:'+href,headers=headers).content)
        print('成功爬取%d张图片' % index)
```

```
            index+=1

if __name__=='__main__':
    path='D:\\images\\'
    if not os.path.exists(path):
        os.mkdir(path)              #创建一个文件夹
    index=1                         #初始化图片索引
    depth=5                         #指定爬取页数
    url='http://jandan.net/ooxx/zoo'
    for i in range(depth):
        selector=get_selector(url)
        get_jpg(selector)
        url='http:'+selector.xpath("//a[@class='previous-comment-page']/@
            href")[0]
```

8.6 异步加载下网页的爬取

目前许多网站采用了Ajax(Asynchronous JavaScript and XML,异步JavaScript和XML)编程技术以支持页面局部刷新,观察这些网页,会发现页面内容发生了变化,但浏览器上URL却并没有改变,这样前面介绍的通过观察URL变换规律构建URL的方式,不能为requests.get()提供正确的URL,不能下载页面中利用Ajax显示在页面上的数据。

8.6.1 识别异步加载的网页

如何识别要爬取的网页有没有采用Ajax技术?

(1)对采用分页的页面,如果切换页时,URL保持不变,该网站的分页是通过Ajax编程实现的,如"斗鱼"网站 https://www.douyu.com/directory/all、美团爱康国宾体检西直门店评论 https://www.meituan.com/yiliao/1378768/等。

(2)没有分页的页面,随着浏览器的滚动条下滑不断刷新页面。如前面的下载图片的网站 www.pexels.com,虽然查询出来的图片可能会有很多,但下载下来的图片却并不多,该网站也使用了Ajax技术。

8.6.2 利用逆向工程识别Ajax加载网页的URL

网页编程时采用Ajax后页面不再是一次加载所有要显示的内容,页面局部刷新时URL地址不再发生变化,如果要爬取这些异步加载的网页数据,需要了解网页加载这些数据的过程,此过程称为逆向工程,也称为"抓包"。通过Chrome浏览器的Network选项卡可以查看网页加载过程中所有代码的信息,利用查看到的这些信息,可以找出要加载的文件,然后构建出爬取时的URL。下面以 https://www.meituan.com/yiliao/1378768/为例,说明Chrome抓包的过程。

(1) 访问 https://www.meituan.com/yiliao/1378768/后,右击,选择"检查"命令(或者直接按 F12 键),打开 Chrome 的浏览器开发者工具,选择 Network 选项卡。刷新页面(按 F5 键)后在 Network 选项卡的 XHR(eXtensive Hypertext Request,可扩展超文本传输请求)中显示的内容如图 8-4 所示。

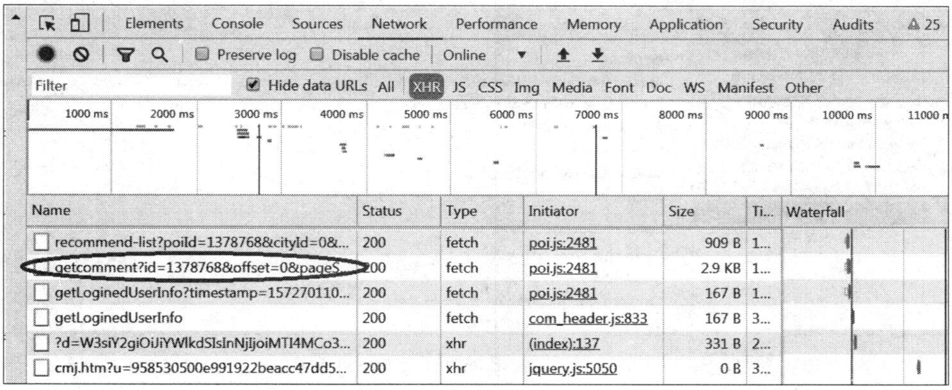

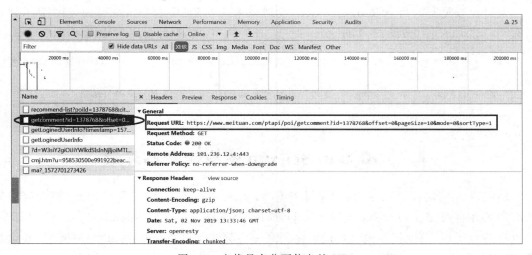

图 8-4 开发者工具窗口

(2) 单击图 8-4 圈出的 getcomment?id=1378768&offset=…,图 8-4 变为图 8-5。

图 8-5 查找具有分页信息的 URL

图 8-5 中红色方框中 Request URL 的内容是 Ajax 编程时请求服务器的 URL,在图 8-5 中,右击,选择 Copy→Copy link address 命令得到以下内容:

https://www.meituan.com/ptapi/poi/getcomment?id=1378768&offset=0&pageSize=10&mode=0&sortType=1

(3) 在网页中单击分页按钮,将页面转到另一页(如第 2 页),图 8-5 会在 Name 中增加新的 getcomment?id=1378768&offset=…内容(图 8-6),采用同样的方法,复制 Request URL 的内容:

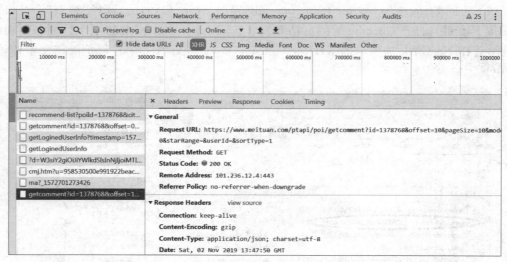

图 8-6 换页后出现新的 request URL

```
https://www.meituan.com/ptapi/poi/getcomment?id=1378768&offset=10&pageSize=
10&mode=0&starRange=&userId=&sortType=1
```

通过比较复制的两个 Request URL，发现请求的 URL 字符串 pageSize=10 表示评论共有 10 页，offset=0 表示第 1 页，offset=10 表示第 10 页，据此可以构建出请求的 URL：

```
url=["https://www.meituan.com/ptapi/poi/getcomment?id=1378768&offset={}
&pageSize=10&
mode=0&starRange=&userId=&sortType=1".format(number) for number in range(1,
11)]
```

8.7 用 Selenium 模块控制浏览器

Selenium 模块让 Python 直接控制浏览器，实现单击链接、填写登录信息、提交表单等所有的人和页面交互的动作。与 requests 和 beautifulsoup 相比，Selenium 会启动浏览器，难以在后台运行，速度稍微慢。其优点是爬取一些异步加载的网站如知乎、时光网、猫途鹰等，利用 Selenium 来实现自动化的方式爬取这些动态的网站。

8.7.1 Chrome 浏览器下环境的配置

（1）打开 Chrome 浏览器，在 URL 中输入 chrome://version/，显示图 8-7。

（2）在下载 chromedriver 前需要上网查阅 chromedriver 版本与 Chrome 间的对应关系。

查阅后（1）中的 Chrome 版本计算机上需要下载的 Chromedriver 版本是 v2.46，在 http://npm.taobao.org/mirrors/chromedriver/ 上找到要下载的文件后下载。

（3）将下载文件 chromedriver.exe 放在 C:\Python\Python37\Scripts 安装的 Python 下的 Scripts 中。

```
Google Chrome: 71.0.3578.98（正式版本）（32 位）（cohort: Stable）
修订版本: 15234034d19b85dcd9a03b164ae89d04145d8368-refs/branch-
           heads/3578@{#897}
操作系统: Windows
JavaScript: V8 7.1.302.31
      Flash: 32.0.0.207 C:\Users\Administrator\AppData\Local\Google\Chrome\User
             Data\PepperFlash\32.0.0.207\pepflashplayer.dll
  用户代理: Mozilla/5.0 (Windows NT 6.1; WOW64) AppleWebKit/537.36 (KHTML,
            like Gecko) Chrome/71.0.3578.98 Safari/537.36
     命令行: "C:\Program Files (x86)\Google\Chrome\Application\chrome.exe" --
             flag-switches-begin --flag-switches-end
可执行文件路径: C:\Program Files (x86)\Google\Chrome\Application\chrome.exe
个人资料路径: C:\Users\Administrator\AppData\Local\Google\Chrome\User
             Data\Default
  其他变体: b7d3b6c2-377be55a
           1a0d11d4-2f9febdf
```

图 8-7 检查计算机上 Chrome 版本信息

（4）在 Python 中输入代码。

```
>>>from selenium import webdriver
>>>browser=webdriver.Chrome()
>>>browser.get('https://ys.zh818.com/list.aspx?list=metalkprice&list1=&pageindex=1')
```

运行后会发现 Chrome 浏览器被打开，并且地址栏中的地址为 https://ys.zh818.com/list.aspx？list=metalkprice&list1=&pageindex=1。

8.7.2 在页面中寻找元素

WebDriver 对象提供了 find_element_* 和 find_elements_* 诸多方法，用于在页面中查找元素。find_element_* 返回一个 WebDriver 对象，表示页面中匹配查询的第一个元素；find_elements_* 返回 WebDriver 对象的列表，包含页面中所有匹配的元素。表 8-4 罗列一些查找元素的方法。

表 8-4 find_element_* 和 find_elements_* 的方法

方法名	返回的对象/对象列表
browser.find_element_by_class_name(name)	使用 CSS 类的 name 查找出一个元素
browser.find_elements_by_class_name(name)	使用 CSS 类的 name 查找出全部元素
browser.find_element_by_css_selector(selector)	使用 CSS 选择器查找
browser.find_elements_by_css_selector(selector)	根据 CSS 选择器查找元素
browser.find_element_by_id(id)	根据元素的 id 查找元素
browser.find_elements_by_id(id)	根据元素的 id 查找全部元素
browser.find_element_by_link_text(text)	与 text 完全匹配的 <a> 元素
browser.find_elements_by_link_text(text)	根据链接上文字查找 <a> 元素
browser.find_element_by_partial_link_text(text)	根据链接上部分文字查找 <a> 元素
browser.find_elements_by_partial_link_text(text)	用链接上部分文字查找一组 <a> 元素

续表

方　法　名	返回的对象/对象列表
browser.find_element_by_name(name)	根据元素名查找<a>元素
browser.find_elements_by_name(name)	根据元素名查找一组<a>元素
browser.find_element_by_tag_name(name)	根据标签名查找<a>元素
browser.find_elements_by_tag_name(name)	根据标签名查找一组<a>元素
browser.find_element_by_xpath(xpath)	根据xpath查找元素

除*_by_tag_name（name）外，所有方法的参数都区分大小写，如果页面上没有找到要匹配的元素，selenium会抛出异常。若不想看到程序崩溃的异常，要用try和exception，一旦有了WebElement对象，就可以读取表8-5中的属性或调用表中的方法。

表8-5　WebElement的属性和方法

属性/方法	说　　明
tag_name	标签名
get_attribute(name)	该元素name属性的值
text	该元素内的文本
clear()	清除文本字段或者文本区域元素中输入的文本
is_displayed()	判断元素是否显示
is_selected()	判断元素是否为选中状态
location	包含键x、y的字典，表示该元素在页面中的位置

8.7.3　单击页面中链接

前面代码中，列出超链接后，如何用程序实现单击？

例8-5　单击 https://ys.zh818.com/html/tongprice/index_1.html 下的一个超链接，列出某日全国主要城市铜精矿地区价格汇总，如图8-8所示（spider3.py）。其登录页面如图8-9所示。

图8-8　某日铜精矿价格汇总

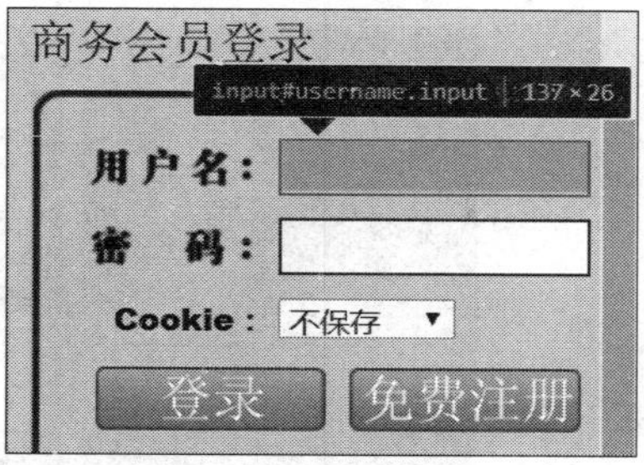

图 8-9　登录页面

```
#8-21.py
from selenium import webdriver
browser=webdriver.Chrome()
browser.get('https://ys.zh818.com/html/tongprice/index_1.html')
try:
    linkElems=browser.find_elements_by_partial_link_text("全国主要城市")
    #也可 linkElems=browser.find_elements_by_class_name("blue")
    linkElems[0].click()
except:
    print("出现错误")
```

程序运行后，Chrome 浏览器打开，自动单击第一个超链接。

下面代码列出前 5 个超链接下的所有内容。

```
#8-22.py
from selenium import webdriver
browser=webdriver.Chrome()
browser.get('https://ys.zh818.com/html/tongprice/index_1.html')
try:
    linkElemA=browser.find_elements_by_partial_link_text("全国主要城市")
    for i in range(min(5,len(linkElemA))):#最多列 5 条
        linkElemA=browser.find_elements_by_partial_link_text("全国主要城市")
        browser.get(linkElemA[i].get_attribute("href"))
        linkElemB=browser.find_elements_by_class_name("priceinfo_tab")
        print(linkElemB[0].text)
except:
    print("出现错误")
```

练　习　题

8-1　使用 Selenium 模拟登录自己的邮箱（如 163 邮箱），发一封邮件。

8-2　从 http://bj.xiaozhu.com 上爬取前 5 页的房屋标题和价格（红框中的内容），如图 8-10 所示。

图 8-10 小猪短租网在北京地区的首页

8-3 网页文件 minerals.xml 的内容如下：

```xml
<?xml version="1.0" encoding="UTF-8"?>
<minerals>
    <mineral name="石膏">
        <type>硫酸盐</type>
        <usage>水泥,建筑,陶瓷的原料</usage>
        <hardness>2</hardness>
    </mineral>
    <mineral name="方解石">
        <type>碳酸盐</type>
        <usage>石灰、水泥原料,冶金熔剂</usage>
        <hardness>3</hardness>
    </mineral>
    <mineral name="重晶石">
        <type>硫酸盐</type>
        <usage>钻井、化工、橡胶和造纸</usage>
        <hardness>3</hardness>
    </mineral>
    <mineral name="刚玉">
        <type>氧化物</type>
        <usage>研磨材料</usage>
        <hardness>9</hardness>
    </mineral>
    <mineral name="石英">
        <type>氧化物</type>
        <usage>玻璃、陶瓷、磨料、光学仪器等</usage>
        <hardness>7</hardness>
    </mineral>
</minerals>
```

利用 lxml 解析库和 XPath 读入该文件并且列出：

(1) 所有矿物名称。

(2)硬度大于 5 的矿物名称。

(3)类型是硫酸盐的矿物名称。

(4)列出"刚玉"的 usage。

8-4 从酷狗网 https://www.kugou.com//yy/rank/home 上爬取前 10 页歌曲排名情况、歌手、歌曲名和歌曲时长等信息,如图 8-11 所示(提示:https://www.kugou.com//yy/rank/home/1-8888.html 是第 1 页,https://www.kugou.com/yy/rank/home/2-8888.html 是第 2 页)。将爬取的结果放在 song.db 的 rank 表中。

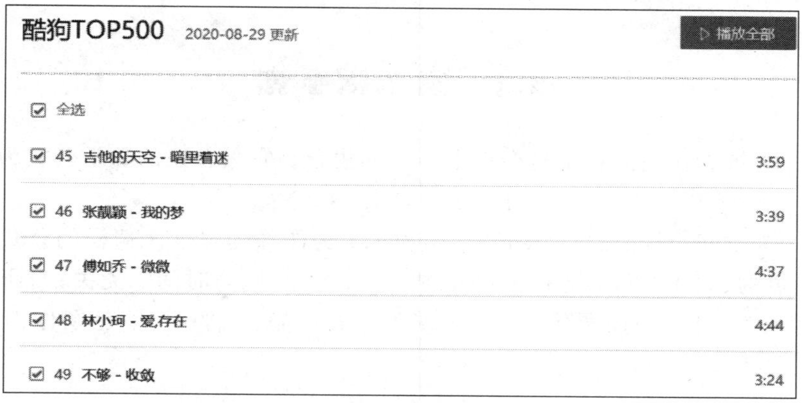

图 8-11 酷狗 TOP500 歌曲排行

8-5 从 https://www.buxiuse.com 上爬取前 10 页的照片到 c:\images 文件夹。

8-6 利用"抓包"技术分析网站 https://www.pexels.com/,输入搜索内容如 football 后,写出至少能爬取 5 个页面的 URL。

第 9 章

计算机视觉库 OpenCV

9.1 图像数字化

一幅图像可被看作空间各个坐标点上强度的集合。它最普遍的数学公式为

$$I = f(x, y, z, \lambda, t) \tag{9-1}$$

式中：x、y、z 为空间坐标点；λ 为波长；t 为时间；I 为图像的强度。这样的公式可以代表一幅活动的、彩色的、立体图像。当研究静止图像时，式(9-1)与时间 t 无关；当研究单色图像时，与波长 λ 无关；研究平面图像时，与 z 无关。故对静止、平面、单色图像而言，式(9-1)变为

$$I = f(x, y) \tag{9-2}$$

图像数字化就是将函数 $f(x, y)$ 采样成 m 行 n 列，如图 9-1 所示。图像的量化就是给函数在每个采样点上赋予一个整数值，即连续域上的图像函数 f 被分割成 k 个间隔。故图像数字化的过程包括采样和量化两个过程。一个连续函数 f 被采样和量化得越细，其结果就是对函数 f 逼近得越好，即图像的保真度越高。

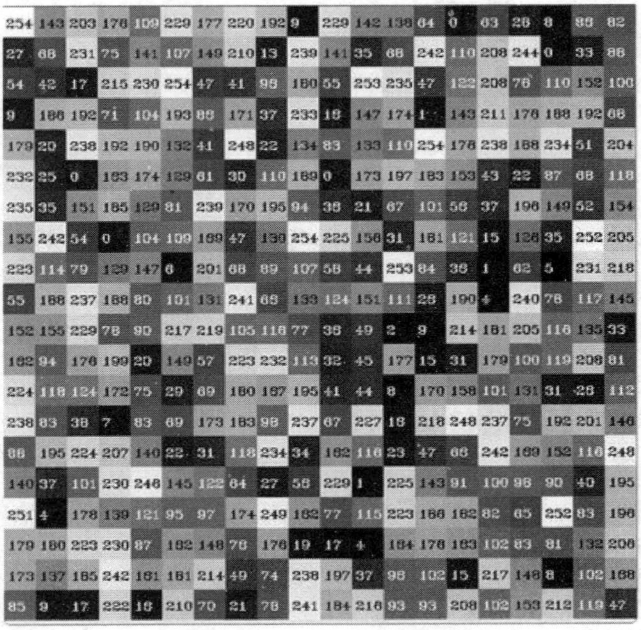

图 9-1 图像的数字化

9.1.1 颜色空间(colorspace)

自然界中所有颜色都可以是由 R、G、B 3 种颜色合成,数字图像也是如此。针对颜色分量的多少,人为地划分为 0～255 共 256 个等级,0 表示不含该分量,255 表示含有 100% 该分量的成分。根据 R、G、B 各种不同的组合,就能出现 255×255×255 种颜色。例如,一个像素,它的 R、G、B 分别为 255、255、0 时出现黄色。而对灰度图像的像素,该像素的 R、G、B 成分是相等的,只是随着这 3 种分量值的增加,像素的颜色由黑色变为白色。

颜色空间是用来表示彩色的数学模型,又称为彩色模型。除 RGB 模型外,还有许多彩色模型,彩色图像除了可由 RGB 颜色空间表示外,还可用 CMYK(青 Cyan、品红 Magenta、黄 Yellow、黑 Black)、HSI(Hue、Saturation、Intensity)、HSB(色度 H、饱和度 S 和亮度 B)、Lab(明度 L、a 通道的颜色是从红色到深绿色,b 通道则是从蓝色到黄色)等颜色空间表示。这样在图形操作中就涉及一个颜色空间变换,如图像由 RGB 转变为 HSI。

9.1.2 图像类型

1. 二值图像

二值图像只有黑、白两种颜色的图像。因为图像的每个像素非黑即白,没有中间过渡,故称二值图像。二值图像的像素值只能是 0、1。在文字识别、图纸识别等应用中,灰度图像经过二值化处理得到二值图像。

2. 灰度图像

灰度图像是数字图像最基本的形式,其只表达图像的亮度信息而没有颜色信息。可由黑白照片数字化或者是彩色照片去色处理后得到。灰度图像每个像素点只包含一个量化的灰度级(灰度值),用来表示该点的亮度水平,并且通常用 1 字节来存储灰度值。

如果灰度级用 1 字节表示,则可以表示的正整数范围为 0～255,像素的灰度取值为 0～255,灰度级数为 256 级;人眼对灰度的分辨能力通常为 20～60,故灰度值的存储以字节为单位,既保证了人眼分辨能力,又符合计算机数据寻址的习惯。其特殊应用如 CT 图像的灰度级达数千,需要采用 12 位或者 16 位存储数据,需要专用的显示设备和软件来进行显示和存储。

3. 彩色图像

不仅包含灰度信息,还包含颜色信息。彩色的表示方法多样,最常用的表示方法就是 RGB 三基色法。每个像素包括 R、G、B 三基色数据,每个基色用 1 字节表示,故每个像素的数据为 3 字节(即 24 位二进制位),就是人们常说的 24 位真彩色。

9.1.3 图像频率

图像的频率是表征图像中灰度变化剧烈程度的指标,是灰度在平面空间上的梯度。图像的高低频是对图像各个位置之间强度变化的一种度量方法。

图像中的高频分量指的是图像强度(亮度/灰度)变化剧烈的地方,也就是常说的边缘(轮廓)。图像中的低频分量,指的是图像强度(亮度/灰度)变换平缓的地方,也就是大片色块的地方。

人眼对图像中的高频信号更为敏感,如果一幅图像各个位置的强度大小相等,则图像只存在低频分量,从图像的频谱图上看,只有一个主峰。如果一幅图像的各个位置的强度变化剧烈,则图像不仅存在低频分量,同时也存在多种高频分量,从图像的频谱上看,不仅有一个主峰,同时也存在多个旁峰。

对图像而言,图像的边缘部分是突变部分,变化较快,因此反映在频域上是高频分量;图像的噪声大部分情况下是高频部分。

傅里叶变换提供另外一个角度来观察图像,可以将图像从灰度分布转化到频率分布上来观察图像的特征。图像进行二维傅里叶变换得到频谱图,就是图像梯度的分布图,当然频谱图上的各点与图像上各点并不存在一一对应的关系,即使在不移频的情况下也是如此。傅里叶频谱图上看到的明暗不一的亮点,实际上是图像上某一点与邻域点差异的强弱,即梯度的大小,也即该点的频率大小。

9.1.4 OpenCV 视觉库

OpenCV 是一个基于 BSD 许可(开源)发行的跨平台计算机视觉和机器学习软件库,可以运行在 Linux、Windows、Android 和 Mac OS 操作系统上。OpenCV 是由一系列 C 函数和少量 C++ 类构成,为 Python、Ruby、MATLAB 等语言提供了访问接口,实现了图像处理和计算机视觉方面的很多通用算法。Python 中使用 OpenCV 需要安装 pip install opencv-python。

本书中使用了 SIFT 和 SUTF 算法,安装命令为 pip install opencv-contrib-python。opencv-contrib-python 与 opencv-python 可以同时安装在一台计算机上。

安装完成后,引入 OpenCV:import cv2。

9.2 读取、显示、保存图像

1. 读取图像

使用函数 cv2.imread(filepath,flags),filepath 要读入图片的完整路径;flags:读入图片的标志,默认值为 cv2.IMREAD_COLOR,读入一幅彩色图片,忽略 alpha 通道;cv2.IMREAD_GRAYSCALE:读入灰度图片;cv2.IMREAD_UNCHANGED:读入完整图片,包括 alpha 通道。

```
import numpy as np
import cv2
img=cv2.imread('ball.jpg',cv2.IMREAD_GRAYSCALE)
```

cv2.IMREAD_COLOR、cv2.IMREAD_GRAYSCALE、cv2.IMREAD_UNCHANGED 分别用数字表示为 1、0、−1。

2. 显示图像

使用函数 cv2.imshow(wname,img) 显示图像,第 1 个参数是显示图像窗口的名字,第 2 个参数是显示的图像(imread 读入的图像),窗口大小自动调整为图片大小。

```
import cv2
img=cv2.imread('ball.jpg',cv2.IMREAD_UNCHANGED)
```

```
cv2.namedWindow('image', cv2.WINDOW_NORMAL) #默认值为 cv.WINDOW_AUTOSIZE
cv2.imshow('image',img)
cv2.waitKey(0)
cv2.destroyAllWindows()
```

使用 matplotlib 显示图形,可以缩放、保存图形等,更加灵活,如:

```
import cv2
from matplotlib import pyplot as plt
img=cv2.imread('ball.jpg',1)
img=cv2.cvtColor(img,cv2.COLOR_BGR2RGB)
plt.imshow(img)
plt.xticks([]), plt.yticks([])            #隐藏 x,y 上轴上的 tick
plt.show()
```

需特别注意,OpenCV 读入彩色图像的颜色空间是 BGR,而 matplotlib 显示的是 RGB,故上面显示出来的图像不进行颜色空间的变换,会与原图像的颜色不一样,需要在 plt.imshow(img)前增加以下代码:

```
img=cv2.cvtColor(img,cv2.COLOR_BGR2RGB)
```

3. 存储图像

使用函数 cv2.imwrite(file,img,num)保存一幅图像。第 1 个参数是要保存的文件名,第 2 个参数是要保存的图像。可选的第 3 个参数,它针对特定的格式:对于 JPEG,其表示的是图像的质量,用 0~100 的整数表示,默认为 95;对于 png,第 3 个参数表示的是压缩级别,默认为 3。

cv2.IMWRITE_JPEG_QUALITY 类型为 long,必须转换成类型为 int 的 cv2.IMWRITE_PNG_COMPRESSION,从 0~9 压缩级别越高图像越小。

```
cv2.imwrite('1.png',img, [int(cv2.IMWRITE_JPEG_QUALITY), 95])
cv2.imwrite('1.png',img, [int(cv2.IMWRITE_PNG_COMPRESSION), 9])
```

4. 图像其他操作

cv2.flip(img,flipcode)翻转图像;imgcopy=img.copy()复制图像;cv2.cvtColor(img, cv2.COLOR_RGB2GRAY)图像颜色空间变换;调整图像大小到 50×50:

```
cv2.resize(img,(50,50))
```

9.3 颜色空间变换

OpenCV 有 150 多种颜色空间转换方法,包括 RGB、HSI、HSL、HSV、HSB、YCrCb、CIE XYZ、CIE Lab 8 种,使用中经常要遇到颜色空间的转化。

```
cv2.cvtColor(input_image,flag)
```

其中,flag 确定转换类型。

```
BGR→Gray,flags=cv2.COLOR_BGR2GRAY
```

BGR→HSV, flags=cv2.COLOR_BGR2HSV

要注意的是 BGR2HSV，因为在 OpenCV 中默认的颜色空间是 BGR 而不是 RGB。OpenCV 使用以下命令可以得到使用的 flags：

```
#9-1.py
import cv2
import numpy as np
flags=[i for i in dir(cv2) if i.startswith('COLOR_')]
print(flags)
```

说明：对于 HSV，色调范围是[0,179]，饱和度范围是[0,255]，亮度值范围是[0,255]。不同的软件使用不同的范围。因此，如果要将 OpenCV 值与它们进行比较，则需要对这些范围进行标准化。

例 9-1 几种不同颜色空间的相互转换。原图的颜色空间是 RGB(见图 9-2 左图)。

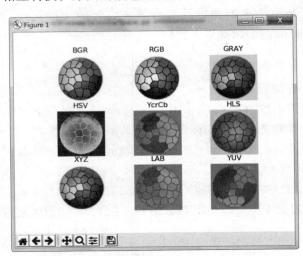

图 9-2 左图各种颜色空间的变换后结果

变换代码如下：

```
#9-2.py
import matplotlib.pyplot as plt
import cv2
img_BGR=cv2.imread('ball.jpg') #BGR
plt.subplot(3,3,1); plt.imshow(img_BGR);plt.axis('off');plt.title('BGR')

img_RGB=cv2.cvtColor(img_BGR, cv2.COLOR_BGR2RGB)
plt.subplot(3,3,2); plt.imshow(img_RGB);plt.axis('off');plt.title('RGB')
img_GRAY=cv2.cvtColor(img_BGR, cv2.COLOR_BGR2GRAY)
plt.subplot(3,3,3); plt.imshow(img_GRAY);plt.axis('off');plt.title('GRAY')
img_HSV=cv2.cvtColor(img_BGR, cv2.COLOR_BGR2HSV)
plt.subplot(3,3,4); plt.imshow(img_HSV);plt.axis('off');plt.title('HSV')
img_YcrCb=cv2.cvtColor(img_BGR, cv2.COLOR_BGR2YCrCb)
plt.subplot(3,3,5); plt.imshow(img_YcrCb);plt.axis('off');plt.title('YcrCb')
img_HLS=cv2.cvtColor(img_BGR, cv2.COLOR_BGR2HLS)
```

```
plt.subplot(3,3,6); plt.imshow(img_HLS);plt.axis('off');plt.title('HLS')
img_XYZ=cv2.cvtColor(img_BGR, cv2.COLOR_BGR2XYZ)
plt.subplot(3,3,7); plt.imshow(img_XYZ);plt.axis('off');plt.title('XYZ')
img_LAB=cv2.cvtColor(img_BGR, cv2.COLOR_BGR2LAB)
plt.subplot(3,3,8); plt.imshow(img_LAB);plt.axis('off');plt.title('LAB')
img_YUV=cv2.cvtColor(img_BGR, cv2.COLOR_BGR2YUV)
plt.subplot(3,3,9); plt.imshow(img_YUV);plt.axis('off');plt.title('YUV');plt.show()
```

9.4 图像基本操作

1. 访问图像的属性

图像的属性包括行数、列数、通道数、图像数据类型及像素数等。

```
>>>import cv2
>>>img=cv2.imread('lena.jpg',-1)
>>>img.shape                #输出(512, 512, 3)
```

lena.jpg 是彩色图，返回结果(512，512，3)表示(rows，cols，channels)。如果是灰度图，则返回值是(rows，cols)。另外，测试图像属性的还有 img.dtype、img.size、type(img)。

2. 访问像素的值

用行列的坐标值，访问该位置的像素值，彩色图像返回 Blue、Green、Red 的数组，灰度图返回图像的灰度值，如：

```
>>>img[200,150]
array([ 84, 103, 108], dtype=uint8)
```

如果要访问某彩色图中某个通道的值（用 0、1、2 表示 Blue、Green、Red 这 3 个通道），则：

```
>>>img[200,150,0]           #输出 84
>>>img[200,150,2]           #输出 108
>>>r=img[:,:,2]             #取出红色通道所有的像素值
>>>g=img[:,:,1]             #取出绿色通道所有的像素值
>>>b=img[:,:,0]             #取出蓝色通道所有的像素值
```

3. 修改图像像素的值

```
>>>img[200,150]=[0,0,0]    #第 200 行、150 列的像素点设置成黑色
```

另外，访问和修改像素时，采用以下方法可提高效率：

```
#访问 10 行 10 列红色像素的值
>>>img.item(10,10,2)       #输出 59
#修改第 10 行 10 列红色像素的值为 100
>>>img.itemset((10,10,2),100)
>>>img.item(10,10,2)       #输出 100
```

4. 生成指定大小的空图像

例 9-2 使用 numpy.zeros()函数生成一个与 ball.jpg 一样大小的空图像，再生成一个

高 300、宽 500 的空图像，并设置该空图像的第 100~200 行、0~200 列为红色。运行结果见图 9-3 和图 9-4。

```
#9-3.py
import cv2
import numpy as np
img=cv2.imread("ball.jpg")
imgZero=np.zeros(img.shape,np.uint8)
imgFixed=np.zeros((300,500,3),np.uint8)
imgFixed[100:200,0:200]=(0,0,255)          #设置100-200行,0-200列,红色
cv2.imshow("img",img)
cv2.imshow("imgZero",imgZero)
cv2.imshow("imgFix",imgFixed)
cv2.waitKey()
```

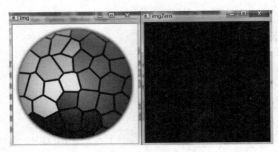

图 9-3　原图（左）和与原图大小相同的空白图（右）

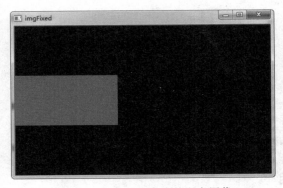

图 9-4　300×500 大小的空白图像

5. 通道的拆分和合并

（1）通道拆分。

```
import numpy as np
import cv2
img=cv2.imread('test.jpg')
img1=cv2.cvtColor(img,cv2.COLOR_BGR2Lab)
L,a,b=cv2.split(img1)
img2=cv2.merge([L,a,b])
img3=cv2.cvtColor(img2,cv2.COLOR_Lab2BGR)
```

```
cv2.imshow("fff",img3)
```

使用 split 比较费时。使用 NumPy 的索引处理各通道,如使所有像素的红色通道值都为 0,不必先拆分再赋值,可以直接使用 NumPy 索引,速度会更快。

(2) 通道合并。

```
mergedImg=cv2.merge([B,G,R])                    #合并 R、G、B 分量
```

例 9-3 将 ball.jpg 图像的通道先拆分,再合并,运行结果如图 9-5 所示。

```
#9-4.py
import cv2
img=cv2.imread('ball.jpg')
#复制图像通道里的数据
b=img[:,:,0]                                    #复制 b 通道的数据
g=img[:,:,1]                                    #复制 g 通道的数据
r=img[:,:,2]                                    #复制 r 通道的数据
#显示各通道的图像
cv2.imshow("chanelB", b)                        #展示 B 通道图
cv2.imshow("chanelG", g)
cv2.imshow("chanelR", r)
#根据三通道合成 RGB 图
mergedImg=cv2.merge([b,g,r])
cv2.imshow("combined", mergedImg)
```

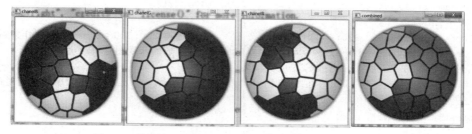

图 9-5　分离出来的蓝、绿、红三通道图及合成的 RGB 图

6. 像素的统计和分析

可以使用 meanStdDev(img) 统计图像的平均值、标准差,用 minMaxLoc(img) 计算出灰度图像最大值最小值及其位置。

例 9-4 像素统计和分析后,生成图 9-6 所示的二值化灰度图。代码如下:

```
#9-5.py
import cv2
img=cv2.imread("test.jpg ",0)                   #只用于灰度图
mean,std=cv2.meanStdDev(img)                    #mean 平均值,STD 标准差
min, max, minLoc, maxLoc=cv2.minMaxLoc(img)     #最大值、最小值和相应的位置
cv2.imshow('source', img)
#利用统计结果生成二值化灰度图
img[np.where(img<mean)]=0
img[np.where(img>mean)]=255
cv2.imshow('binary', img)
```

```
cv2.waitKey(0)
cv2.destroyAllWindows()
```

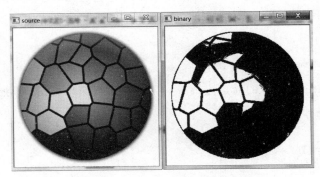

图 9-6　灰度图(左)和二值图(右)

7. 感兴趣区域(ROI)

ROI(Region of Interest)是在机器视觉、图像处理中,从被处理的图像以方框、圆、椭圆、不规则多边形等方式勾勒出需要处理的区域,称为感兴趣区域。

(1) 图片截取、合并、填充。

```
import cv2 as cv
src=cv.imread('test.jpg')
cv.namedWindow('first_image', cv.WINDOW_AUTOSIZE)
cv.imshow('first_image', src)
face=src[200:300, 200:400]             #选择 200:300 行、200:400 列作为截取对象
gray=cv.cvtColor(face, cv.COLOR_RGB2GRAY)    #生成的灰度图是单通道
backface=cv.cvtColor(gray, cv.COLOR_GRAY2BGR)
#将单通道图像转换为三通道 RGB 灰度图,因为只有三通道的 backface 才可以赋给三通道的 src
src[200:300, 200:400]=backface
cv.imshow("face", src)
cv.waitKey(0)
cv.destroyAllWindows()
```

(2) 选择一个感兴趣区域。

由于 selectROI 是跟踪 API 的一部分,需要使用 opencv_contrib 安装 OpenCV 3.0(或更高版本)。

例 9-5　手动操作在图像上截取矩形区域(左键画矩形,回车后截取图形),代码如下:

```
#9-6.py
import cv2
img=cv2.imread("ball.jpg")
#Select ROI
r=cv2.selectROI(img)
#Crop image
imgCrop=img[int(r[1]):int(r[1]+r[3]), int(r[0]):int(r[0]+r[2])]
#Display cropped image
cv2.imshow("Image", imgCrop)
cv2.waitKey(0)
```

上述程序运行后,r 返回值格式形如(x,y,w,h),分别表示左上角 x,y 和截取的矩形的宽度和高度。用鼠标左键在图像上画个矩形(见图 9-7 左图),然后按回车键(或其他按键动作),系统会从原图上剪切下矩形区域(见图 9-7 右图)。

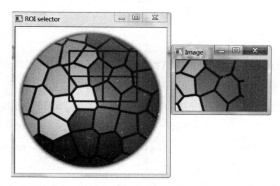

图 9-7　剪切矩形区域

(3) 鼠标交互操作,选择矩形 ROI。

例 9-6　编程用鼠标选择矩形 ROI。代码如下:

```
#9-7.py
import cv2
def on_mouse(event, x, y, flags, param):
    global point1, point2
    img2=img.copy()
    if event==cv2.EVENT_LBUTTONDOWN:              #左键单击
        point1=(x,y)
        cv2.circle(img2, point1, 10, (0,255,0), 5)
        cv2.imshow('image', img2)
    elif event==cv2.EVENT_MOUSEMOVE and (flags & cv2.EVENT_FLAG_LBUTTON):
                                                  #按住左键拖曳
        cv2.rectangle(img2, point1, (x,y), (255,0,0), 5)
        cv2.imshow('image', img2)
    elif event==cv2.EVENT_LBUTTONUP:              #左键释放
        point2=(x,y)
        cv2.rectangle(img2, point1, point2, (0,0,255), 5)
        cv2.imshow('image', img2)
        min_x=min(point1[0],point2[0])
        min_y=min(point1[1],point2[1])
        width=abs(point1[0]-point2[0])
        height=abs(point1[1] -point2[1])
        cut_img=img[min_y:min_y+height, min_x:min_x+width]
        cv2.imwrite('ball_cut.jpg', cut_img)
def main():
    global img
    img=cv2.imread('ball.jpg')
    cv2.namedWindow('image')
```

```
        cv2.setMouseCallback('image', on_mouse)
        cv2.imshow('image', img)
        cv2.waitKey(0)
if __name__=='__main__':
    main()
```

8. 按位运算

当 ROI 是不规则形状时,可使用 AND、OR、NOT 和 XOR 这些按位操作的运算。Python-OpenCV 中位操作的函数有以下几个。

(1) 图像与运算:cv2.bitwise_and(src1,src2,dst=None,mask=None)。

(2) 图像或运算:cv2.bitwise_or(src1,src2,dst=None,mask=None)。

(3) 图像非运算:cv2.bitwise_not(src1,src2,dst=None,mask=None)。

(4) 图像异或运算:cv2.bitwise_xor(src1,src2,dst=None,mask=None)。

这 4 个运算最少要有两个参数,即 src1、src2。dst:参数返回结果可选;mask:参数也是可选的,指定 mask 区域进行操作。下面仅就"位的与"操作展开说明。

与操作的规则是:0 与 0 与操作是 0,0 与 1 与操作是 0,与 1 与操作是 1。按此规则,看一下 158(二进制数 1001 1110)与 0、158 与 255(二进制数 1111 1111)按位与运算的结果分别是 0 和 255。将 0 与其他数值位与运算的结果是 0,将 255 与其他数值位与运算的结果是 255。下面利用 cv2.bitwise_and()函数验证这一结论。

例 9-7 应用数组演示位与运算。代码如下:

```
#9-8.py
import cv2
import numpy as np
a=np.random.randint(0,255,(6,6),dtype=np.uint8)
b=np.zeros((6,6),dtype=np.uint8)
b[2:4,2:4]=255
c=cv2.bitwise_and(a,b)
print("a\n",a)
print("b\n",b)
print("c\n",c)
```

程序运行结果如下:

```
a
 [[172  18 154  27  14  41]
 [ 29  78  75 191 177 213]
 [ 53  32 138  70 212 218]
 [ 24  22  59  47 115 209]
 [ 79  93 193 142  67 102]
 [ 79 101 241  57 122 111]]
b
 [[  0   0   0   0   0   0]
 [  0   0   0   0   0   0]
 [  0   0 255 255   0   0]
 [  0   0 255 255   0   0]
 [  0   0   0   0   0   0]
```

```
      [  0    0    0    0    0    0]]
    c
     [[  0    0    0    0    0    0]
      [  0    0    0    0    0    0]
      [  0    0  138   70    0    0]
      [  0    0   59   47    0    0]
      [  0    0    0    0    0    0]
      [  0    0    0    0    0    0]]
```

数值 c 是 a 和 b 位与运算的结果，从结果 c 可看出，与 b 中数值 255 对应位置上的数值来源于 a，与 b 中数值 0 对应位置上的值为 0。根据此特点，可以使用 b 作为掩膜图像，与另一个图像位与运算后，将掩膜图像指定位置的图像从原图像中"抠"出来。

例 9-8 构造一个掩膜图像，从原图像中"抠"出指定部分，运行结果见图 9-8。代码如下：

```
#9-9.py
import cv2
import numpy as np
srcImage=cv2.imread('lena.jpg',1)
maskImage=np.zeros(srcImage.shape,dtype=np.uint8)
maskImage[50:380,100:400]=255
maskImage[380:420,200:350]=255
result=cv2.bitwise_and(srcImage,maskImage)
cv2.imshow("srcImage",srcImage)
cv2.imshow("maskImage",maskImage)
cv2.imshow("result",result)
cv2.waitKey()
cv2.destroyAllWindows()
```

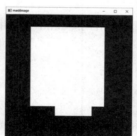

图 9-8　图像"位与"运算结果

图 9-8 中左图是原图，中间图是根据原图大小构造的掩膜图像，右图是前两个图像位与运算的结果。可以看到运算结果只保留了掩膜指定范围内的图像。

9. 掩膜

在 OpenCV 许多函数如 cv2.bitwise_and(src1，src2，dst=None，mask=None) 中都有个称为掩膜的参数 mask，当使用掩膜参数时，操作只会在掩膜值为非空的像素点上执行，将其他像素点位置的值置为 0。下面以图像像素求和 cv2.add(参数1，参数2，掩膜)为例，用数组说明掩膜的使用。

例 9-9　掩膜运算的应用示例一。代码如下：

```
#9-10.py
import numpy as np
import cv2
img1=np.array(([1,2],[4,8]),dtype=np.uint8)
img2=np.array(((6,2),(7,1)),dtype=np.uint8)
mask=np.array(((0,0),(1,1)),dtype=np.uint8)
img3=cv2.add(img1,img2,mask=mask)
print('img1\n',img1)
print('img2\n',img2)
print('mask\n',mask)
print('img3\n',img3)
```

程序运行结果如下：

```
img1
 [[1 2]
 [4 8]]
img2
 [[6 2]
 [7 1]]
mask
 [[0 0]
 [1 1]]
img3
 [[ 0  0]
 [11  9]]
```

从运行结果上看，img1 与 img2 像素求和的结果，mask＝0 的像素位置为 0，只有在 mask 不等于 0 的像素位置上求和。

例 9-10 掩膜运算的应用示例二。

例 9-8 中两个图的位与运算，函数 bitwise_and()中并没有使用 mask 参数。本例使用了 mask 参数。

```
#9-11.py
import cv2
import numpy as np
srcImage=cv2.imread('lena.jpg',1)#彩色图像
maskImage=np.zeros(srcImage.shape,dtype=np.uint8)
maskImage[50:380,100:400]=255
maskImage[380:420,200:350]=255
#将图片转成灰度图
img2gray=cv2.cvtColor(maskImage,cv2.COLOR_BGR2GRAY)
result=cv2.bitwise_and(srcImage,srcImage,mask=img2gray)
cv2.imshow("srcImage",srcImage)
cv2.imshow("mask", img2gray)
cv2.imshow("result",result)
cv2.waitKey()
cv2.destroyAllWindows()
```

彩色图像位运算时，使用 mask 参数时需要将 mask 转变为灰度图或者二值图；否则

bitwise_and 会出现错误。另外,待处理的彩色图像与自身进行按位与操作,得到的仍然是彩色图像本身。掩膜参数控制了目标图像中,哪些区域的值是彩色图像的值、哪些区域的值是 0。

10. 标记指定的颜色

在 HSV 模型中颜色的差异主要体现在 H 通道的值上,通过对 H 通道值进行筛选,就能筛选出选定的颜色。

例 9-11 将图 9-2(左图)中的绿色、红色、蓝色取出来,运行结果见图 9-9。

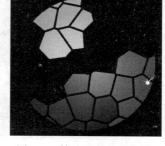

图 9-9 筛选出特定的颜色

```
#9-12.py
import cv2
import numpy as np
img=cv2.imread("ball.jpg")
hsv=cv2.cvtColor(img,cv2.COLOR_BGR2HSV)                #HSV 空间
#按照 BGR 顺序设置各种颜色的上、下限
lower_blue=np.array([110,100,100])                      #blue
upper_blue=np.array([130,255,255])
lower_green=np.array([60,100,100])                      #green
upper_green=np.array([70,255,255])
lower_red=np.array([0,100,100])                         #red
upper_red=np.array([10,255,255])
red_mask=cv2.inRange(hsv,lower_red,upper_red)           #取红色
#cv2.inRange()函数,对图像进行阈值化/二值化。介于 lower_red~upper_red 之间的像素值
    变成 255,其余的变为 0
blue_mask=cv2.inRange(hsv,lower_blue,upper_blue)        #蓝色
green_mask=cv2.inRange(hsv,lower_green,upper_green)     #绿色
red=cv2.bitwise_and(img,img,mask=red_mask)              #对原图像处理
green=cv2.bitwise_and(img,img,mask=green_mask)
blue=cv2.bitwise_and(img,img,mask=blue_mask)
res=green+red+blue
cv2.imshow('img',res)
cv2.waitKey(0)
cv2.destroyAllWindows()
```

(1) mask=cv2.inRange(hsv, lower_red, upper_red)。

函数很简单,参数有 3 个。

第 1 个参数 hsv 指的是颜色空间为 HSV 的原图。

第 2 个参数 lower_red 指的是图像中低于这个 lower_red 的值,图像值变为 0。

第 3 个参数 upper_red 指的是图像中高于这个 upper_red 的值,图像值变为 0。

而在 lower_red 至 upper_red 之间的值变成 255,red_mask、blue_mask、green_mask 显示出的图形分别见图 9-10,使用 cv2.bitwise_and()函数时将这些图像作为掩膜盖在原图像上。

(2) 提取颜色时,往往不是提取一个特定的值,而是一个颜色范围。HSV 颜色空间中蓝色的 H 通道的值是 120、绿色的 H 是 60,红色的 H 是 0。在提取蓝色时通常是在蓝色值 120 附近的一个区间值作为提取范围,该范围的半径通常定义为 10 左右,故蓝色的范围在 110~130。HSV 的 S 通道、V 通道的取值范围一般在[100,255],主要是因为当饱和度和亮度太低时,计算出的色调可能不可靠。

红、蓝、绿 3 种颜色的掩膜图像如图 9-10 所示。

图 9-10　红、蓝、绿 3 种颜色的掩膜图像

9.5　绘制直方图

通过直方图可以对图像的对比度、亮度、灰度分布有一个直观的认识。图像中数值范围为 0～255，将 0～255 分成许多数据段，如：

$$[0,255]=[0,15]\cup[16,31]\cup\cdots\cup[240,255]$$

这些数据段称为 bins，0～255 的数据可以用这些数据段表示。

$$range=bin1\cup bin2\cup\cdots\cup binn=15$$

统计落在每个数据段 bins 中的数据点的个数 y。以数据段为 x 轴，各段间的数据个数为 y 轴绘制出来的图，就是直方图。绘制直方图除使用 matplotlib 的 hist() 函数外，也可以使用 OpenCV 的 CalcHist() 函数。

9.5.1　cv2.calcHist 函数绘制直方图

函数格式如下：

cv2.calcHist(images, channels, mask, histSize, ranges[, hist[, accumulate]])

参数说明如下。

images：类型是 uint8 或 float32 的图像，用[]将图像括起来。

channels：通道的编号，用[]括起来，灰度图是[0]；彩色图分别用[0]、[1]、[2]表示蓝、绿、红通道。

mask：掩膜参数。要为整个图像作直方图，取值为 None，要为某一范围的图作直方图，需要制作掩膜图像。

histSize：直方图区间段的数量。

ranges：图像像素的取值范围，通常为[0,255]。

例 9-12　应用 calcHist 函数绘制彩色图像的直方图，运行效果如图 9-11 所示。代码如下：

```
#9-13.py
import cv2 as cv
from matplotlib import pyplot as plt
```

```
def image_hist(image):                          #画三通道图像的直方图
    color=('b', 'g', 'r')
    for i, color in enumerate(color):
        hist=cv.calcHist([image], [i], None, [255], [0, 255])   #计算直方图
        plt.plot(hist, color)
        plt.xlim([0, 256])
    plt.show()
src=cv.imread('test.jpg')
cv.namedWindow('input_image', cv.WINDOW_NORMAL)
cv.imshow('input_image', src)
image_hist(src)
cv.waitKey(0)
cv.destroyAllWindows()
```

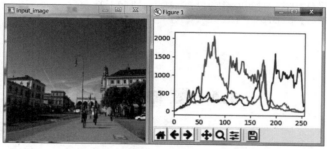

图 9-11　原图(左)和三色的直方图

9.5.2　使用掩膜制作指定范围内的直方图

如果要对指定范围内的图像建立直方图,就需要使用掩膜。

例 9-13　使用掩膜制作指定范围内图像的直方图,如图 9-12 所示。代码如下：

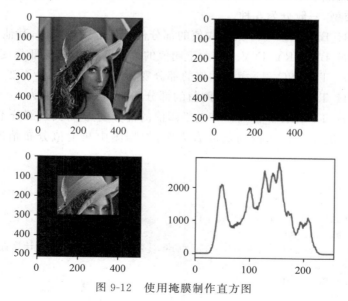

图 9-12　使用掩膜制作直方图

```
#9-14.py
import cv2
import numpy as np
import matplotlib.pyplot as plt
img=cv2.imread('lena.jpg',0)
#建立掩膜
mask=np.zeros(img.shape[:2], np.uint8)
mask[100:300, 100:400]=255
masked_img=cv2.bitwise_and(img,img,mask=mask)
hist_full=cv2.calcHist([img],[0],None,[256],[0,256])
hist_mask=cv2.calcHist([img],[0],mask,[256],[0,256])
plt.subplot(221), plt.imshow(img, 'gray')
plt.subplot(222), plt.imshow(mask, 'gray')
plt.subplot(223), plt.imshow(masked_img, 'gray')
plt.subplot(224), plt.plot(hist_full)
plt.xlim([0,256])
plt.show()
```

9.6 图像阈值

1. 简单阈值

当像素值高于阈值时,给这个像素赋予一个新值(可能是白色);否则赋予其另外一种颜色(也许是黑色)。这个函数就是 cv2.threshold(src,thresh,maxval,type[, dst]),其参数含义如下。

src：原图像,只能是灰度图。

thresh：对像素值进行分类的阈值。

maxval：当像素值高于(有时是小于)阈值时应该被赋予的新的像素值。

type：阈值类型,一般分为 5 种。

cv2.THRESH_BINARY——大于阈值的部分像素值变为最大值,其他变为 0。

cv2.THRESH_BINARY_INV——大于阈值的部分变为 0,其他部分变为最大值。

cv2.THRESH_TRUNC——大于阈值的部分变为阈值,其余部分不变。

cv2.THRESH_TOZERO——大于阈值的部分不变,其余部分变为 0。

cv2.THRESH_TOZERO_INV——大于阈值的部分变为 0,其余部分不变。

在取阈值前一般先制作图像的灰度直方图,根据图中灰度值分布情况决定取阈值的大小。

```
#9-15.py
import cv2
from matplotlib import pyplot as plt
def image_hist(image):
    hist=cv2.calcHist([image], [0], None, [256], [0, 256])    #计算直方图
    plt.plot(hist)
    plt.xlim([0, 256])
    plt.show()
img=cv2.imread('test.jpg',0)                                  #直接读为灰度图像
```

```
cv2.imshow('input_image', img)
image_hist(img)
cv2.waitKey(0)
cv2.destroyAllWindows()
```

上述代码运行后，显示出原图的灰度图和灰度直方图（图9-13）。

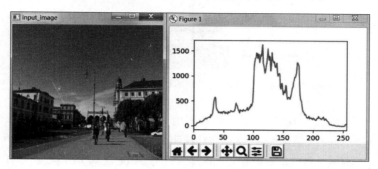

图 9-13　灰度图和灰度直方图

图 9-13 所示图像 test.jpg 的灰度图中表明，灰度值主要分布在 100～150，故阈值取 ± 125 较为合适。

例 9-14　演示了 test.jpg 的灰度图使用简单阈值函数，阈值取 125，不同阈值类型下的效果（图 9-14）见以下代码。

```
#9-15(1).py
import cv2
from matplotlib import pyplot as plt
img=cv2.imread('test.jpg',0)
ret,thresh1=cv2.threshold(img,125,255,cv2.THRESH_BINARY)
ret,thresh2=cv2.threshold(img,125,255,cv2.THRESH_BINARY_INV)
ret,thresh3=cv2.threshold(img,125,255,cv2.THRESH_TRUNC)
ret,thresh4=cv2.threshold(img,125,255,cv2.THRESH_TOZERO)
ret,thresh5=cv2.threshold(img,125,255,cv2.THRESH_TOZERO_INV)
titles=['Original Image','BINARY','BINARY_INV','TRUNC','TOZERO','TOZERO_INV']
images=[img,thresh1,thresh2,thresh3,thresh4,thresh5]
for i in range(6):
    plt.subplot(2,3,i+1),plt.imshow(images[i],'gray')
    plt.title(titles[i])
    plt.xticks([]),plt.yticks([])
plt.show()
```

threshold 函数有两个返回值，其中第二个返回值是二值化后的灰度图。当指定了阈值参数 thresh 时，第一个返回值 ret 就是指定的 thresh。

2. Otsu's 二值化

cv2.threshold 函数有两个返回值，第 1 个返回值是得到图像的阈值，第 2 个返回值是阈值处理后的图像。

前面对于阈值的处理上，通过灰度直方图粗略地选取阈值都是 125，Otsu's 提供了一种自动寻找最佳阈值的算法，特别是 Otsu's 非常适合于图像灰度直方图具有双峰的情况

图 9-14　简单阈值函数不同阈值类型的效果

（图 9-15），它会在双峰之间找到一个值作为阈值。对于非双峰图像，Otsu's 使用效果不太好。经过 Otsu's 得到的阈值就是函数 cv2.threshold 的第 1 个参数。因为 Otsu's 方法会产生一个阈值，那么函数 cv2.threshold 的第 2 个参数（设置阈值）就是 0 了，并且在 cv2.threshold 的方法参数中还得加上语句 cv2.THRESH_OTSU。

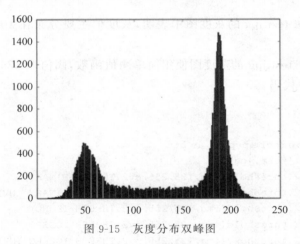

图 9-15　灰度分布双峰图

例 9-15　下面代码是使用简单阈值和 Otsu's 阈值对 test.jpg 图像的阈值处理，输出的自动阈值是 119，在灰度直方图灰度值分布最高的 100~150。结果运行见图 9-16。

```
#9-16.py
import cv2
import matplotlib.pyplot as plt
img=cv2.imread("test.jpg",0)
#简单滤波
ret1,th1=cv2.threshold(img,125,255,cv2.THRESH_BINARY)
#Otsu 滤波
ret2,th2=cv2.threshold(img,0,255,cv2.THRESH_BINARY+cv2.THRESH_OTSU)
print(ret2)
plt.figure()
plt.subplot(221),plt.imshow(img,"gray")
plt.subplot(222),plt.hist(img.ravel(),256)      #.ravel 方法将矩阵转换为一维
plt.subplot(223),plt.imshow(th1,"gray")         #简单阈值
```

```
plt.subplot(224),plt.imshow(th2,"gray")          #Otsu 阈值
plt.show()
```

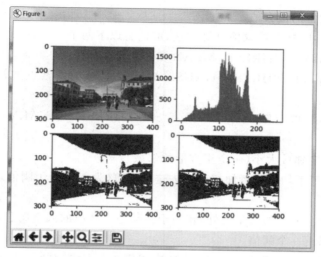

图 9-16　简单阈值和 Otsu's 阈值

3. 自适应阈值

简单阈值是一种全局性的阈值，只需要规定一个阈值，整个图像都和这个阈值比较。自适应阈值是根据图像上的每个小区域计算与其对应的阈值，因此在同一幅图像上采用的是不同的阈值，从而能使在亮度不同情况下得到更好的结果，如图 9-17 所示。函数返回一个二值图像。

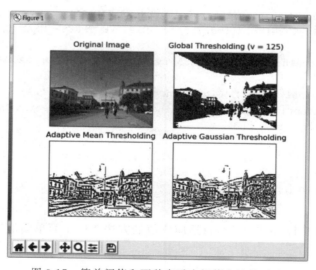

图 9-17　简单阈值和两种自适应阈值方法的对比

adaptiveThreshold()函数用法如下：

adaptiveThreshold(src, maxValue, adaptiveMethod, thresholdType, blockSize, C[, dst]) ->dst

参数说明如下。

src：图像。

maxValue：设置的最大值。

adaptiveMethod：指定的阈值计算方法，取值有以下两个。

- cv2.ADAPTIVE_THRESH_MEAN_C：邻域内均值。
- cv2.ADAPTIVE_THRESH_GAUSSIAN_C：邻域内像素点加权和，权重为一个高斯窗口。

thresholdType：指定赋值方法：只有 cv2.THRESH_BINARY 和 cv2.THRESH_BINARY_INV。

blockSize：规定邻域大小(一个正方形的邻域)。

常数 C：阈值等于均值或者加权值减去这个常数(为 0 相当于阈值，就是求得邻域内均值或者加权值)。

这种方法理论上得到的效果更好，相当于在动态自适应的调整属于自己像素点的阈值，而不是整幅图像都用一个阈值。

例 9-16 使用简单阈值法、Otsu's、自适应阈值 3 个方法，对 test.jpg 图的阈值化。代码如下：

```
#9-17.py
import cv2 as cv
import numpy as np
from matplotlib import pyplot as plt
img=cv.imread('test.jpg',0)
img=cv.medianBlur(img,3)
ret,th1=cv.threshold(img,125,255,cv.THRESH_BINARY)
th2=cv.adaptiveThreshold(img,255,cv.ADAPTIVE_THRESH_MEAN_C,cv.THRESH_BINARY,
    11,2)
th3=cv.adaptiveThreshold(img,255,cv.ADAPTIVE_THRESH_GAUSSIAN_C,cv.THRESH_BINARY,11,2)
titles=['Original Image', 'Global Thresholding (v=125)',
        'Adaptive Mean Thresholding', 'Adaptive Gaussian Thresholding']
images=[img, th1, th2, th3]
for i in range(4):
    plt.subplot(2,2,i+1),plt.imshow(images[i],'gray')
    plt.title(titles[i])
    plt.xticks([]),plt.yticks([])
plt.show()
```

运行结果见图 9-17，可以看到，自适应阈值的方法要优于简单阈值法和 Otsu's 法。

9.7 图像平滑

图像中难免会混入噪声，需要对其去除。噪声可以理解为灰度值的随机变化，即图像采集过程中混入了一些不想要的像素点。噪声可分为椒盐噪声、高斯噪声、加性噪声和乘性噪声等。

噪声主要通过平滑进行抑制和去除,包括基于二维离散卷积的高斯平滑、均值平滑、基于统计学的中值平滑以及能够保持图像边缘的双边滤波等。

9.7.1 二维离散卷积

卷积核(kernel):用来对图像矩阵进行平滑的矩阵,也称为过滤器(filter)。

锚点:卷积核和图像矩阵重叠,进行内积运算后,锚点位置的像素点会被计算值取代。一般选取奇数卷积核,其中心点作为锚点。

步长:卷积核沿着图像矩阵每次移动的长度。

内积:卷积核和图像矩阵对应像素点相乘,然后相加得到一个总和,如图 9-18 所示。

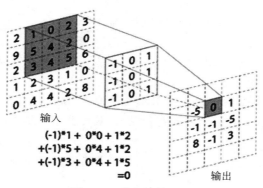

图 9-18 卷积计算过程

卷积模式:卷积有 3 种模式,即 full、same、valid,如图 9-19 所示。

full:全卷积,是从 filter 和 image 刚相交处开始做卷积,白色部分为填 0,橙色部分为 image,蓝色部分为 filter。

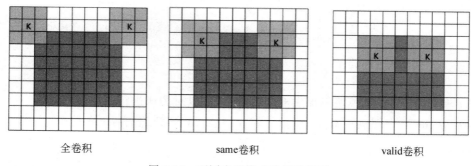

图 9-19 不同卷积模式的运动范围

same 卷积:当 filter 的锚点(K)与 image 的边角重合时,开始做卷积运算,可见 filter 的运动范围比 full 模式小了一圈,same mode 为 full mode 的子集,即 full mode 的卷积结果包括 same mode。

valid 卷积:当 filter 全部在 image 里面时进行卷积运算,可见 filter 的移动范围较 same 更小了,同样 valid mode 为 same mode 的子集。valid mode 的卷积计算,填充边界中的像素值不会参与计算,即无效的填充边界不影响卷积,所以称为 valid mode。

Python 的卷积运算的函数如下。

（1）在 NumPy 中，np.convolve 实现了两个一维数组的卷积操作，其中定义了 3 种模式，即('valid', 'same', 'full')。

```
np.convolve(a, v, mode='full')
```

（2）scipy 包中提供了 scipy.signal.convolve(x,h)一维信号卷积运算和 scipy.signal.convolve2d(in1, in2, mode='full', boundary='fill', fillvalue=0)二维卷积运算。

```
from scipy import signal
signal.convolve2d(src,kernel,mode,boundary,fillvalue)
```

参数说明如下。

src：输入的图像矩阵，只支持单通的（即二维矩阵）。

kernel：卷积核。

mode：卷积类型，取值为 full、same、valid。

boundary：边界填充方式：fill、wrap、symm。

fillvalue：当 boundary 为 fill 时，边界填充的值，默认为 0。

下面是一个卷积运算的示例，不同卷积模式，其计算结果是不同的。

```
>>>import numpy as np
>>>from scipy import signal
>>>a=np.array(([1,2,3],[4,5,6],[7,8,9]))
>>>v=np.array(([1,0],[0,1]))
>>>signal.convolve2d(a,v,mode="valid")
array([[ 6,  8],
       [12, 14]])
>>>signal.convolve2d(a,v,mode="full")
array([[ 1,  2,  3,  0],
       [ 4,  6,  8,  3],
       [ 7, 12, 14,  6],
       [ 0,  7,  8,  9]])
>>>signal.convolve2d(a,v,mode="same")
array([[ 1,  2,  3],
       [ 4,  6,  8],
       [ 7, 12, 14]])
```

（3）SciPy 的 signal 模块里提供 fftconvolve，可以对图像进行快速卷积运算。

（4）OpenCV 中提供了 flip()函数翻转卷积核，filter2D 进行 same 卷积：

```
dst=cv2.flip(src,flipCode)
```

参数说明如下。

src：输入矩阵。

flipCode：0 表示沿着 x 轴翻转，1 表示沿着 y 轴翻转，-1 表示分别沿着 x 轴、y 轴翻转。

dst：输出矩阵（和 src 的 shape 一样）。

9.7.2 滤波

1. 均值滤波函数 cv2.blur()

采用卷积框内各像素值的均值来替代定位点（或称锚点，通常是中间位置）的像素值。

卷积核采用的公式为

$$K = \frac{1}{ksize.width * ksize.height} \begin{pmatrix} 1 & 1 & 1 & \cdots & 1 & 1 \\ 1 & 1 & 1 & \cdots & 1 & 1 \\ \vdots & \vdots & \vdots & \ddots & \vdots & \vdots \\ 1 & 1 & 1 & \cdots & 1 & 1 \end{pmatrix}$$

函数形式如下：

cv2.blur(src,ksize[,anchor[,borderType]])

参数含义如下。

src：输入的图像，可以有任意的通道，通道可单独处理，但是图像深度须为 CV_8U、CV_16U、CV_16S、CV_32F、CV_64F。

ksize：卷积核的大小，格式为(宽,高)。

anchor：(可选参数)卷积核与原图像卷积运算后要替换的像素点。默认值(-1,-1)表示卷积核中心的位置。

borderType：(可选参数)决定图像在进行滤波操作(卷积)时边沿像素的处理方式。取值为 cv.BORDER_CONSTANT、cv.BORDER_REPLICATE、cv.BORDER_REFLECT、cv.BORDER_WRAP、cv.BORDER_REFLECT_101(同 cv.BORDER_REFLECT101)、cv.BORDER_TRANSPARENT、cv.BORDER_REFLECT101(默认)、cv.BORDER_ISOLATED。

例 9-17 均值滤波函数 cv2.blur()示例。

```
#9-18.py
import cv2 as cv
import numpy as np
from matplotlib import pyplot as plt
img=cv.imread('test.jpg')
blur=cv.blur(img,(5,5))#卷积核 5*5
plt.subplot(121),plt.imshow(img),plt.title('Original')
plt.xticks([]), plt.yticks([])
plt.subplot(122),plt.imshow(blur),plt.title('Blurred')
plt.axis("off")
plt.show()
```

2. 均值滤波函数 cv2.boxFilter()

函数形式如下：

cv2.boxFilter(src,ddepth,ksize[,anchor[,normalize[,borderType]]])

参数含义如下。

src：输入的图像。

ddepth：输出图像的深度，-1 表示与原图像深度相同(dst.depth()与 src.depth()相同)。

ksize：卷积核的大小，格式为(宽,高)。

normalize：(可选参数)当 normalize=True 表示卷积核归一化(若卷积核 3×5，归一化卷积核需要除以 15)，效果同 cv2.blur()。

anchor：同 cv2.blur()中的 anchor。

borderType：同 cv2.blur()中的 borderType。
用法示例语句：

```
img_blur=cv2.boxFilter(img_original,-1,(5,5))
```

3. 高斯滤波函数 cv2.GaussianBlur()

高斯平滑即采用高斯卷积核对图像矩阵进行卷积操作。高斯卷积核是一个近似服从高斯分布的矩阵，随着距离中心点的距离增加，其值变小。这样进行平滑处理时，图像矩阵中锚点处像素值权重大，边缘处像素值权重小，下面是一个 3×3 的高斯卷积核：

$$\begin{pmatrix} 1 & 2 & 1 \\ 2 & 4 & 2 \\ 1 & 2 & 1 \end{pmatrix} \times \frac{1}{16}$$

函数形式如下：

```
dst=cv.GaussianBlur(src, ksize, sigmaX[, dst[, sigmaY[, borderType]]])
```

参数说明如下。

src：输入的源图像。

dst：返回与 src 大小和类型相同的图像。

ksize：高斯核的大小。核的宽度和高度可以不同，但必须是正奇数，或者可以为 0，然后由 sigma 计算得出。

sigmaX：高斯核 x 轴方向上的标准差，标准差越小，中间位置权值越大，模糊越不明显。

sigmaY：高斯核 y 轴方向上的标准差，sigmaY = 0 时表示其取值等于 sigmaX。sigmaX 和 sigmaY 都设置为 0，其值分别由 ksize 的宽度和高度计算所得。计算公式为

$$retval = cv.getGaussianKernel(ksize, sigma[, ktype])$$

参数说明如下。

ksize：正奇数。

sigma：高斯标准差，如其不大于 0，用 sigma=0.3×((ksize−1)×0.5−1)+0.8 计算所得。

ktype：过滤系数的类型，取值为 CV_32F 或 CV_64F。

例 9-18 高斯滤波函数 cv2.GaussianBlur()示例。

```
#9-19.py
import cv2
import matplotlib.pyplot as plt
import numpy as np
img=cv2.imread("test.jpg")
img_gauss=cv2.GaussianBlur(img,(3,3),1)
cv2.imshow("img",img)
cv2.imshow("img_gauss",img_gauss)
cv2.waitKey(0)
cv2.destroyAllWindows()
```

4. 中值滤波函数 cv2.medianBlur()

用与卷积框对应位置像素的中值来替代中心像素的值，通常用来处理椒盐噪声。

函数形式如下：

```
dst=cv.medianBlur(src, ksize[, dst])
```

参数说明如下。

src：具有 1、3、4 通道的任何图像；但 ksize 取值 3 或者 5 时，图像深度只能是 CV_8U、CV_16U 或 CV_32F。对于更大的孔径尺寸，只能是 CV_8U，因此输入图像不能为归一化的数组。

ksize：卷积核大小，取值是 $2*i+1(i=1,2,3,4,\cdots)$。

5. 双边滤波函数 cv2.bilateralFilter()

双边滤波在清除噪声的同时能保持边界清晰，相对其他滤波函数，其运行速度要慢。均值滤波和中值滤波只考虑了像素值(颜色空间)的影响，高斯滤波只考虑坐标空间的影响；双边滤波兼顾了颜色空间和坐标空间。函数形式如下：

```
dst=cv.bilateralFilter(src, d, sigmaColor, sigmaSpace[, dst[, borderType]])
```

参数说明如下：

src：单通道或 3 通道的源图像。

d：表示在过滤期间使用的每个像素邻域的直径。如果输入 d 非 0，则 sigmaSpace 由 d 计算得出，如果 sigmaColor 没输入，sigmaColor 可由 sigmaSpace 计算得出。

dst：与 src 类型和大小相同的图像；像素点的邻域直径，如果取值非正数，则由 sigmaSpace 计算得到，且与 sigmaSpace 成比例。

sigmaColor：颜色空间的高斯函数标准差。

sigmaSpace：坐标空间的高斯函数标准差，如果 d>0，则由 d 计算得到。

6. 自定义卷积核滤波函数 cv2.filter2D()

该函数实现了对单通道图像卷积的基本操作，可自行设计卷积核，实现均值滤波、高斯滤波等。函数形式如下：

```
cv2.filter2D(src, dst, ddepth, kernel, anchor=(-1,-1), delta=0, borderType=cv2.BORDER_DEFAULT)
```

参数说明如下。

src：单通道图像。

ddepth：目标图像的深度，为 −1 时，深度同 src。

kernel：卷积核。

anchor：卷积核锚点，默认(−1,−1)表示卷积核的中心位置。

delta：卷积完后相加的常数。

borderType：填充边界类型。

通过自定义的卷积核，要实现指定功能如图像模糊、锐化、边界检测等，卷积核其实就是一组权重，它决定了如何利用邻域像素点来计算新的像素点。基于卷积核的滤波器(滤波函数)称为卷积滤波器(滤波函数)。

OpenCV 提供的许多滤波器都会使用卷积核，卷积核是一个二维数组，有奇数行、奇数列，中心的元素称为感兴趣元素，其他元素对应于这个像素周围的邻近像素。核中的每个元素是一个整数或者浮点数，这些值就是应用在像素上的权重，如：

```
kernel=np.array([[-1,-1,-1],[-1,9,-1],[-1,-1,-1]])
```

感兴趣像素的权重是9,其周围像素的权重是-1,对感兴趣像素而言,新的像素值是用当前的像素值乘以9,然后减去8个邻近的像素值。如果感兴趣像素已经与邻近像素值有一点差别,这个差别就会被扩大,图像会锐化。

如果不想改变图像的亮度,权重加起来应该是1;如果将卷积核的权重加起来等于0,就会得到一个边界检测核,边界会变为白色,非边界区域变为黑色,比如下面的卷积核,可用于边界检测:

```
kernel=np.array([[-1,-1,-1],[-1,8,-1],[-1,-1,-1]])
```

对于模糊滤波器,要达到模糊效果,通常权重和为1,并且邻近的权重全部为正数,下面是一个邻近平均滤波器:

```
kernel=np.array([[1,1,1],[1,1,1],[1,1,1]])/9
```

锐化、边界检测和模糊滤波器都使用了高度对称的卷积核,但不对称的核会产生特殊的效果。下面的核同时具有模糊(正的权重)、锐化(负的权重)的作用,会产生脊状或者浮雕的效果:

```
kernel=np.array([[-2,-1,0],[-1,1,1],[0,1,2]])
```

例 9-19 利用前面介绍的 4 种核,即锐化图像、边界检测、模糊图像、同时模糊锐化图像,运行效果如图 9-20 所示。

```
#9-20.py
import numpy as np
import matplotlib.pyplot as plt
import cv2 as cv
src=cv.imread("lena.jpg")
kernels=[np.array([[-1,-1,-1],[-1,9,-1],[-1,-1,-1]]),\
        np.array([[-1,-1,-1],[-1,8,-1],[-1,-1,-1]]),\
        np.array([[1,1,1],[1,1,1],[1,1,1],[1,1,1]])/9,\
        np.array([[-2,-1,0],[-1,1,1],[0,1,2]])]
fig,axes=plt.subplots(1,4,figsize=(8,5))
for index in range(0,4):
    dst=cv.filter2D(src,-1,kernels[index])
    axes[index].imshow(dst[:,:,::-1])          #matplotlib颜色顺序与OpenCV相反
    axes[index].axis("off")
plt.show()
```

图 9-20 锐化图像、边界检测、模糊图像和同时模糊锐化图像

9.8 图像边缘检测

9.8.1 Sobel 算子

图像中的边缘区域,像素值会发生"跳跃",对这些像素求导,其一阶导数在边缘位置为极值,这就是 Sobel 算子使用的原理——极值处就是边缘。Sobel 算子的函数原型如下:

```
dst=cv.Sobel(src, ddepth, dx, dy[, dst[, ksize[, scale[, delta[, borderType]]]]])
```

参数说明如下。

dst:目标图像。

src:需要处理的图像。

ddepth:图像的深度,-1 表示采用的是与原图像相同的深度。目标图像的深度必须大于等于原图像的深度。在实际操作中,计算梯度值可能会出现负数。如果处理的图像是 8 位图类型,ddepth=-1 意味着运算结果也是 8 位图类型,那么所有负数会自动截断为 0,发生信息丢失。故在计算时一般使用更高的数据类型 cv2.CV_64F,再通过取绝对值将其映射为 cv2.CV_8U(8 位图)类型。

dx、dy:表示的是求导的阶数,0 表示这个方向上没有求导,一般为 0、1、2。

ksize:Sobel 算子的大小,必须为 1、3、5、7。ksize=-1 时是一个 3×3 的 Scharr 过滤器。

scale:缩放导数的比例常数,默认情况下没有伸缩系数。

delta:一个可选的增量,将会加到最终的 dst 中,同样,默认情况下没有额外的值加到 dst 中。

borderType:判断图像边界的模式。这个参数默认值为 cv2.BORDER_DEFAULT。

例 9-20 Sobel 图像边缘检测。

```
#9-21.py
import cv2
import numpy as np
img=cv2.imread("lena.jpg", 0)
x=cv2.Sobel(img,cv2.CV_64F,1,0,ksize=3)
y=cv2.Sobel(img,cv2.CV_64F,0,1,ksize=3)
absX=cv2.convertScaleAbs(x)          #转回 uint8
absY=cv2.convertScaleAbs(y)
dst=cv2.addWeighted(absX,0.5,absY,0.5,0)
cv2.imshow("absX", absX)
cv2.imshow("absY", absY)
cv2.imshow("Result", dst)
cv2.waitKey(0)
cv2.destroyAllWindows()
```

说明:在经过处理后,要用 convertScaleAbs()函数将其转回原来的 uint8 形式;否则将无法显示图像,而只是一幅灰色的窗口。convertScaleAbs()的原型如下:

```
dst=cv2.convertScaleAbs(src[, dst[, alpha[, beta]]])
```

其中，可选参数 alpha 是伸缩系数；beta 是加到结果上的一个值。结果返回 uint8 类型的图片。

由于 Sobel 算子是在两个方向计算的，最后还需要用 cv2.addWeighted(…)函数将其组合起来。其函数原型如下：

```
dst=cv2.addWeighted(src1, alpha, src2, beta, gamma[, dst[, dtype]])
```

其中，alpha 是第 1 幅图片中元素的权重；beta 是第 2 幅图片中元素的权重；gamma 是加到最后结果上的一个值。运行结果见图 9-21。

图 9-21　Sobel 边缘检测

9.8.2　Laplacian 算子

Laplacian 是一种二阶导数算子，具有旋转不变性，可以满足不同方向的图像边缘检测的要求。通常情况下，其算子的系数和为 0。如一个 3×3 大小的 Laplacian 算子如下：

0	1	0
1	−4	1
0	1	0

在 OpenCV 中使用函数 cv2.Laplacian()实现 Laplacian 算子的计算，该函数语法格式如下：

```
dst=cv2.Laplacian(src,ddepth[,ksize[,scale[,delta[,borderType]]]])
```

参数说明如下。
dst：目标图像。
src：代表原始图像。
ddepth：代表目标图像的深度。
ksize：二阶导数核尺寸大小，该值必须是正的奇数。
scale：Laplacian 值的比例缩放因子，默认值 1，表示不缩放。
delta：代表加到目标图像上的可选项，默认值为 0。
borderType：代表边界样式。
下面是 Laplacian 应用示例：

```
import cv2
import numpy as np
```

```
img=cv2.imread("lena.jpg", 0)
gray_lap=cv2.Laplacian(img,cv2.CV_16S,ksize=3)
dst=cv2.convertScaleAbs(gray_lap)
cv2.imshow('laplacian',dst)
cv2.waitKey(0)
cv2.destroyAllWindows()
```

9.8.3　Canny 边界检测

Canny 边缘检测算法是由计算机科学家 John F.Canny 于 1986 年提出的一种常用的边界检测算法。该算法非常复杂，有 5 个步骤：利用高斯滤波对图像滤波、计算梯度、在边缘上使用非最大抑制、在检测到的边缘上使用双阈值去除假阳性、分析所有的边缘及其之间的连接，消除不明显的边缘以保证真正的边缘。OpenCV-Python 中 Canny 函数原型如下：

```
edge=cv2.Canny(image, threshold1, threshold2[, edges[, apertureSize[, L2gradient ]]])
```

参数说明如下。

image：需要处理的原图像，该图像必须为单通道的灰度图。

threshold1：阈值 1。

threshold2：阈值 2。

其中较大的 threshold2 用于检测图像中明显的边缘，但一般情况下检测效果不会那么完美，边缘检测出来是断断续续的。所以，这时候用较小的 threshold1 值用于将这些间断的边界连接起来。

可选参数中 apertureSize 是 Sobel 算子的大小，默认为 3；L2gradient 参数是一个布尔值，如果为真，则使用更精确的 L2 范数进行计算（即两个方向的倒数的平方和再开方）；否则使用 L1 范数（直接将两个方向导数的绝对值相加）。

函数返回一个二值图，其中包含检测出的边缘。函数也可以是：

```
edge=Canny(dx, dy, threshold1, threshold2[, edges[, L2gradient]])
```

参数说明如下。

dx：表示输入图像的 x 导数（x 导数满足 16 位，选择 CV_16SC1 或 CV_16SC3）。

dy：表示输入图像的 y 导数（y 导数满足 16 位，选择 CV_16SC1 或 CV_16SC3）。

threshold1：表示设置的低阈值。

threshold2：表示设置的高阈值，一般设定为低阈值的 3 倍（根据 Canny 算法的推荐）。

edges：表示输出边缘图像，单通道 8 位图像。

L2gradient：表示 L2gradient 参数表示一个布尔值，如果为真，则使用更精确的 L2 范数进行计算（即两个方向的倒数的平方和再开方）；否则使用 L1 范数（直接将两个方向导数的绝对值相加）。

例 9-21　Canny 边界检测示例。

```
#9-22.py
import numpy as np
import cv2 as cv
from matplotlib import pyplot as plt
img=cv.imread('lena.jpg', 0)
```

```
edges=cv.Canny(img, 100, 200)
plt.subplot(121), plt.imshow(img, cmap='gray')
plt.title('Original Image'), plt.xticks([]), plt.yticks([])
plt.subplot(122), plt.imshow(edges, cmap='gray')
plt.title('Edge Image'), plt.xticks([]), plt.yticks([])
plt.show()
```

9.9 模板匹配

模板匹配是在当前图像 A 中寻找图像 B 最相似的一部分。图像 A 称为输入图像,图像 B 称为模板图像。模板匹配是模板图像在输入图像上滑动,遍历输入图像。模板匹配是图像匹配中最基本、最常用的方法,其只能进行平行移动,当原图像中的匹配目标发生旋转或者缩放时,该算法失效。

图 9-22 中在大图像中要找到左上角的人头,大图像是输入图像,左上角人头是模板图像,查找方法是将模板图像在输入图像内从左到右移动,遍历整幅输入图像,按照一定的计算公式,比较像素间的相似程度。

图 9-22 模板匹配示例

OpenCV 提供的模板匹配函数 cv2.matchTemplate(),其语法格式如下:

```
result=cv2.matchTemplate(image,templ,method[,mask])
```

参数说明如下。

image:输入图像,必须是 8 位或者 32 位的浮点型图像。

templ:模板图像,其尺寸必须小于 image 并且类型与 image 相同。

method:匹配方法,取值见表 9-1。

mask:模板图像的掩膜,它必须和模板图像 templ 具有相同的大小和类型。

表 9-1 method 的取值、含义及计算公式

参数值	对应数值	含义
cv2.TM_SQDIFF	0	以方差为依据匹配,完全匹配时结果为 0;否则会得到一个很大的值
cv2.TM_SQDIFF_NORMED	1	归一化平方差匹配
cv2.TM_CCORR	2	相关匹配,将模板图像与输入图像相乘,如果积较大,表示匹配程度高;否则匹配程度低
cv2.TM_CCORR_NORMED	3	归一化相关匹配
cv2.TM_CCOEFF	4	相关系数匹配,将模板图像与其均值的相关值,输入图像与其均值的相关值进行匹配。1 表示完美匹配,-1 表示糟糕匹配;0 表示没有任何匹配
cv2.TM_CCOEFF_NORMED	5	归一化相关系数匹配

函数返回值 result 由每个位置的比较结果组合构成一个结果集,类型是单通道 32 位浮点型。查找最值与最值的位置可以使用 minVal,maxVal,minLoc,maxLoc = cv2.minMaxLoc(result[,mask]),其中 minVal、maxVal 是返回的最小值和最大值,如果没有最值返回 NULL,minLoc、maxLoc 是返回最值的位置,如果没有最值,返回 NULL。从表 9-1 中可以看出,匹配的最佳位置,有可能是最大值的位置,也有可能是最小值的位置,取决于匹配的方法。

当 method 是 cv2.TM_SQDIFF、cv2.TM_SQDIFF_NORMED 时,0 是最佳匹配,值越大匹配越差,故此两种匹配方法时,最值匹配位置是最小值所在的位置;以 minLoc 点为模板匹配位置的左上角坐标,结合模板图像的宽度 w 和高度 h,绘制出匹配的矩形范围的左上角和右下角的坐标为:

```
topLeft=minLoc
bottomRight=(topLeft[0]+w,topLeft[1]+h)
```

当 method 的匹配方法是其他 4 种时,cv2.matchTemplate()返回值越大匹配越好,此时要将最大值的位置作为最佳匹配的位置。匹配范围的左上角和右下角的坐标为:

```
topLeft=maxLoc
bottomRight=(topLeft[0]+w,topLeft[1]+h)
```

例 9-22 使用 cv2.matchTemplate 进行模板匹配,要求参数 method 使用 cv2.TM_CCOEFF,显示出函数的返回结果及匹配结果,如图 9-23 所示。

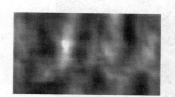

返回结果　　　　　　匹配结果

图 9-23　返回结果及匹配结果

```
#9-23.py
import cv2
import numpy as np
import matplotlib.pyplot as plt
img=cv2.imread("origin.png",0)
template=cv2.imread("search.png",0)
w,h=template.shape
rv=cv2.matchTemplate(img,template,cv2.TM_CCOEFF)
minVal,maxVal,minLoc,maxLoc=cv2.minMaxLoc(rv)
topLeft=maxLoc
bottomRight=(topLeft[0]+w,topLeft[1]+h)
cv2.rectangle(img,topLeft,bottomRight,255,2)
plt.subplot(121),plt.imshow(rv,cmap='gray')
plt.title("Matching result"),plt.axis("off")
plt.subplot(122),plt.imshow(img,cmap="gray")
```

```
plt.title("detected target"),plt.axis("off")
plt.show()
```

如果将输入图像或者模板图像旋转或者缩放,模板匹配有可能会失败。图 9-24 左图所示的磁黄铁矿的显微图像是由右图裁剪所得,从右图中模板匹配左图没有问题,但如果图 9-24 左图要匹配物镜旋转后的显微图像(图 9-25),模板匹配就会失败。这种情况下,可借助图像特征点的匹配。

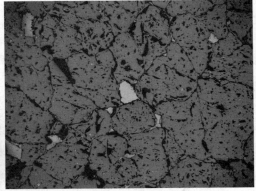

图 9-24　磁黄铁矿的显微图像

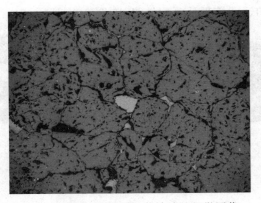

图 9-25　旋转物镜后磁黄铁矿的显微图像

9.10　图像特征点检测

特征检测是计算机对一张图像中最为明显的特征进行识别检测并将其勾画出来。大多数特征检测都会涉及图像的角点、边和斑点的识别或者是物体的对称轴。图像特征点检测出来后,可以与另一张图上的特征点相匹配,根据相似级别,判断两个图像的相似程度。最常用的就是人脸识别:从身份证上人脸照片和拍照的人脸照片上分别找出特征点,然后检查头像的匹配程度。特征点检测算法在图像数据库、物体检测、视觉跟踪、3D 重建中有着重要的作用。

9.10.1 Harris 角点检测

角点是两个边缘的连接点,它代表了两个边缘变化方向上的点。图像梯度有很高的变化,利用这种变化可以帮助检测角点。

1. 原理

Harris 角点检测是 Chris Harris 和 Mike Stephens 在 1988 年提出的,主要用于运动图像的追踪。Harris 角点检测来自于 Moravec 角点检测(Moravec,1977),并对它进行了改进和更强的数学建模。Moravec 角点检测用一个二值窗口在图像的某个像素点的所有方向上进行移动,并计算移动后和移动前像素强度变化的平均值,得到的最小值定为该点的角点响应值。

2. Harris 角点检测函数 cv.cornerHarris

```
dst=cv.cornerHarris(src, blockSize, ksize, k[, dst[, borderType]])
```

参数说明如下。

src:要检测的图像,必须是灰度图。

blockSize:领域的大小,此值越小,标记角点的记号越小。

ksize:扩展 Sobel 核的大小,取值为 3~31 间的奇数,定义角点检测的敏感性,需要根据图片调试。

k:Harris 角点检测方程中的自由参数,取值参数为[0.04,0.06]。

dst:存储带有检测到角点的图像,图像大小与输入图像 src 相同。

例 9-23 角点检测示例,运行结果见图 9-26。

```
#9-24.py
import numpy as np
import cv2
filename='ball.jpg'
img=cv2.imread(filename)
gray=cv2.cvtColor(img,cv2.COLOR_BGR2GRAY)
gray=np.float32(gray)
dst=cv2.cornerHarris(gray,2,3,0.04)
dst=cv2.dilate(dst,None)
img[dst>0.01*dst.max()]=[0,0,255]    #将检测到的角点标记为红色
cv2.imshow('dst',img)
cv2.waitKey()
cv2.destroyAllWindows()
```

图 9-26 角点检测

Harris 角点检测算法面临的问题:在一张图像上的角点,如果将该图像旋转、缩放为另一图像,那么原来的角点在旋转、缩放后的图上并不见得还是角点。

针对角点检测问题,D.Lowe 提出了 SIFT,在 SIFT 基础上又出现比 SIFT 速度快的 SURF、ORB 等算法,本书只介绍 SIFT 和 SURF 相关函数的用法。

9.10.2 SIFT 算法提取和检测特征

2004 年 D.Lowe 针对 Harris 角点检测存在的问题,在其论文 Distinctive Image Features from Scale-Invariant Keypoints 中提出了 Scale Invariant Feature Transform

（SIFT，尺度不变特征变换），这是一种与图像比例、旋转变换无关的查找特征点的算法。

例 9-24 SIFT 示例代码，运行结果如图 9-27 所示。

```
#9-25.py
import numpy as np
import cv2
img=cv2.imread('test.jpg')
imgGray=cv2.cvtColor(img,cv2.COLOR_BGR2GRAY)
sift=cv2.xfeatures2d.SIFT_create()
keypoints,descriptors=sift.detectAndCompute(imgGray, mask=None)
img=cv2.drawKeypoints(image=img,outImage=img,keypoints=keypoints,flags=cv2.
DRAW_MATCHES_FLAGS_DRAW_RICH_KEYPOINTS,color=(0,0,250))
cv2.imshow('sift_keypoints.jpg', img)
cv2.waitKey()
cv2.destroyAllwindows()
```

图 9-27　SIFT 示例运行结果

sift=cv2.xfeatures2d.SIFT_create()：创建一个 SIFT 对象，然后 sift.detectAndCompute() 计算灰度图像；该命令将 sift.detect() 和 sift.compute() 合二为一，操作的返回值是特征点的信息和描述符。

flags：是绘图功能的标识设置，取值如下。

（1）cv2.DRAW_MATCHES_FLAGS_DEFAULT：创建输出图像矩阵，使用现存的输出图像绘制匹配对和特征点，对每个特征点只绘制中间点。

（2）cv2.DRAW_MATCHES_FLAGS_DRAW_OVER_OUTIMG：不创建输出图像矩阵，而是在输出图像上绘制匹配对。

（3）cv2.DRAW_MATCHES_FLAGS_DRAW_RICH_KEYPOINTS：对每个特征点绘制带大小和方向的特征点图形。

（4）cv2.DRAW_MATCHES_FLAGS_NOT_DRAW_SINGLE_POINTS：单点的特征点不被绘制。

cv2.drawKeypoints()：在图像上绘制特征点，圆圈大小和方向表示特征点灰度梯度大小。

返回的特征点 keypoints 是个带有很多不同属性的特殊结构体，这些属性如下。

pt：表示图像中特征点的 X 坐标和 Y 坐标。

size：表示特征的直径。

angle：特征点方向，对特征点邻域梯度计算，获得方向，默认值为－1。

response：表示特征点的强度。某些特征会通过 SIFT 来分类，因为它得到的特征比其他特征更好，通过查看 response 属性可以评估特征强度。

octave：表示特征所在金字塔的层级。SIFT 算法与人脸检测算法类似，即只通过改变计算参数来依次处理相同的图像。例如，算法在每次迭代（octave）时，作为参数的图像尺寸和相邻像素都会发生变化，因此 octave 属性表示的是检测到的特征点所在的层级。

9.10.3 SURF 算法提取和检测特征

SURF 特征值检测是 Herbert Bay 于 2006 年发表的 SIFT 的加速版算法，采用快速 Hessian 算法检测特征点。目前 SIFT 和 SURF 都受专利保护，被归在 OpenCV 的 xfeatured2d 模块。

例 9-25　SURF 应用示例。

```
#9-26.py
import cv2 as cv
import numpy as np
img=cv.imread('lena.jpg',0)
#创建一个 SURF 对象，设置 Hessian Threshold to 4000,越大,得到的 keypoints 越少
surf=cv.xfeatures2d.SURF_create(4000)
#SIFT 对象会使用 Hessian 算法检测特征点，并且对每个特征点周围的区域计算特征向量。该函
 数返回特征点的信息和描述符
kp, des=surf.detectAndCompute(img,None)
print(len(kp))#keypoint 的个数
surf.setHessianThreshold(5000)#增大 Hessian 阈值
kp, des=surf.detectAndCompute(img,None)
print(len(kp))
img2=cv2.drawKeypoints(img,kp,None,(255,0,0),4)#在图像上画出 keypoints
cv2.imshow('sift_keypoints.jpg', img2)
cv2.waitKey()
cv2.destroyAllwindows()
```

9.11　图像匹配

在利用各种特征点提取方法提取出特征点及其描述符后，就可以实现图像匹配。OpenCV 提供的图像匹配方法有 Brute-Force 匹配和最近邻匹配 FLANN based 匹配。

Brute-Force 匹配是一种描述符匹配的方法，该方法会比较两个描述符，并产生匹配结果的列表，该算法基本上不涉及优化，故称为暴力匹配。

假设从图片 A 中提取了 m 个特征描述符，从 B 图片提取了 n 个特征描述符。对于 A 中 m 个特征描述符的任意一个都需要和 B 中的 n 个特征描述符进行比较。每次比较都会给出一个距离值，然后将得到的距离进行排序，取距离最近的一个作为匹配点。这种方法简单粗暴，其结果也是显而易见的，但会出现大量的错误匹配，这就需要使用一些机制来过滤

掉错误的匹配。比如对匹配点按照距离来排序，并指定一个距离阈值，过滤掉一些匹配距离较远的点。

例 9-26 从图 9-28 右图中找出左图匹配的特征点，运行结果见图 9-29。

图 9-28 左图从右图中找到匹配

```
# 9-27.py
import numpy as np
import cv2 as cv
import matplotlib.pyplot as plt
img1=cv.imread('search.png',cv.IMREAD_GRAYSCALE)     #找这个图
img2=cv.imread('origin.png',cv.IMREAD_GRAYSCALE)     #从这个图中
# Initiate SIFT detector
sift=cv.xfeatures2d.SIFT_create()
# find the keypoints and descriptors with SIFT
kp1, des1=sift.detectAndCompute(img1,None)
kp2, des2=sift.detectAndCompute(img2,None)
# BFMatcher with default params
bf=cv.BFMatcher()
matches=bf.knnMatch(des1,des2,k=2)
print(matches)
# Apply ratio test
good=[]
for m,n in matches:
    if m.distance<0.75 * n.distance:
        good.append([m])
# cv.drawMatchesKnn expects list of lists as matches.
img3=cv.drawMatchesKnn(img1,kp1,img2,kp2,good,None,\
    flags=cv.DrawMatchesFlags_NOT_DRAW_SINGLE_POINTS)
plt.imshow(img3), plt.axis("off"),plt.show()
```

图 9-29 匹配结果

9.12 仿射变换

几何变换是将一幅图像映射到另一幅图像内的操作。根据 OpenCV 提供的函数，可以将这种映射关系分为缩放、翻转、仿射变换、透视、重映射等，本节主要讲述仿射变换。

仿射变换(Affine Transformation)又称仿射映射(Affine Map)，是指在几何中一个向量空间经过一次线性变换后再进行一次平移，变换到另一个向量空间的过程。仿射变换保持了二维图形的"平直性"(直线经过变换后仍为直线)和"平行性"(二维图形间相对位置关系不变，平行线仍是平行线且直线上点的位置顺序不变)。

一个任意的仿射变换都可以表示为乘以一个矩阵(线性变换)再加上一个向量(平移)的形式，能够用仿射变换表示出旋转、平移、缩放 3 种常见的变换形式。

通常以 2×3 的矩阵表示仿射变换。

使用矩阵 $\boldsymbol{A} = \begin{bmatrix} a_{00} & a_{01} \\ a_{10} & a_{11} \end{bmatrix}$ 和 $\boldsymbol{B} = \begin{bmatrix} b_{00} \\ b_{10} \end{bmatrix}$，对二维向量 $\boldsymbol{X} = \begin{bmatrix} x \\ y \end{bmatrix}$ 进行变换，可以表示为

$$\boldsymbol{T} = \boldsymbol{AX} + \boldsymbol{B} = \boldsymbol{A} \begin{bmatrix} x \\ y \end{bmatrix} + \boldsymbol{B} \tag{9-3}$$

$\boldsymbol{T}$ 是变换后的矩阵。令 $\boldsymbol{M} = [\boldsymbol{A} \quad \boldsymbol{B}] = \begin{bmatrix} a_{00} & a_{01} & b_{00} \\ a_{10} & a_{11} & b_{10} \end{bmatrix}$，可以得到

$$\boldsymbol{T} = \begin{bmatrix} a_{00}x + a_{01}y + b_{00} \\ a_{10}x + a_{11}y + b_{10} \end{bmatrix} \tag{9-4}$$

仿射变换表示的就是两幅图片之间的一种联系，此联系的信息一般用于以下两种场景。

(1) 已知 $\boldsymbol{X}$ 和 $\boldsymbol{T}$ 且它们之间有联系，求出矩阵 $\boldsymbol{M}$。

(2) 已知 $\boldsymbol{M}$ 和 $\boldsymbol{X}$，求出 $\boldsymbol{T}$。只要应用 $\boldsymbol{T} = \boldsymbol{MX}$ 即可，对于这种场景，可以用矩阵 $\boldsymbol{M}$ 清楚地表达出两幅图片点之间的几何关系。

OpenCV 中仿射变换的函数有 warpAffine，可实现一些简单的重映射；getRotationMatrix2D 获得旋转矩阵。

1. warpAffine( )函数

OpenCV 中仿射函数 warpAffine 通过一个变换矩阵 $\boldsymbol{M}$ 实现变换：

$$\text{dst}(x,y) = \text{src}(M11x + M12y + M13, M21x + M22y + M23) \tag{9-5}$$

与之相对应，cv2.warpAffine 的语法格式为：

dst=cv2.warpAffine(src,M,dsize[,flags[,borderMode[,borderValue]]])

参数说明如下。

dst：仿射后输出的图像，该图像的类型与 src 相同，输出图像的大小由 dsize 决定。

src：要仿射的原始图像。

M：一个 2×3 的变换矩阵。

dsize：代表输出图像的大小。

flags：代表插值的方法，默认值是 INTER_LINEAR。

borderMode：边界类型，默认值是 BORDER_CONSTANT。

borderValue：边界值，默认值为 0。

2. 图像平移

如果要将原始图像只是平移，如向右移动 100 个像素、向下移动 200 个像素，原始图像与变换后图像的关系为

$$\mathrm{dst}(x,y) = \mathrm{src}(x+100, y+200) \qquad (9\text{-}6)$$

根据式(9-5)与式(9-6)可以得到

$$\mathrm{dst}(x,y) = \mathrm{src}(1*x+0*y+100, 0*x+1*y+200)$$

故转换矩阵：

$$M = \begin{bmatrix} 1 & 0 & 100 \\ 0 & 1 & 200 \end{bmatrix}$$

3. 利用 cv2.getRotationMatrix2D 获得转换矩阵

在使用 warpAffine 函数图像旋转时，可以利用函数 cv2.getRotationMatrix2D() 获得转换矩阵 **M**，该函数语法格式如下：

```
M=cv2.getRotationMatrix2D(center,angle,scale)
```

参数说明如下。

center：源图像旋转中心。

angle：图像旋转的角度，角度为正表示沿逆时针方向旋转；角度为负值表示沿顺时针方向旋转。

scale：缩放系数。

例 9-27　将 lena.jpg 图像沿顺时针方向旋转 45°，缩放比例取 0.5，效果如图 9-30 所示。

 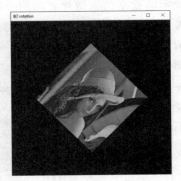

图 9-30　原图和旋转、缩放后图形

```
#9-28.py
import cv2
imgsrc=cv2.imread(r"D:\python\python3.7.1\example\9\lena.jpg")
h,w=imgsrc.shape[:2]
M=cv2.getRotationMatrix2D((w/2,h/2),-45,0.5)
print(M)
imgdst=cv2.warpAffine(imgsrc,M,(w,h))
cv2.imshow("original",imgsrc)
cv2.imshow("rotation",imgdst)
cv2.waitKey()
```

```
cv2.destroyAllWindows()
```

输出的 M 如下：

```
[[  0.35355339  -0.35355339  256.       ]
 [  0.35355339   0.35355339   74.98066402]]
```

4. 利用 cv2.getAffineTransform 获得转换矩阵

cv2.getRotationMatrix2D() 只是获得简单仿射变换时的转换矩阵，对于更加复杂的仿射变换，cv2 提供了 cv2.getAffineTransform 函数，可以为复杂仿射变换提供 *M* 矩阵。该函数的语法格式如下：

```
M=cv2.getAffineTransform(src,dst)
```

参数说明如下。

src：输入图像的 3 个点坐标。

dst：输出图像的 3 个点的坐标。

src 和 dst 是包含 3 个二维数组（x, y）点的数组。上述参数通过 cv2.getAffineTransform() 函数定义了两个平行四边形，src 和 dst 的 3 个点分别对应于平行四边形的左上角、右下角和左下角。

例 9-28 使用 cv2.getAffineTransform() 和 cv2.warpAffine() 完成图像仿射，效果如图 9-31 所示。

图 9-31　图像复杂的仿射变换

```
#9-29.py
from matplotlib import pyplot as plt
import cv2
import numpy as np
img=cv2.imread('lena.jpg')
rows,cols=img.shape[:2]
pts1=np.float32([[50,50],[200,50],[50,200]])
pts2=np.float32([[10,100],[200,20],[100,250]])
M=cv2.getAffineTransform(pts1,pts2)
#第 3 个参数：变换后的图像大小
res=cv2.warpAffine(img,M,(rows,cols))
plt.subplot(121)
plt.axis("off")
plt.title("original")
plt.imshow(img[:,:,::-1])
```

```
plt.subplot(122)
plt.imshow(res[:,:,::-1])
plt.title("Affine Transform")
plt.axis("off")
plt.show()
```

5. 透视变换

上例的仿射变换可以将矩形映射为任意平行四边形,透射变换可以将矩形映射为任意四边形。OpenCV 中提供了 cv2.warpPerspective()完成这一过程,其语法格式如下:

```
dst=cv2.warpPerspective(src,M,dsize[,flags[,borderMode[,borderValue]]])
```

M 为一个 3×3 的矩阵,其他参数的含义与 cv2.warpAffine()相同。

与仿射变换一样,可以使用 cv2.getPerspectiveTransform( )获得 cv2.warpPerspective( )所需要的矩阵 *M*,语法格式如下:

```
M=cv2.getPerspectiveTransform(src,dst)
```

参数说明如下。

src:输入图像的 4 个顶点的坐标。
dst:输出图像的 4 个顶点的坐标。

9.13 图像匹配在光学显微镜中的应用

单偏光镜下旋转物台时,非均质矿物如磁黄铁矿的反射率会发生变化。旋转物台后通过显微照相能够得到一系列的矿物图像。图 9-32 中镜头是通过旋转物台得到的 4 张显微图像,这 4 张图像的文件名为 pyrrhotite01.JPG、pyrrhotite02.JPG、pyrrhotite03.JPG、pyrrhotite04.JPG,图像中央是磁黄铁矿。

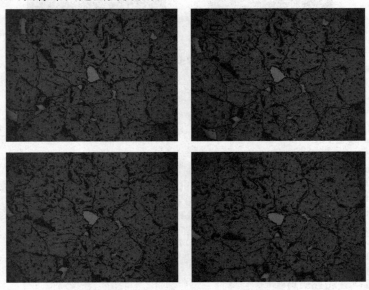

图 9-32　单偏光下旋转物台得到一系列磁黄铁矿的显微图像

9.13.1 目标定位

使用前面的 cv2.matchTemplate()时，当输入图像或模板图像发生旋转、缩放后，匹配会出现失败，如在图 9-32 中查找图 9-33 时就会出现无法匹配的情况。基于 SIFT 算法开发的 aircv 可解决此问题，aircv 使用前需要安装，语句为 pip install aircv。

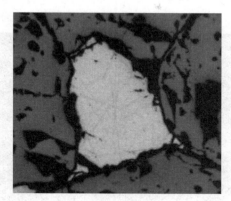

图 9-33　模板图像

```
#9-30.py
import cv2
import aircv as ac
import numpy as np
imsrc=cv2.imread('pyrrhotite02.JPG')      #原始图像
imsch=cv2.imread('pyrrhotite.JPG')        #待查找的部分
pos=ac.find_sift(imsrc, imsch)
w,h,channel=imsch.shape
cv2.rectangle(imsrc, (int(pos["result"][0]-h/2), int(pos["result"][1]-h/2)),\
(int(pos["result"][0]+w/2), int(pos["result"][1]+w/2)), (0, 255, 0), 2)
cv2.namedWindow("mywin",0);
cv2.imshow("mywin",imsrc)
```

ac.find_sift()返回数据的格式如下：

{'result': (203, 245), 'rectangle': [(160, 24), (161, 66), (270, 66), (269, 24)], 'confidence':(301, 339)}

参数说明如下。

result：查找到图像中心点的坐标，如果没有找到则返回 None。

rectangle：目标图像周围 4 个点的坐标。

confidence：查找图片匹配成功的特征点和总的特征点。

旋转显微镜物台后，要查找的目标位置虽然会发生变化，但在旋转后的任何一张图中都可以找到目标区域。

9.13.2　光学显微镜旋转前后图像的对准

非均质的金属矿物在单偏光下，旋转物台时矿物的亮度会发生变化。在研究金属矿物亮度与反射率关系时，需要选取物台旋转前、后不同图像的同一范围，以便于亮度的对比，为此需要将旋转后的图像还原到旋转前的状态。图 9-32 左第 1 张图像（pyrrhotite01.JPG）看作没有旋转的图像，其余 3 张是物台旋转后的图像。下面以将图 9-32 右上角图像（pyrrhotite02.JPG）旋转为例（图 9-33），说明其实现的过程，图 9-34 是运行后的效果。用画图工具对比就会发现，旋转后的图像各矿物所在的像素位置与旋转前图像的位置完全一样。

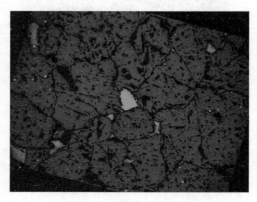

图 9-34　旋转后的效果

```
#9-31.py
import cv2
import numpy as np
def sift_kp(image):
    gray_image=cv2.cvtColor(image,cv2.COLOR_BGR2GRAY)
    sift=cv2.xfeatures2d.SIFT_create()
    kp,des=sift.detectAndCompute(image,None)
    kp_image=cv2.drawKeypoints(gray_image,kp,None)
    return kp_image,kp,des
def get_good_match(des1,des2):                    #des1 为模板图,des2 为匹配图
    bf=cv2.BFMatcher()
    matches=bf.knnMatch(des1, des2, k=2)
    matches=sorted(matches,key=lambda x:x[0].distance/x[1].distance)
    good=[]
    for m, n in matches:
        if m.distance<0.75 * n.distance:
            good.append(m)
    return good
def siftImageAlignment(imgReference,imgRotated):
    _,kp1,des1=sift_kp(imgReference)
    _,kp2,des2=sift_kp(imgRotated)
    goodMatch=get_good_match(des1,des2)
    if len(goodMatch)>4:
        ptsA=np.float32([kp1[m.queryIdx].pt for m in goodMatch]).reshape(-1, 1, 2)
        ptsB=np.float32([kp2[m.trainIdx].pt for m in goodMatch]).reshape(-1, 1, 2)
        ransacReprojThreshold=4
```

```
            H,status=cv2.findHomography(ptsA,ptsB,cv2.RANSAC,ransacReprojThreshold);
            imgOut=cv2.warpPerspective(imgRotated,H,(imgReference.shape[1],/
                imgReference.shape[0]),flags=cv2.INTER_LINEAR+cv2.WARP_INVERSE_
                MAP)
        return imgOut,H,status
    imgReference=cv2.imread("pyrrhotite01.JPG")
    imgRotated=cv2.imread("pyrrhotite02.JPG")                      #要旋转的图像
    _,kp1,des1=sift_kp(imgReference)
    _,kp2,des2=sift_kp(imgRotated)
    goodMatch=get_good_match(des1,des2)
    imgOut,H,status=siftImageAlignment(imgReference,imgRotated)    #旋转图像
    cv2.tofile("pyrrhotite02_1.JPG")                               #保存旋转后的图像
```

sift_kp(image)采用 SIFT 算法得到图像 image 中的特征点及相应的特征描述,get_good_match(des1,des2)中根据特征描述,采用 k 近邻(KNN)求取空间中距离最近的 k 个数据点,并将这些数据点归为同类。Lowe 在其 SIFT 论文中提出,在进行特征点匹配时,一般使用 KNN 算法找到最近邻的两个数据点,如果最接近和次接近的比值大于一个既定的值,那么保留这个最接近的值,认为它和其匹配的点为最佳匹配。

在找到两张显微图像的匹配点后,利用单应性矩阵,将另一图像经过旋转、变换等方式与另一张图像对齐。OpenCV 中提供了函数:

```
H,status=cv2.findHomography(ptsA,ptsB,cv2.RANSAC,ransacReprojThreshold)
```

参数说明如下。

H:求得的单应性矩阵。

status:返回一个列表来表征匹配成功的特征点。

ptsA、ptsB:特征点。

cv2.RANSAC、ransacReprojThreshold 这两个参数与 RANSAC 有关。

由于在两张图像中有许多特征点,计算单应性矩阵时使用哪些特征点?有一种算法 RANSAC(Random Sample Consensus)能够将那些误差大的特征点去除,很好地解决了这一问题。在得到众多的匹配点以后,使用 RANSAC 算法,每次从中筛选 4 个随机的点,然后求得 H 矩阵,不断迭代直到求得最优的 H 矩阵为止。

在 siftImageAlignment(imgReference,imgRotated)函数中首先找出 imgReference、imgRotated 两张图像的特征点,然后找到较好的匹配点对,最后通过 warpPerspective( )方法对图像 imgRotated 进行透视变换。

练 习 题

9-1 OpenCV 读取图像时色彩空间是 BGR,而用 matplotlib 显示图像时色彩空间是 RGB,故 OpenCV 读取出来的图像用 matplotlib 显示时,需要将 BGR 转换为 RGB。以读取 ball.jpg 为例,分别应用通道拆分和合并、cv2.COLOR_BGR2RGB、切片等方法编程验证。运算结果见图 9-35。

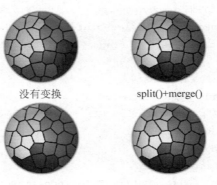

图 9-35　练习题 9-1 图

9-2　读取 ball.jpg 图像，用该图像左上角 1/4 的像素，合成图 9-36。

图 9-36　像素的拆分和合并

9-3　某同学想看一下 RGB 色彩空间中，红色＋绿色是什么颜色，用修改图像像素的方法编程帮助他解决。

9-4　运行以下语句，根据运行结果填空。

（1）

```
>>>import cv2
>>>img=cv2.imread('pet1.jpg',-1)
>>>img.shape
(688, 540, 3)
```

从返回结果中可以看出，pet1.jpg 宽度是 _____ 像素，高度是 _____ 像素，具有 _____ 个通道。

如果要取得绿色通道所有的像素值，可使用语句：_____

语句 img.itemset((50,10,0),200) 的作用是：_____

（2）要将 lena.jpg 大小改变为 5×50，然后保存调整大小后的图像，填空。

```
>>>import cv2
>>>cv2.imread("lena.jpg")
>>>img50_50=_____
>>>cv2.imwrite("d:/abc.jpg",img50_50)
```

9-5 执行程序，写出运行结果。

```
import cv2
import numpy as np
a=np.ones((4,4),dtype=np.uint8) * 5
b=np.ones((4,4),dtype=np.uint8) * 2
mask=np.zeros((4,4),dtype=np.uint8)
mask[2:4,2:4]=1
result=cv2.add(a,b,mask=mask)
print(result)
```

9-6 使用函数 cv2.threshhold() 对 lena.jpg 图像进行二值化阈值处理，效果如图 9-37 所示。

图 9-37 练习题 9-6 图

9-7 自定义以下卷积核，利用 cv2.filter2D() 对 lena.jpg 图像进行滤波处理，效果如图 9-38 所示。

$$\frac{1}{25} \times \begin{bmatrix} 1 & 1 & 1 & 1 & 1 \\ 1 & 1 & 1 & 1 & 1 \\ 1 & 1 & 1 & 1 & 1 \\ 1 & 1 & 1 & 1 & 1 \\ 1 & 1 & 1 & 1 & 1 \end{bmatrix}$$

图 9-38 滤波前后对比

9-8 绘制 pet1.jpg 文件的灰度直方图,并用 cv2.threshold() 函数将其转变为二值图,阈值类型取 cv2.THRESH_TOZERO_INV。运行结果如图 9-39 所示。

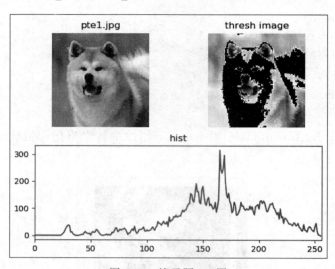

图 9-39 练习题 9-8 图

第10章

Python Web 框架

Web 框架或者 Web 应用框架是一套用于 Web 程序开发的软件架构,其提供了一套开发和发布网站的方式。借助 Web 框架,很多业务逻辑外的因素如数据缓存、数据库访问、数据安全校验等开发者无须考虑,而是直接使用框架提供的功能即可,从而节省工作量。

Web 框架分前端框架和后端框架。Web 前端负责页面结构、页面外观和页面交互等,框架有 Angular、React、jQuery、Vue 等;后端主要是与数据库交互及处理相应的业务逻辑,框架有基于 Java 的 spring mvc、基于 PHP 的 Laravel、基于 C♯ 或 VB.NET 的 ASP.NET、基于 Python 的 Flask、Django 等。

Flask 是一个轻量级的框架,其配置比较简单,一般适合于小型项目的开发;Django 是 Python 最流行的 Web 框架,其配置比较复杂。本章只简要介绍 Flask 框架下 Python 的 Web 开发。

Flask 处理请求的流程是:首先根据 URL 决定由哪个函数处理,然后在函数中完成操作,获得所需的数据,再将数据传给相应的模板文件。Flask 的 WSGI(Web Server Gateway Interface,Web 服务器网关接口)工具箱采用的是 Werkzeug,模板引擎采用的是 Jinja2。Flask 处理请求的 URL 使用 Werkzeug 作路由分发,决定由哪个函数处理服务请求,处理后的结果使用 Jinja2 渲染。Flask 使用前需要安装,语句为:pip install Flask。

编程中难免在网页间互相跳转,为了论述方便,本章示例均在 Web 文件夹下,其下面文件夹与文件间的关系如下:

```
web
    |--app.py
    |--10-1.py
    |--10-2.py
    ...
    |--10-12.py
    static
        |--index.html
        |--myFormGet.html
        |--myFormPost.html
    json
        |--employees.json
    templates
        |--score.html
        |--welcome.html
        |--employee.html
        |--get.html
```

```
        |--post.html
        |--upload.html
    folderA
        |--index.html
```

10.1 Flask 入门

作为测试安装的环境,编写第 1 个 Flask 程序。新建 10-1.py 程序:

```
#10-1.py
from flask import Flask# 导入 Flask 类
#实例化,可视为固定格式
app=Flask(__name__)
#用 route()方法设定路由
@app.route("/myweb")
def test1():
    return "我的第一个 Web 程序"
if __name__=='__main__':
    app.run()
```

在 Windows 命令行窗口,通过 cd 命令转到 10-1.py 所在的文件夹,然后命令行中输入:

```
python 10-1.py
```

按回车键后,出现图 10-1 所示界面。

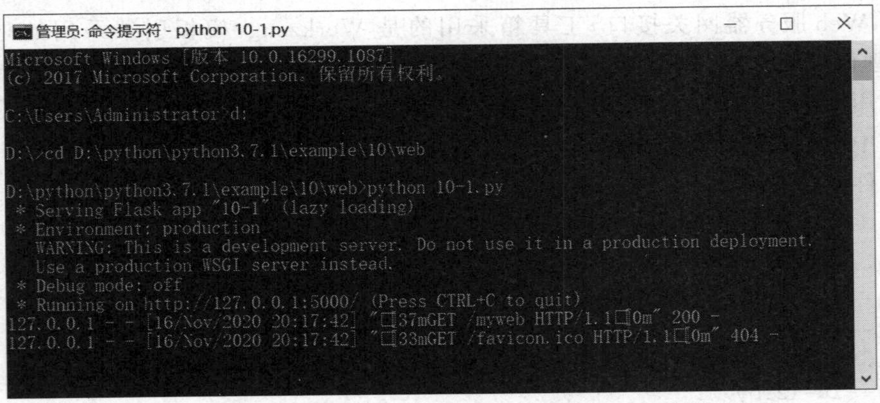

图 10-1 启动 10-1.py 的 Serving Flask app

打开浏览器,在地址中输入 127.0.0.1:5000/myweb 或者 http://localhost:5000/myweb,出现运行结果,如图 10-2 所示。

app.run(host,port,debug,options)中默认值: host=127.0.0.1,port=5000,debug=False,故地址栏中输入 127.0.0.1:5000/myweb,myweb 是 @app.route("/myweb")中指定的路由,路由的处理程序是 test1()函数。将 10-1.py 中指定路由的程

图 10-2 访问网站

序更改为：

```
@app.route("/")#新增加一个路由
@app.route("/myweb")
```

保存 10-1.py 后，在图 10-1 中按 Ctrl＋C 组合键，退出服务后，重新执行 Python 10-1.py 重启服务，在浏览器的地址栏中输入 127.0.0.1:5000 或者 127.0.0.1:5000/myweb，都能够显示图 10-2。

修改 10-1.py 程序后，每次都要重启服务，在 app.run() 中将 debug 属性设置为 True，代码更改后，服务器将自动重新加载。

```
app.run(debug=True)
```

如果要将图 10-2 中显示的文字改为红色，可以将 10-1.py 修改为：

```
def test1():
    return "<span style='color:red'>我的第一个 Web 程序</span>"
```

代码中通过直插式 CSS（Cascading Style Sheets，层叠样式表）更改网页外观。可以看出通过 Python 函数返回 HTML 非常麻烦，在此过程中有可能还要经常转义，可通过 Jinja2 的模板引擎，利用 render_template() 函数呈现 HTML 文件。

10.2 路　　由

上面代码中使用 @app.route() 把一个函数绑定到对应的 URL 上，Flask 除了可以在一个函数上附着多个规则，像前面：

```
@app.route("/")#新增加一个路由
@app.route("/myweb")
```

都附着在 test1() 函数上那样，还可以构造含有动态部分的 URL。路径的语法是：

"path/<convertor:varname>"

convertor 是转换器，其取值见表 10-1。

表 10-1　convertor 转换器的用法

转换器	作　用	示　例
string	默认选项，接受除了斜杠（/）之外的字符串	'/myweb/<string:user>' 可简写为 '/myweb/<user>'
int	接收整数	'/myweb/<int:postID>'
float	接受浮点数	'/myweb/<float:verID>'
path	与 string 相似，但可接受用作目录分隔符的斜杠	'/myweb/<path:url>'

下面是几个路由的示例。

```
#10-2.py
from flask import Flask
app=Flask(__name__)
@app.route("/myweb/<string:user>")
def test1(user):
    return "用户名是:%s"%user
@app.route("/myweb/<path:user>")
def test2(user):
    return "有/的用户名是:%s"%user
@app.route("/yourweb/<int:postID>")
def test3(postID):
    return "这是第%d个帖子"%postID
if __name__=='__main__':
    app.run(debug=True)
```

按照图 10-1 中运行 10-2.py 启动服务,然后在浏览器中输入 URL 后,运行结果如图 10-3 至图 10-5 所示。

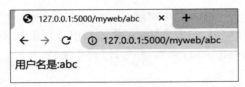

图 10-3　路由@app.route("/myweb/<string:user>")的运行结果

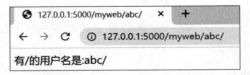

图 10-4　路由@app.route("/myweb/<path:user>")的运行结果

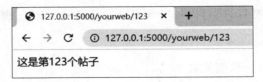

图 10-5　路由@app.route("/yourweb/<int:postID>")的运行结果

对比图 10-3 和图 10-4,可以看到指定路由时转换器 string 和 path 的区别:前者不带/而后者带/。

10.3　静态文件

Web 应用中常常涉及静态文件,这些静态文件主要包括 CSS 样式文件(文件扩展名 css)、JavaScript 脚本文件(文件扩展名 js)、图片、html 文件、txt 文件、JSON 等。默认情况下在项目根文件夹下创建名为 static 的文件夹,在 Web 应用中使用"/static"开头的路径就可以访问静态文件。展示静态文件有以下 4 种方式,即直接输入 URL 访问、通过路由访问、重新定向访问、模板渲染。

1. 直接输入 URL 访问

```
#10-3.py
import webbrowser
from flask import Flask
app=Flask(__name__)
if __name__=="__main__":
    webbrowser.open("http://127.0.0.1:5000/static/index.html")    #自动打开浏览器
    app.run(debug=True)
```

服务启动后浏览器 URL 中自动输入 127.0.0.1:5000/static/index.html，显示 index.html 网页中的内容。不使用 webbrowser，手工打开浏览器，URL 中输入 127.0.0.1:5000/static/index.html 也能看到 index.html 内容。

2. 通过路由访问

在 static 文件夹下的 employees.json 文件，内容如下，利用路由访问该文件：

```
{"employees":[
    {"employeeID": "9001", "employeeName": "张三", "department": "人力部"},
    { "employeeID": "8001", "employeeName": "李四", "department": "财务部" },
    { "employeeID": "9002", "employeeName": "王五", "department": "账务部" },
    { "employeeID": "7001", "employeeName": "赵六", "department": "技术开发部" }
]}
```

```
#10-4.py
import webbrowser
from flask import Flask
app=Flask(__name__)
@app.route("/show")
def show_json():
    return app.send_static_file("employees.json")
if __name__=="__main__":
    webbrowser.open("http://127.0.0.1:5000/show")
    app.run(debug=True)
```

服务启动后在浏览器中会自动输入 127.0.0.1:5000/show，并显示 employees.json 的内容。

3. 重新定向访问

定义一个路由，路由指定的函数中使用 redirect()方法将路由重定向到静态文件的 URL。

```
#10-5.py
import webbrowser
from flask import Flask,redirect
app=Flask(__name__)
@app.route("/show")
def show_json():
    return redirect("/static/employees.json")
if __name__=="__main__":
```

```
        webbrowser.open("http://127.0.0.1:5000")
        app.run(debug=True)
```

服务启动后在浏览器 URL 中会自动输入 127.0.0.1:5000/show,显示出 employees.json 的内容。

4. 模板渲染

在项目根文件夹下创建名为 templates 的文件夹,文件夹下有一个 get.html 文件。

```
from flask import Flask, render_template
app=Flask(__name__)
@app.route("/")
def index():
    return render_template("get.html")
if __name__=='__main__':
    app.run(debug=True)
```

服务启动后在浏览器 URL 中输入 127.0.0.1:5000,显示出 get.html 的内容。

5. 静态文件路径的设置

默认下静态文件是在项目文件夹下的 static 文件夹中,如上面的 employees.json、index.html 文件,如果要更改默认设置,可以添加以下代码:

```
app=Flask(__name__, static_url_path='folderA', static_folder='folderB')
```

参数说明如下。

static_folder:表示静态文件所在路径,默认为 root_dir 下的 static 文件夹。

static_url_path:表示含义与 static_folder 的设置有关:如果 static_folder 未被指定(也就是默认值 static),那么 static_url_path 取为 static;如果 static_folder 被指定了,那么 static_url_path 等于 static_folder 的最后一级文件夹名称;手动指定 static_url_path 时,如果 static_url_path 不为空串,url 的路径必须以/开头,如/static。app.py 中的代码如下:

```
from flask import Flask, render_template
app=Flask(__name__)
@app.route('/')
def hello_world():
    return app.send_static_file("index.html")
if __name__=="__main__":
    app.run(debug=True)
```

上面的代码由于没有指定 static_folder 和 static_url_path,静态文件夹取 static,故启动 app.py 服务后,浏览器中输入 http://127.0.0.1:5000/,显示的是 static 文件夹下的 index.html。

将上述代码中 app=Flask(__name__)更改为:

```
app=Flask(__name__, static_folder='folderA')
```

app.py 中 app.send_static_file("index.html")指的 index.html 是 folderA 文件夹下的 index.html。

10.4 Flask 的模板

在 10.3 节中，应用模板只是简单地显示静态文件，模板还可以动态地显示数据。welcome.html 在 templates 文件夹，内容如下：

```
<!doctype html>
<html>
  <body>
     <span>{{ name }}的第一个web程序</span>
  </body>
</html>
```

新建 10-6.py：

```
#10-6.py
from flask import Flask, render_template
app=Flask(__name__)
@app.route("/myweb/<username>")
def test1(username):
    return render_template("welcome.html",name=username)
if __name__=='__main__':
    app.run(debug=True)
```

服务启动后在浏览器 URL 中输入 127.0.0.1:5000/myweb/张三，welcome.html 中 {{ name }} 会被"张三"替换，显示结果如图 10-6 所示。

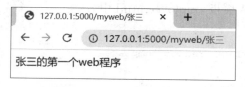

图 10-6　Flask 模板示例 1

这里 welcome.html 充当模板角色。Jinja2 模板引擎可使用以下分隔符从 HTML 转义。

{% ... %}：用于语句。
{{ ... }}：用于表达式可以打印到模板输出。
{# ... #}：用于未包含在模板输出中的注释。
... ##：用于行语句。
下面看一下{%%}的用法。在 templates 文件夹下有一个 score.html：

```
<!doctype html>
<html>
  <body>
    {%if score>=60 %}
        <h1>考试通过</h1>
    {%else %}
```

```html
        <h1>考试没有通过</h1>
    {%endif %}
  </body>
</html>
```

```python
#10-7.py
from flask import Flask, render_template
app=Flask(__name__)
@app.route('/score/<int:score>')
def score_name(score):
    return render_template('score.html', score=score)
if __name__=='__main__':
    app.run(debug=True)
```

10-7.py 的服务启动后，浏览器中输入 http://127.0.0.1:5000/score/90 和 http://127.0.0.1:5000/score/50 后，运行结果见图 10-7 和图 10-8。

图 10-7　Flask 模板示例 2 运行结果 A　　　图 10-8　Flask 模板示例 2 运行结果 B

除了可以使用 Python 的分支语句外，循环语句也可以应用到模板文件中。10-8.py 程序段将字典 dict 的值传入模板 employee.html 中。

```python
#10-8.py
from flask import Flask, render_template
app=Flask(__name__)
@app.route('/employee')
def list_employee():
    dict={"employeeID": "9001", "employeeName": "张三", "department": "人力部"}
    return render_template('employee.html', dict=dict)
if __name__=='__main__':
    app.run(debug=True)
```

templates 的文件夹 employee.html 内容：

```html
<!doctype html>
<html>
  <body>
    <table border=1>
      {%for key,value in dict.items() %}
        <tr><th>{{ key }}</th>
            <td>{{ value }}</td>
        </tr>
      {%endfor %}
    </table>
  </body>
```

服务启动后,浏览器中输入 http://127.0.0.1:5000/employee,运行结果如图 10-9 所示。

图 10-9　传递字典到模板的运行结果

默认情况下模板文件在项目文件下的 templates 文件夹,故使用 render_template()渲染时指定的文件都在 templates 文件夹下,如果要更改模板文件夹,如 10-8.py 程序中要指定的模板文件 employee.html 在 folderA 文件夹,可以将 app＝Flask(__name__)修改为：

```
app=Flask(__name__, template_folder='folderA')
```

10.5　Flask 提交表单

来自客户端网页的数据提交到服务器端,为了处理这些数据,需要导入 request 对象：

```
from flask import request
```

request 对象具有的属性如下。
Form：是由表单对象和表单对象值构成的字典对象。
args：解析查询字符串的内容,它是问号(?)之后的 URL 的一部分。
Cookies：保存 Cookie 名称和值的字典对象。
files：与上传文件有关的数据。
method：当前请求的方法。
客户端提交表单数据有 post()和 get()两种方法,不同的提交方法,服务器端处理方式也有所不同。

10.5.1　post()方法提交表单

(1) 新建表单文件 myFormPost.html。

```
<html>
  <body>
    <table border=1>
      <form method='post' action="/myFormPost">
        <tr><td>学号</td><td><input type="text" name=sno></td></tr>
        <tr><td>姓名</td><td><input type="text" name=sname></td></tr>
        <tr><td>性别</td><td>男<input type="radio" name=gender value="男">
                     女<input type="radio" name=gender value="女"></td></tr>
        <tr><td colspan="2"><input type="submit" value="提交" /></td></tr>
      </form>
    </table>
```

```
            </body>
        </html>
```

<form> 中，method 的取值为"post"；action 指定处理表单的程序，这里取值/myFormPost 与后台程序相对应。

（2）服务器端处理程序。

```
#10-9.py
from flask import Flask,request
app=Flask(__name__)
@app.route('/myFormPost',methods=['POST'])
def myForm():
    result=request.form
    #sno=request.form.get("sno")
    #sname=request.form.get("sname")
    #gender=request.form.get("gender")
    return result
if __name__=='__main__':
    app.config['JSON_AS_ASCII']=False           #提交中文
    app.run(debug=True)
```

程序中处理表单的路由要与新建表单中的 action 取值相对应，method=['POST']与新建表单中 method 的取值相对应，当然也可以是 method=['POST', 'GET']，服务器端程序中根据提交方法的不同，做出判断后，采取不同的处理方法；客户端用 post()方法提交表单，服务器端获得前台数据就要用 result=request.form，result 是一个字典，字典的键是前台表单控件的 name 属性的值，字典的值是客户端控件中输入的值。如果表单的输入如图 10-10 所示，则提交后的结果如图 10-11 所示。

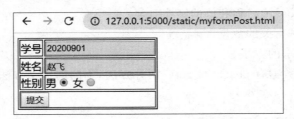

图 10-10　表单中输入数据

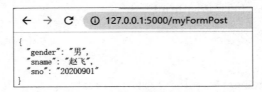

图 10-11　表单用 post()方法提交后 request.form 的输出结果

服务器端获取表单中用 post()方法提交的数据，除直接使用 result=request.form 外，还可以用 request.form.get()，获取表单控件 sno、sname、gender 的值：

```
sno=request.form.get("sno")            #或者 sno=request.form["sno"]，下同
```

```
sname=request.form.get("sname")
gender=request.form.get("gender")
```

分别获取表单控件 sno、sname、gender 的值时有一点要注意,由于客户端的 myForm.html 文件中,表单 name=gender 的控件,value 属性的值是中文,服务器端要正确获得中文,需要设置 app.config['JSON_AS_ASCII']=False。

服务器端在获得数据后,一般还需要处理这些数据,如数据验证、数据存储等。

10.5.2　get()方法提交表单

(1) 新建表单文件 myFormGet.html。

```
<html>
  <body>
    <table border=1>
      <form method='get' action="/myFormGet">
        <tr><td>学号</td><td><input type="text" name=sno></td></tr>
        <tr><td>姓名</td><td><input type="text" name=sname></td></tr>
        <tr><td>性别</td><td>男<input type="radio" name=gender value="男">
                  女<input type="radio" name=gender value="女"></td></tr>
        <tr><td colspan="2"><input type="submit" value="提交" /></td></tr>
      </form>
    </table>
  </body>
</html>
```

<form>中,method 的取值为 get;action 指定处理表单的程序,这里取值/myFormGet,与后台程序相对应。

(2) 服务器端处理程序。

```
#10-10.py
from flask import Flask,request
app=Flask(__name__)
@app.route('/myFormGet',methods=['GET'])
def myForm():
    result=request.args
    #sno=request.args.get("sno")
    #sname=request.args.get("sname")
    #gender=request.args.get("gender")
    return result

if __name__=='__main__':
    app.config['JSON_AS_ASCII']=False#提交中文
    app.run(debug=True)
```

程序中处理表单的路由要与新建表单中的 action 取值相对应,method=['GET']与新建表单中 method 的取值相对应,当然也可以是 method=['POST', 'GET'],后台程序中根据提交方法的不同,做出判断后,采取不同的处理方法。

客户端用 post()方法提交表单,服务器端获得前台数据就要用 result=request.args,

result 是一个字典,字典的键是前台表单控件的 name 属性的值,字典的值是前台控件中输入的值。如果表单的输入如图 10-12 所示,单击"提交"按钮后显示图 10-13。

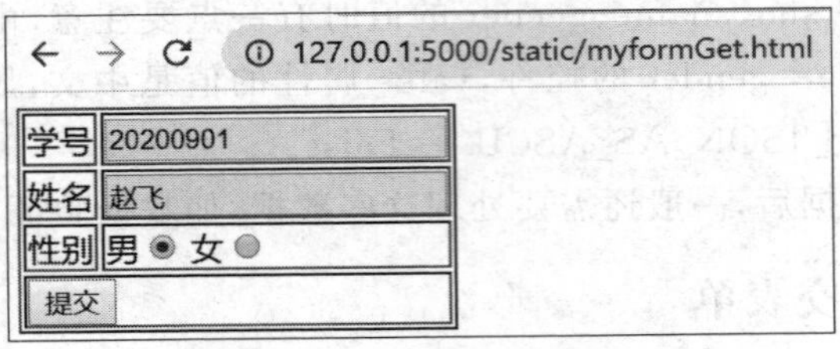

图 10-12 表单中输入数据

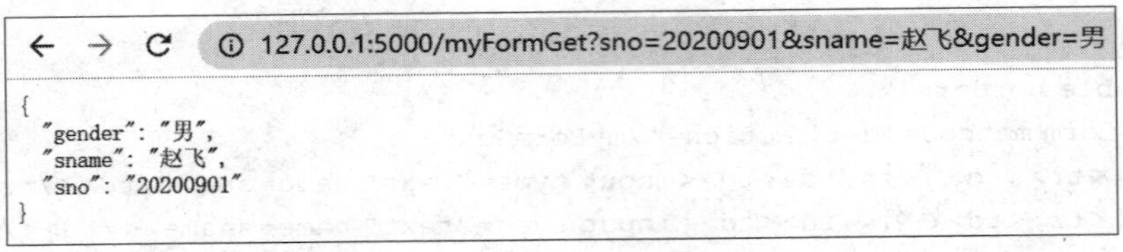

图 10-13 get()方法提交数据

比较图 10-13 和图 10-11,注意 get()方法与 post()方法提交时表单时,浏览器地址栏的不同。

服务器端获取表单中用 post()方法提交的数据,除直接使用 result=request.args 外,还可用 request.args.get()方法获取表单控件 sno、sname、gender 的值:

```
sno=request.args.get("sno")         #或者 sno=request.args["sno"],下面相同
sname=request.args.get("sname")
gender=request.args.get("gender")
```

10.6 Flask Cookies

为了保存和跟踪客户端使用的相关数据,在客户端允许使用 Cookies 的条件下,可以使用 Cookies 以文本文件的形式将这些数据存储在客户端的计算机上。

Request 对象包含 Cookies 属性。它是所有 cookies 变量及其对应值的字典对象,客户端已传输。此外,cookies 还存储其网站的到期时间、路径和域名。使用 cookie 的步骤如下。

(1) 设置 cookie。

```
resp=make_response("success") #设置响应体
resp.set_cookie("flask", "flaskTest", max_age=300)
```

在导入 from flask import make_response 后,先设置响应体 resp,然后使用 resp.set_cookie("flask", "flaskTest", max_age=300)设置 cookie 中保存的变量名为"flask",变量的值为"flaskTest",设置 cookie 的有效期是 300 秒,超过 300 秒,浏览器关闭就失效。

(2) 获取 cookie。

获取 cookie,通过 request.cookies 的方式,返回的是字典,可以获取字典里相应的值,如

取得上面设置的 cookie 后，cookieA 的值是"flaskTest"：

```
cookieA=request.cookies.get("flask")
```

(3) 删除 cookie。

这里删除 cookie 只是让 cookie 过期。

```
resp=make_response("del success")          #设置响应体
resp.delete_cookie("flask")
```

下面是一个 cookies 应用的简单示例。

```
#10-11.py
from flask import Flask, make_response, request
app=Flask(__name__)
@app.route("/set_cookies")
def set_cookie():
    resp=make_response("flask")
    resp.set_cookie("flask", "flaskvalue",max_age=600)
    return resp
@app.route("/get_cookies")
def get_cookie():
    cookieA=request.cookies.get("flask")    #获取名字为 flask 对应 cookie 的值
    return cookieA
@app.route("/delete_cookies")
def delete_cookie():
    resp=make_response("delFlask")
    resp.delete_cookie("flask")
    return resp

if __name__=='__main__':
    app.run(debug=True)
```

启动应用服务程序后，图 10-14 所示为设置 cookie 后的结果，图 10-15 是获取 cookie 的值，图 10-16 是删除 cookie。

图 10-14　设置 cookie 运行结果　　　　　图 10-15　获取 cookie 存储的值

图 10-16　删除 cookie

10.7 Flask Session

与cookie不同的是，session(会话)的数据是存储在服务器上的临时目录中。会话指的是从客户端登录到服务器，然后注销服务器的这段时间。服务器为每个用户创建一个会话来存储用户的相关信息，以便多次请求时能够定位到同一个上下文。存储在会话中的变量可在应用程序的不同页面之间进行传递，不会因为页面跳转而丢失。只有当用户关闭浏览器或会话过期时，服务器才会中止该会话，10-12.py示意了会话的应用。

```python
#10-12.py
from flask import Flask,render_template,request
from flask import make_response,session,redirect,url_for
app=Flask(__name__)
#设置会话,Flask应用程序需要定义一个SECRET_KEY
app.secret_key='akjzdglvbxswert'
@app.route('/')
def index():
    if 'username' in session:
        username=session['username']
        return '登录用户名是:'+username+'<br>'+\
            "<b><a href='/logout'>单击这里注销</a></b>"
    return "您暂未登录, <br><a href='/login'></b>"+\
        "单击这里登录</b></a>"
@app.route('/login', methods=['GET', 'POST'])
def login():
    if request.method=='POST':
        session['username']=request.form['username']
        return redirect(url_for('index'))
    return '''
    <form action="" method="post">
        <p><input type="text" name="username"/></p>
        <p><input type="submit" value="登录"/></p>
    </form>
    '''
@app.route('/logout')
def logout():
    #从会话中删除username
    session.pop('username', None)
    #重新定向到index
    return redirect(url_for('index'))
if __name__=='__main__':
    app.run(debug=True)
```

代码中session['username']=值，将表单注册的用户名储存在会话变量username中。用'username' in session判断会话中是否存在'username'，如果不存在就指定一个"注册"的链接，如果存在就指定一个"注销"的链接。示例中使用Flask.redirect()重新定向。url_for(函数名)为指定的函数构造URL。

10.8 Flask 重定向

Flask 类有一个 redirect() 函数。调用时返回一个响应对象,并将用户重定向到具有指定状态代码的另一个目标位置。redirect() 函数的原型如下:

```
Flask.redirect(location, statuscode, response)
```

其中,location 为重新定向的 URL;statuscode 为发送到浏览器的头部,默认为 302;response 为用于实例化响应。

```python
#10-13.py
from flask import Flask, redirect, url_for, render_template, request, session
app=Flask(__name__)
app.secret_key='akjzdglvbxswert'
@app.route('/')
def index():
    return '''用户名:
    <form action="/login" method="post">
        <p><input type="text" name="username"/></p>
        <p><input type="submit" value="登录"/></p>
    </form>
    '''
@app.route('/login',methods=['POST','GET'])
def login():
    if request.method=='POST' and request.form['username']=='admin':
        session["username"]="ok"
        return redirect(url_for('ok'))
    else:
        session["username"]=""
        return redirect(url_for('index'))

@app.route('/okok')
def ok():
    if session["username"]=="ok":
        return '只有 admin 才能看到此页面'
    else:
        return redirect(url_for('index'))
if __name__=='__main__':
    app.run(debug=True)
```

启动 10-13.py 应用后,在浏览器 URL 中输入 http://127.0.0.1:5000/后,只有在用户名中输入 admin 时才能在页面上出现"只有 admin 才能看到此页面"的文字。

在使用重新定向函数时,用 url_for() 函数构造定向的 URL。

10.9 Flask 文件上传

Flask 文件上传非常简单,步骤如下。

(1) 在 templates 文件夹下定义 upload.html。

```html
<html>
  <body>
     <form action=" uploader" method="POST" enctype="multipart/form-data">
        <input type="file" name="file" />
        <input type="submit"/>
     </form>
  </body>
</html>
```

上传文件时表单 form 的属性 enctype 必须为"multipart/form-data"。如果要限制上传文件的类型,如只上传图片文件,可以写为:

```html
<form action=" uploader" method="POST" enctype="multipart/form-data"
accept=".jpg, .jpeg, .png, .gif">
```

(2) 编写一个服务程序。

```python
#10-14.py
from flask import Flask, render_template, request
from werkzeug import secure_filename
app=Flask(__name__)

@app.route('/upload')
def upload_file():
    return render_template('upload.html')
@app.route('/uploader', methods=['GET', 'POST'])
def uploader():
    if request.method=='POST':
        f=request.files['file']
        f.save(secure_filename(f.filename))
        return 'file uploaded successfully'
if __name__=='__main__':
    app.run(debug=True)
```

文件上传后,上传和文件默认情况下放在应用程序根文件夹下。如果要限制上传文件的大小,可以写为:

```python
app.config['MAX_CONTENT_LENGTH']=1*1024*1024
```

如果要调整上传文件存放的位置,可以写为:

```python
app.config['UPLOAD_FOLDER']
```

10.10 应用 Echarts 绘制烧结厂成本构成图

ECharts(https://echarts.apache.org/zh/index.html)是用纯 JavaScript 编写的一套开源的数据图表,由百度 EFE(Excellent FrontEnd)数据可视化团队开发,其可以流畅地运行在 PC 端和移动设备上。其底层依赖浏览器轻量级的 Canvas 类库 ZRender,提供直观生动、交互性强、可高度定制的数据可视化图表。

jQuery 是一个基于 JavaScript 编写的开源库,其很好地解决了 DOM API(Document Object Model Application Interface)兼容性问题,其操作 DOM 比 JavaScript 更加简单和容易;其通过类似于 CSS(Cascading Style Sheets)选择器的方式选择页面上的元素;通过隐性迭代的方式,批量处理数组中的元素。使用 jQuery 可以非常方便地实现 Ajax (Asynchronous JavaScript and XML),开发出的程序对浏览器有非常好的兼容性。

下面的代码需要将 jQuery 的库文件 jquery.min.js 和 Echarts 的库文件放到 static 文件夹下。

10.10.1 Echarts 基本用法

Echarts 的官方文档(https://echarts.apache.org/zh/index.html)中有详细的使用文档和示例。在该文件夹下新建一个 echarts_demo1.html,其代码如下:

```html
<!DOCTYPE html>
<head><title></title></head>
  <body>
    <!--引入 echarts 库文件 -->
    <script type="text/javascript" src="echarts.min.js"></script>
    <!--为 ECharts 准备一个具备大小(宽高)的 Dom -->
    <div style="height: 500px;width: 800px;" id="main"></div>
    <script type="text/javascript">
        //基于准备好的 DOM,初始化 echarts 实例
        var myChart=echarts.init(document.getElementById('main'));
        //指定图表的配置项和数据
        var option={
            title: {
                text: 'ECharts 入门示例'
            },
            tooltip: {},
            legend: {
                data:['销量']
            },
            xAxis: {
                data: ["衬衫","羊毛衫","雪纺衫","裤子","高跟鞋","袜子"]
            },
            yAxis: {},
            series: [{
                name: '销量',
                type: 'bar',
```

```
            data:[5, 20, 36, 10, 10, 20]
        }
    };
        //使用刚指定的配置项和数据显示图表
    myChart.setOption(option);
  </script>
  </body>
</html>
```

新建名为 echarts.py 的文件：

```
from flask import Flask,redirect
app=Flask(__name__)
@app.route("/")
def echart():
    return redirect("/static/echarts_demo1.html")
if __name__=='__main__':
    app.run(debug=True)
```

启动 echarts.py 的服务后，浏览器 URL 中输入 http://127.0.0.1:5000/，显示如图 10-17 所示。

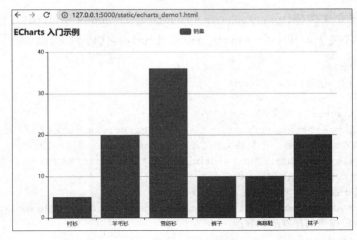

图 10-17　用 Echarts 画图示例

10.10.2　jQuery 基本用法

下面以 jQuery 异步提交静态数据为例，说明 jQuery 在 Flask 架构下的应用。jQuery 提供了 $.get()、$.post()、$.getJSON()、$.ajax() 等方法异步提交数据，这些方法在使用上有相似之处。下面以 $.get() 为例加以说明。

在 static 文件夹下新建 jQuery_demo1.html，输入以下内容：

```
<!DOCTYPE html><head><title></title></head><body>
    <!--引入 jquery.min.js 库文件 -->
<script type="text/javascript" src="jquery.min.js"></script>
<script>
```

```
    $.get("/getdata",{"a":1,"b":2},function(returnData){
    alert(returnData)
    var data=JSON.parse(returnData)
    alert(data["衬衫"])
    })
</script></body></html>
```

$.get("/getdata",{"a":1,"b":2},function(returnData){})中有 3 个参数,第 1 个参数"/getdata"是请求服务器处理的程序,第 2 个参数可选,是浏览器端传递给服务器的参数,这里以 JSON 格式传递变量 a、b;第 3 个参数 function(returnData)是回调函数,就是服务器处理完请求后,给浏览器的回执,返回的结果放在参数 returnData 中。returnData 一般是一个 JSON 格式的字符串,程序中通过 alert(returnData)消息框的输入可以看到这一结果。

JSON.parse(returnData)是 JavaScript 中用于将 JSON 格式的字符串解析成 JSON 对象,解析 data["衬衫"]表示"衬衫"的值。需要特别注意的是,JSON.parse()解析的 JSON 字符串,属性必须使用双引号,不能使用单引号,如下列字符串 jsonStr 可以解析为:

```
jsonStr='{"name":"张三","age":30}'
json=JSON.parse(jsonStr)
```

但如果用属性用单引号,则 jsonStr 不能被解析:

```
jsonStr="{'name':'张三','age':30}"
json=JSON.parse(jsonStr)
```

新建文件 jQuery.py 的代码如下:

```
from flask import Flask,request
import json
app=Flask(__name__)
@app.route("/getdata")
def getdata():
    data={'衬衫':50,'羊毛衫':120,'雪纺衫':130,'裤子':80}
    a=request.args.get('a')
    b=request.args.get('b')
    print(a,b)
    jsonStr=json.dumps(data,ensure_ascii=False)
    return jsonStr
if __name__=='__main__':
    app.run(debug=True)
```

代码中,@app.route("/getdata")路由的设置要与 Query_demo1.html 中 $.get()的第 1 个参数一致,$.get()传递过来的参数,服务器端使用 request.args.get()或 request.args[]接收;json.dumps()将字典转换为 json 格式的字符串,在转换过程中,如果有中文,需要设置 ensure_ascii=False;否则转换后的字符串出现乱码;浏览器和服务器数据交换的过程如图 10-18 所示。

浏览器端用 S.get()向服务器发出请求,请求时将请求的参数(如数据查询、输入的数据等)以 JSON 字符串的形式传递到服务器,服务器响应后,从传递过来的字符串中获得传递过来的变量值,加工后生成 JSON 格式的字符串,通过网络将此字符串回传给浏览器,浏览器解析此字符串,生成 JSON 对象,然后在浏览器上显示。

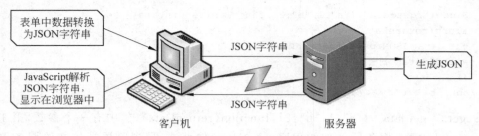

图 10-18　浏览器和服务器数据交换过程

10.10.3　成本数据库

要研究的钢铁厂有烧结、球团、炼铁、炼钢等生产工艺，在调研基础上建立了各生产工艺的成本数据库。下面介绍 Flask Web 架构下，应用 jQuery 异步方式从数据库获取数据，应用 Echarts 绘制烧结矿一车间生产成本构成图的过程。图 10-19 绘制了烧结矿一车间原材料、辅助材料、燃料和动力、单位制造费用的单位成本及占比的饼状图，单位成本＝单耗×单价＋单位制造费用。

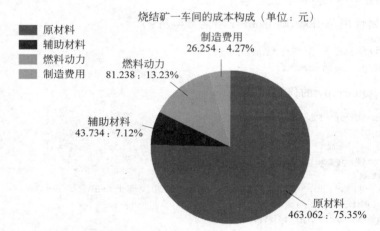

图 10-19　烧结矿一车间的成本构成

烧结矿的成本数据存储在 MySQL 数据库 RDOSS 的 sinter 和 burden 两个表中，sinter 表中存储的是原材料、辅助材料、燃料和动力的单价、单耗，表结构见表 10-2。burden 存放各生产工艺的单位制造费用，表结构见表 10-3。

表 10-2　sinter 表结构

字　段　名	数据类型	含　　义
versionNo	int	版本号，表示不同时间的材料消耗
centerID	varchar	成本中心编号，烧结矿的是 TR.04.07.01
itemID	varchar	成本项目编号，采用 4 位编码 ABCD，A＝1 是原材料，A＝2 是辅助材料，A＝3 是能源动力
price	decimal	单价
unit Consumption	decimal	单耗

表 10-3 burden 表结构

字 段 名	数据类型	含 义
versionNo	int	版本号,表示不同时间的材料消耗
centerID	varchar	成本中心编号,烧结矿的是 TR.04.07.01
itemID	varchar	成本项目编号,采用 4 位编码 ABCD,A=1 是原材料,A=2 是辅助材料,A=3 是能源动力
unitCost	decimal	单位制造费用

用 Echarts 绘制烧结厂成本构成的饼图时,绘图程序的核心是根据表 10-2 和表 10-3 的数据结构,在服务器端组织数据,为浏览器端提供下列格式的数据:

[{"name":"原材料","data":463.062},{"name":"辅助材料","data":40.511},
{"name":"燃料动力","data":81.283},{"name":"制造费用","data":26.301}]

下面的示例中只用 versionNo=0 的成本数据绘图。

(1) 新建 sinter.py。

```
from flask import Flask,request
import json
import pymysql
app=Flask(__name__)
@app.route("/getdata")
def getdata():
    db=pymysql.connect("127.0.0.1","root","abc123","rdoss")
    cursor=db.cursor()
    #直接材料
    sqlA="SELECT sum(price * unitConsumption) as totalCost FROM sinter"
    sqlA+=" where centerID='TR.04.07.01' and versionNo=0 andSUBSTR(itemID,1,1)='1'"
    resultA=query_db(sqlA)
    #辅助材料
    sqlA="SELECT sum(price * unitConsumption) as totalCost FROM sinter "
    sqlA+=" where centerID='TR.04.07.01' and versionNo=0 andSUBSTR(itemID,1,1)='2'"
    resultB=query_db(sqlA)
    #燃料动力
    sqlA="SELECT sum(price * unitConsumption) as totalCost FROM sinter "
    sqlA+=" where centerID='TR.04.07.01' and versionNo=0 andSUBSTR(itemID,1,1)='3'"
    resultC=query_db(sqlA)
    #制造费用
    sqlA="SELECT sum(unitCost) as totalCost FROM burden "
    sqlA+=" where centerID='TR.04.07.01' and versionNo=0"
    resultD=query_db(sqlA)
    result='[{"name":"原材料","data":'+'{:.2f}'.format(resultA[0][0])+'}'
    result+=',{"name":"辅助材料","data":'+'{:.2f}'.format(resultB[0][0])+'}'
    result+=',{"name":"燃料动力","data":'+'{:.2f}'.format(resultC[0][0])+'}'
    result+=',{"name":"制造费用","data":'+'{:.2f}'.format(resultD[0][0])+'}]'
    return result
```

```python
def query_db(sql):
    db=pymysql.connect("127.0.0.1","root","abc123","rdoss")
    cursor=db.cursor()
    try:
        cursor.execute(sql)
        result=cursor.fetchall()
    except Exception as e:
        print("不能获取数据")
    db.close()
    return result
if __name__=='__main__':
    app.run(debug=True)
```

(2) 在 static 文件夹下建立 pies.html。

```html
<!DOCTYPE html>
<html>
    <head>
        <meta charset="utf-8">
        <title>成本构成饼图</title>
    </head>
    <body>
    <script type="text/javascript" src="jquery.min.js"></script>
    <script type="text/javascript" src="echarts.min.js"></script>
    <!--为ECharts准备一个具备大小(宽、高)的Dom -->
    <div style="height: 500px;width: 800px;" id="main"></div>
    <script type="text/javascript">
        var myChart=echarts.init(document.getElementById("main"));
        var option={
            grid:{left:100,right:200},//饼图位置
            series: [{ name:"",type: 'pie', data: [] }]
        };
        myChart.setOption(option);
        $.get('/getdata', function (returnData) {
            returnData=JSON.parse(returnData);
          var servicedata=[];
          for (var i=0; i<returnData.length; i++) {
                var obj=new Object();
                obj.name=returnData[i].name;
                obj.value=returnData[i].data;
                servicedata[i]=obj;
            }
            myChart.setOption({
          title: { text: '烧结矿一车间的单位成本构成(单位：元)', subtext: '饼图', x: '
                center' },
                legend: {
                    orient: 'vertical',
                    x: 'left',
                    data: returnData.name
```

```
            },
            series: [{
                label: { normal: { show: true, formatter: "{b}{c} : {d} %" } },
                data: servicedata
            }
            ]
        });
    });
    </script>
  </body>
</html>
```

启动 sinter.py 服务后，在浏览器的 URL 中输入 http://127.0.0.1:5000/static/pies.html，就可绘制出饼图。

10.11 网页中显示 matplotlib 绘制的图像

可以将 matplotlib 绘制的图像显示在网页上。下面的代码先用 matplotlib 绘图，将图在内存中以二进制形式保存，转码后在网页中显示。

```
#10-15.py
import base64
from io import BytesIO
import numpy as np
from flask import Flask,render_template
from matplotlib.figure import Figure
app=Flask(__name__)
@app.route("/")
def draw():
    #先画图
    fig=Figure()
    ax=fig.subplots()
    X=np.linspace(-np.pi, np.pi, 256, endpoint=True)
    Y=np.cos(X)
    ax.plot(X,Y)
    #figure 保存为二进制文件
    buffer=BytesIO()
    fig.savefig(buffer, format="png")
    #读取缓冲区中所有内容
    plot_data=buffer.getvalue()
    #将 matplotlib 图片转换为 HTML
    imb=base64.b64encode(plot_data)          #对 plot_data 进行编码
    ims=imb.decode()
    imd="data:image/png;base64,"+ims
    return render_template('10-15.html',  img=imd)
if __name__=='__main__':
    app.run()
```

接着在 templates 文件夹中建立 10-15.html：

```html
<!doctype html>
<html>
    <head>
        <meta charset="UTF-8">
        <title></title>
    </head>
    <body>
        <h2>显示图形</h2>
        <div align="center" style="width:1000px;height:500px;border:0px solid #F00">
        <p>
            <img src="{{ img }}">
        </p>
        </div>
    </body>
</html>
```

启动 10-15.py 服务后，在浏览器的 URL 中输入 http://127.0.0.1:5000，运行结果如图 10-20 所示。

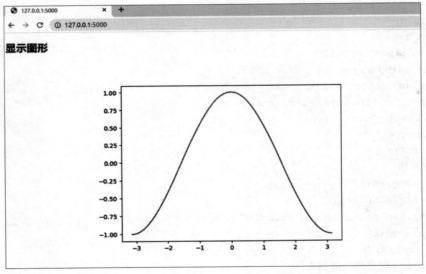

图 10-20　在网页中显示 matplotlib 绘制的图像

练　习　题

10-1　在项目根文件夹下的 folderA 文件夹下有 introduce.html 文件，编写文件 introduce.py，启动服务后，在浏览器 URL 中输入 127.0.0.1:800，浏览该文件。

10-2　编写程序 exercise2.py 和 exercise2.html，启动应用服务后，在浏览器的 URL 中输入 127.0.0.1:800/static/exercise2.html，显示图 10-21。在"用户名"中输入 admin，单击

"提交"按钮后页面上显示"你是管理员";否则页面上显示"你不是管理员"。

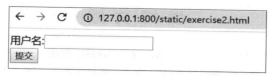

图 10-21 习题 10-2 的运行结果

10-3 编写 exercise3.py 和 exercise3.html,使得启动 exercise3.py 服务后,在浏览器 URL 中输入 http://127.0.0.1:800/static/exercise3.html,如图 10-22 所示。输入"用户名"为"张三","密码"为 123456,单击"提交"按钮后,显示图 10-23。

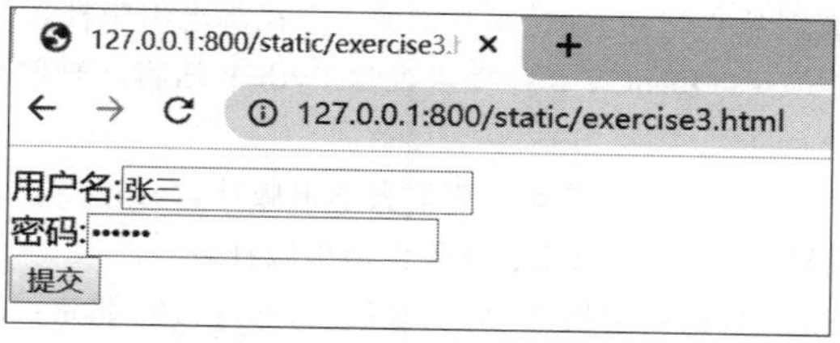

图 10-22 练习题 10-3 图一

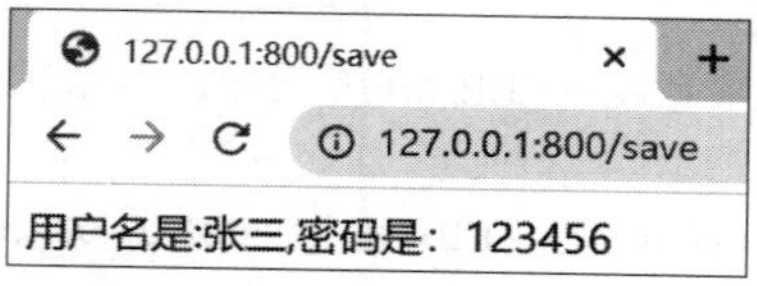

图 10-23 练习题 10-3 图二

参考文献

[1] 张若愚. Python科学计算[M]. 2版. 北京：清华大学出版社，2012.

[2] 罗攀，蒋仟. 从零开始学Python网络爬虫[M]. 北京：机械工业出版社，2018.

[3] 张云河，王硕. Python 3.X全栈开发从入门到精通[M]. 北京：北京大学出版社，2019.

[4] 崔庆才. Python 3网络爬虫开发实践[M]. 北京：人民邮电出版社，2018.

[5] 王磊，王晓东. 机器学习算法导论[M]. 北京：清华大学出版社，2019.

[6] 李立宗. OpenCV轻松入门面向Python[M]. 北京：电子工业出版社，2019.

[7] 赵丹，李露. 数字图像处理及应[M]. 2版. 北京：电子工业出版社，2016.

[8] 黄海涛. Python 3人工智能从入门到实战[M]. 北京：人民邮电出版社，2019.

[9] Joe Minichino，Joseph Howse. OpenCV 3计算机视觉Python语言实现[M]. 原书第2版. 北京：机械工业出版社，2017.

[10] 董付国. Python程序设计[M]. 2版. 北京：清华大学出版社，2015.

[11] 林信良. Python程序设计教程[M]. 北京：清华大学出版社，2017.

[12] Gopi Subramanian. Python数据科学指南[M]. 方延风，刘丹，译. 北京：人民邮电出版社，2017.

[13] 李金. 自学Python编程基础、科学计算及数据分析[M]. 北京：机械工业出版社，2018.

[14] silence_cho. OpenCV-Python学习——图像平滑[EB/OL]. [2017-07-08]. https://www.cnblogs.com/silence-cho/p/11027218.html.

[15] palet. 如何通俗易懂地解释卷积？[EB/OL]. [2021-07-08]. https://www.zhihu.com/question/22298352/answer/637156871.

[16] 马同学. 如何通俗易懂地解释卷积？[EB/OL]. [2021-07-08]. https://www.zhihu.com/question/22298352/answer/228543288.

[17] 学而时习之_不亦乐乎. Python进行SIFT图像对准[EB/OL]. [2021-07-08]. https://www.jianshu.com/p/f1b97dacc501?tdsourcetag=s_pcqq_aiomsg.

[18] 论智. 用Python进行奇异值分解（SVD）实战指南[EB/OL]. [2021-07-08]. https://zhuanlan.zhihu.com/p/37542414?edition=yidianzixun&utm_source=yidianzixun&yidian_docid=0JBtxfhm.